JN082669

よくわかる最新

情報セキュリティの技術と対策

情報技術の脆弱性と安全対策を知る!

若狭 直道 著

秀和システム

はじめに

情報に対して不正な行為を行うプログラムを一般にはウイルスと呼びますが、このようなプログラムの作成者たち（一般に「ハッカー」と呼ばれることがあります）はウイルスを質（たち）の悪いいたずらに使うだけではありません。現在、プロのサイバー犯罪者たちは、ある具体的で明確な目的を持ってターゲットのコンピューターシステムにウイルスを送り込みます。

サイバー犯罪者からの攻撃を防ぐのが、「情報セキュリティ」の目的です。そしてこのようなサイバー犯罪との攻防において、重要視されるのは、組織としてどのように防御するかという視点です。

標的型攻撃では、“一点突破、全面展開”で攻めてきます。組織内のウィークポイントを補強するには、組織全体で決められたルールを愚直に守るといった情報教育も必要になるでしょう。

一方、実際に起こっている情報漏洩の原因のほとんどは、サイバー犯罪者による計画的な外部からの直接的な攻撃ではなく、組織内部者が関係したものです。ついうっかり情報を持ち出し、それを紛失してしまったといったたぐいのものです。情報セキュリティを管理するものは、このような組織成員全体への意識やリテラシーの向上にも気を配らなければなりません。

高度情報社会、コンピューターやスマホは必須の道具、インターネットは重要なインフラ。このような時代においては、情報セキュリティは特定の専門家に任せておけばよい、というようなものではありません。誰もが被害にあう可能性があり、さらに、誰もが加害者的な立場にたたされる可能性があります。

さらに、ウイルス対策ソフトを導入したり、クラウドに情報をバックアップしたりするような、従来の境界型セキュリティ対策には限界があります。社内ネットワークとインターネット、クラウドやスマホなどの境界があいまいになり、境界を分けることで、セキュリティを確保するといった従来型の対策では追い付かなくなってきたのです。

そこで最近では、新しい情報セキュリティとして、すべてのアクセスや通信を疑うところから始める、「ゼロトラストセキュリティ」を導入する動きもあります。

本書は、情報セキュリティ担当者だけではなく、現代の高度情報社会に生きるすべての人に向けてのものといえます。組織の一人ひとりが情報セキュリティに真剣に向かいあい、組織としてのリスクを増加させないようにする行動規範は、JISなどでもすでに体系化されています。

本書で解説している情報セキュリティをより向上させ維持するための整備や作業についての多くは、このような規範や従っています。

サイバー犯罪者とのせめぎあいはこれからも永遠に続く情報社会の課題です。情報セキュリティを遂行させるには、結局のところ一人ひとりによる日々の努力の積み重ね以外に方法はありません。本書が、その一助になれば幸いです。

2021年10月　若狭　直道

図解入門 よくわかる

最新情報セキュリティの技術と対策

CONTENTS

第2章 サイバー攻撃を知り、備え、防ぐ

第3章 攻撃への技術的な対応

第4章 セキュリティを高める具体策

第5章 関連する制度

第 1 章

情報セキュリティの基礎

PCやスマホがインターネットと接続されているということは、世界中からそれらの機器へのアクセスが可能だということにほかなりません。悪意のアクセス（不正アクセス）、それはサイバー犯罪者からのものかもしれません。

サイバー犯罪者が欲する情報とは何か。それはどのようにして攻撃されるのか。サイバー犯罪とされるのはどのような行為なのか——。

サイバー空間で起きる情報への攻撃と、それによって起きるリアル社会の損害の関係を見ていきます。

1-1 サイバー攻撃

サイバー攻撃は、いつ何に対して実行されるか、ほとんど予測できません。誰が攻撃しているのか、何のための攻撃なのか、それもわからないことが多いのです。

サイバー攻撃

コンピュータに保存されている情報を狙って、インターネットやネットワークを通して遠隔地から行う攻撃を**サイバー攻撃**と呼びます。

サイバー攻撃の目的は様々ですが、法整備が進んでいる諸国では、サイバー攻撃自体が犯罪です。どのようなサイバー攻撃が行われたのか、過去に起きたいくつかの事例を見てみましょう（ワームやマルウェアといった用語はあとで説明します）。

● 2008年1月：電車制御システムの乗っ取り（ポーランド）

ポーランド、ウッチ市に住む14歳の少年が、市の路面電車を自分で運転しようと考え、運行システムに不正に侵入しました。

運行システムを乗っ取った少年は、自分で改造したコントローラを操作し、路面電車のポイントを切り替えて楽しんでいました。そのうち、少年による運行指示と路面電車の運転手の操作との食い違いが生じて路面電車は脱線しました。

● 2009～2010年：核施設へのサイバー攻撃（イラン）

アメリカとイスラエルが作ったワーム「スタックスネット（Stuxnet）」が、イランの核施設を攻撃し、ついにはウラン濃縮用の遠心分離機を破壊しました。このサイバー攻撃は、国家間によるサイバー戦争が一般に知られた最初の例となりました。

スタックスネットは、ネットワーク経由のほか、スタンドアローンのコンピュータにもUSBから感染していました。

● 2014年：IoTデバイスの乗っ取り（アメリカ）

アメリカのFBIは、Blackshadesという**RAT***の作成者や販売者など100人を逮捕しました。Blackshadesは、サイバー犯罪用のツールキットで、これを使うとコンピュータの操作情報やパスワードを収集したり、不正プログラムのダウンロードや実行をしたりできます。さらに、感染したPCのWebカメラを遠隔操作することもできました。

●2015年：電力システムへの攻撃（ウクライナ）

ロシア人ハッカーは、トロイの木馬型マルウェアのBlackEnergyを使いウクライナの２カ所の発電所を攻撃し、稼働停止に追い込みました。同じ攻撃者は、ウクライナの鉱業会社や鉄道会社も標的にしていました。攻撃者の正体はわかっていませんが、政治的な目的があったのではないかと推測されています。このような産業用制御システム（ICS*）への大規模な攻撃は、実社会に大きな影響を与えることがあります。

●2017年6月：安全計装システムへの攻撃（サウジアラビア）

サウジアラビアの石油化学プラントで安全計装システム（SIS*）が異常を検知し、制御システムが緊急停止しました。

当初、停止の原因は機械的な故障だと認定されていましたが、その後の詳しい調査により、システムは以前からマルウェアに乗っ取られていたことがわかりました。ハッカーがこのマルウェアを更新しようとしたのを、安全計装システムが検知したためでした。

●2019年6月：情報システムへの攻撃（日本）

三菱電機は、2020年１月になって、前年の6月以前からサイバー攻撃を受けたことを公表しました。このハッキングにより、数千人規模の個人情報および企業機密、さらに防衛省の機密情報までが外部に流出した可能性があります。

三菱電機による自社調査によると、ウイルス対策ソフトの脆弱（ぜいじゃく）性を突かれたゼロデイ攻撃によって、ウイルス対策ソフト用のサーバが乗っ取られていました。またこの調査によって、以前から複数のマルウェアによるサイバー攻撃が断続的に行われていたこともわかりました。

＊**RAT**　Remote Access Toolの略。
＊**ICS**　Industrial control systemの略。
＊**SIS**　Safety Instrument Systemの略。

● **2020年5月：情報システムへの攻撃（ドイツ）**

医療関連企業のフレゼニウスは、サイバー攻撃によって、医療業務が一時停止する被害を受けました。その2週間後、患者の個人情報がインターネット上に公開され、さらにコンピュータ上の情報が暗号化されたことで、人工透析治療を含む多くの医療サービスが停止しました。

これは、ランサムウェアによる身代金目的のサイバー攻撃でした。

● **2021年5月：制御システムへの攻撃（アメリカ）**

アメリカ東部の大規模石油パイプライン「コロニアル・パイプライン」が、ランサムウェアによる被害により数日間にわたるシステム停止に追い込まれました。ただし、ガソリンやジェット燃料が備蓄されていたため、大きな混乱には至りませんでした。

FBIは、過去の事件との類似点などから、ロシアのハッカー集団「ダークサイド」によるサイバー攻撃だと断定しています。

サイバー攻撃者集団

サイバー攻撃を行う者（サイバー攻撃者）は、かつて**ハッカー**と呼ばれていました。ハッカーとは本来、コンピュータやインターネット、サーバなどのシステムの知識と、それらを制御するプログラミング技能を使って、ICTの技術的な課題と取り組む人のことです。セキュリティを突破して、インターネットサーバに保存されている機密情報をのぞき見するだけの場合もあれば、その情報を窃取し、利用することもあります。現在、情報セキュリティの場面では、悪意を持ってハッカー行為（ハッキング）を行う者を**ブラックハッカー**、善良なハッカーを**ホワイトハッカー**と呼び分けることがあります。また、社会的および政治的な主張を目的としたハッカーは**ハクティビスト**と呼ばれます。

社会的な主張を行う裏付けを得るためだとしても、機密情報に秘密裏に到達する点からして、ハッカーはサイバー犯罪者となる可能性が高く、世界的なハッカー集団として知られる**アノニマス**（Anonymous）の構成員が逮捕されたこともあります。

サイバー犯罪者集団には、プロの犯罪者、つまり金銭目的の犯罪者たちがいます。プロの犯罪者は、自分たちの行ったハッキングを公表することはありません。諜報（ちょうほう）機関や警察に知られることなく目的を達成することこそが、プロの犯罪者にとっての成功なのです。したがって、プロの犯罪者によるサイバー犯罪の実態はなかなか知ることができません。政治的なサイバー活動であったとしても、金銭を得ているのは間違いないと思われます。

2000年初頭からすでに活動を始めているプロのサイバー犯罪者集団「Pawn Storm」は、これまで確認されただけでも、2014年6月にポーランド政府のホームページを改ざん、同年9月にアメリカ燃料販売企業を攻撃、同年12月にアメリカ大手新聞社のメールアカウントを乗っ取り、NATO職員を攻撃、2015年4月フランスのテレビ局を攻撃、同年8月ロシアの反体制勢力を攻撃、同年10月複数の外務省を標的型メール攻撃、2018年10月日本国内の複数の企業を攻撃——。このほか、衛星テレビ局アルジャジーラやトルコ首相、アメリカ民主党、世界アンチドーピング機構、スポーツ仲裁裁判所など、世界中の企業や政府、機関が攻撃のターゲットとなっています。

攻撃対象として推測されるのは、Pawn Stormが攻撃の対象としているのは、ロシアの政治的な中枢にとって好ましからざる者たちです。つまり、Pawn Stormが金銭を得ているのはロシアの中枢からだと推測されます。このように、サイバー犯罪はサイバープロパガンダと名を変えて行われることもあるのです。

1-2 サイバー犯罪

インターネットに接続している時間が増えると共に、社会活動を営むための公共性の高い場として、サイバー空間の重要度が増しています。そういった中で、誰もがサイバー犯罪者の標的となる可能性があります。

サイバー犯罪の分類

「令和３年版警察白書」(警察庁) によると、2020年中のサイバー犯罪は過去最多となっています。警察では、サイバー犯罪を次の６つに大別しています。

主なサイバー犯罪

犯罪	法律
不正アクセス	不正アクセス行為の禁止等に関する法律 (不正アクセス禁止法)
コンピュータ・電磁的記録対象犯罪	不正指令電磁的記録に関する罪 (コンピュータ・ウイルスに関する罪)
児童買春・児童ポルノ関連サイト運用及び利用	児童買春、児童ポルノに係る行為等の規制及び処罰並びに児童の保護等に関する法律 (児童ポルノ禁止法)
サイバー詐欺	刑法、電子消費者契約に関する民法の特例に関する法律 (電子契約法)
著作権法違反	著作権法、商標法
その他	

これらのサイバー犯罪の中で、「児童買春・児童ポルノ関連サイト運営及び利用」、「著作権法違反」の２つは、提供側と利用する側の双方が法律に触れるため処罰の対象となります。

「不正アクセス」と「コンピュータ・電磁的記録対象犯罪」、そして「サイバー詐欺」の３つは、情報を所持している側は被害者です。これらを防ぐために必要なのが**情報セキュリティ**という位置付けです。

サイバー犯罪の6分類

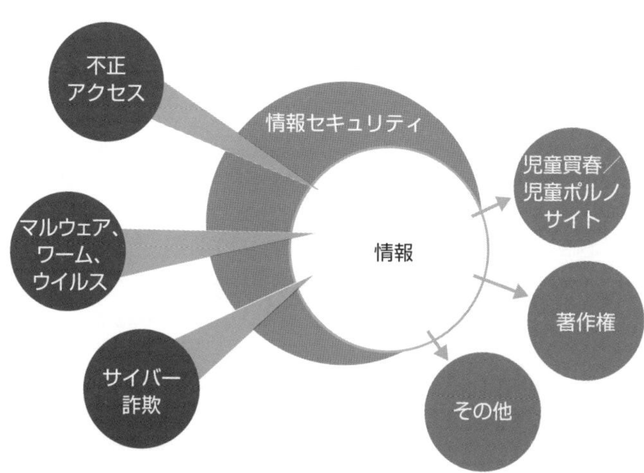

情報を狙ったサイバー犯罪の件数

「令和2年版犯罪白書」(法務省)によれば、情報の窃取、改ざんなどによる犯罪の検挙件数は、ここ数年間、増加する傾向にあります。半数以上はフィッシングなどのサイバー詐欺によるものです。

ハインリッヒの法則は、労働災害などの注意喚起で語られることが多い経験則です。ハインリッヒの法則を、サイバー犯罪の実数を知るために適用してみます。サイバー犯罪で、犯罪者が情報を狙ってコンピュータに侵入するときの入り口を突破したのは、組織内の一般の社員たちのうっかりした行為が原因であったことがわかっています。検挙されたサイバー犯罪の端緒がうっかりした行為だけとは言い切れませんので、概数として捉えてください。

2020年の1年間に国内で検挙されたサイバー犯罪(情報セキュリティ関連のみ)の件数は、全部で2469件ありました。ハインリッヒの法則によれば、検挙にまで至らなかった、あるいは警察に届けられなかった軽微なサイバー犯罪は、この29倍の約7万1600件です。

さらに、"ヒヤリ""ハット！"した経験、例えば、フィッシングメールからファイルを実行してしまったり、偽のWebサイトにアクセスしてしまうなど、悪意あるソフトをインストールさせられる寸前で異常に気付いて大事に至らなかった件数は、約74万件あったと推測されます。

サイバー犯罪（情報セキュリティ関連）の検挙件数（国内）

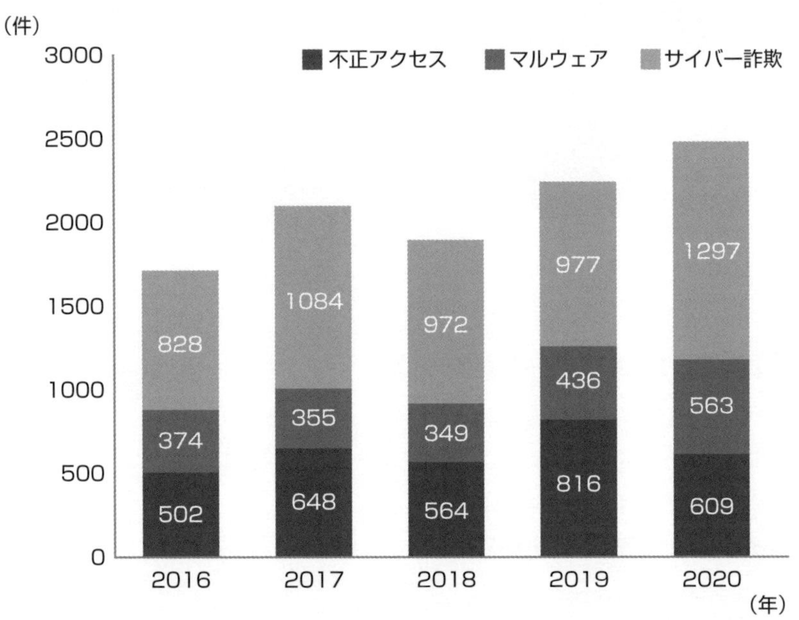

犯罪白書（2020年）より

不正アクセスの内容

サイバー犯罪者たちは、どのようにして不正アクセスに及んだのでしょうか。そのほとんどは、IDとパスワード（識別符号）を窃取して、本人になりすましてログインしていました。システムなどの脆弱性を突いた犯行は、2019年と2020年の警察の統計では、わずか1%でした。

入手したIDとパスワードを何に使用したのか。その約3分の2が、インターネットバンキングでの不正送金などに使われていました。

検挙者の不正アクセス情報入手先の累計別割合

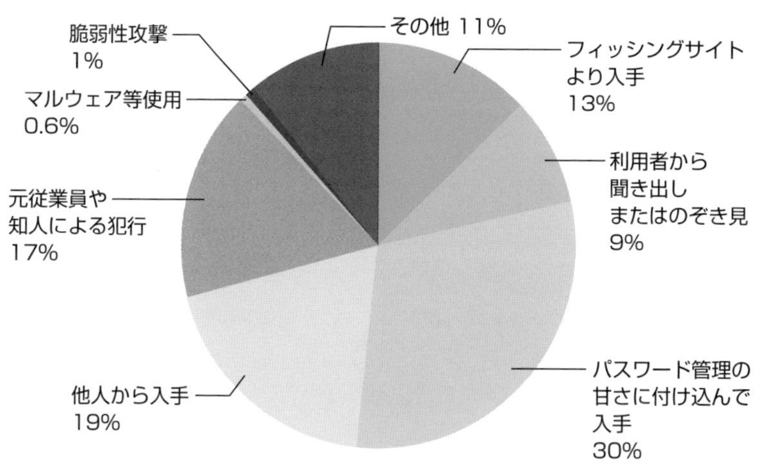

経済白書（2019年、2020年）の検挙件数より

不正アクセス後の犯行

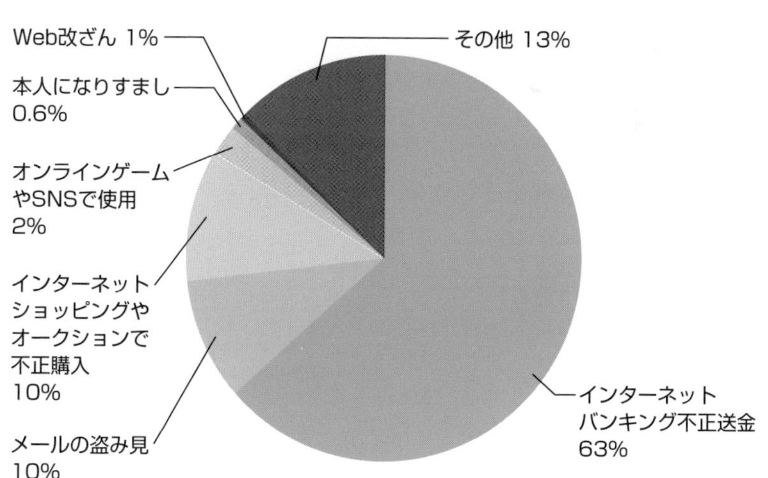

経済白書（2019年、2020年）の検挙件数より

ハインリッヒの法則

労働災害においては、1件の重大な事故（災害）の背後には29件の軽微な事故（災害）があり、さらにその背後には300件の異常（災害）が存在している、という経験則です。「**ヒヤリ・ハットの法則**」ともいわれます。

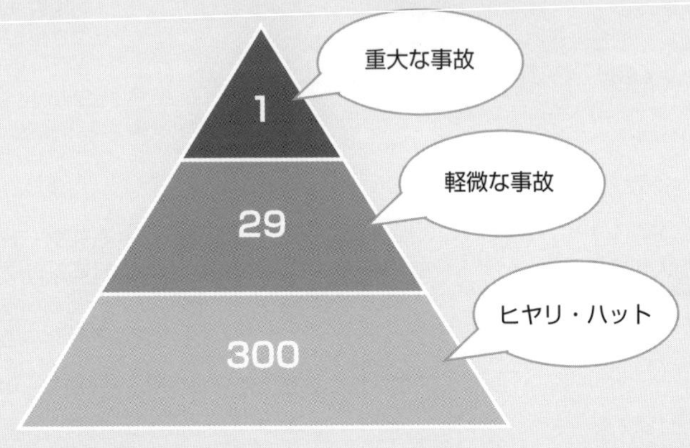

情報セキュリティ10大脅威 2021

順位	個人	組織
1位	スマホ決済の不正利用	ランサムウェアによる被害
2位	フィッシングによる個人情報などの詐取	標的型攻撃による機密情報の窃取
3位	ネット上の誹謗、中傷、デマ	テレワークなどのニューノーマルな働き方を狙った攻撃
4位	メールやSMSなどを使った脅迫・詐欺の手口による金銭要求	サプライチェーンの弱点を悪用した攻撃
5位	クレジットカード情報の不正利用	ビジネスメール詐欺による金銭被害
6位	インターネットバンキングの不正利用	内部不正による情報漏えい
7位	インターネット上のサービスからの個人情報の窃取	予期せぬIT基盤の障害に伴う業務停止
8位	偽警告によるインターネット詐欺	インターネット上のサービスへの不正ログイン
9位	不正アプリによるスマートフォン利用者への被害	不注意による情報漏えいなどの被害
10位	インターネット上のサービスへの不正ログイン	脆弱性対策情報の公開に伴う悪用増加

IPA（独立行政法人 情報処理推進機構）「情報セキュリティ10大脅威 2021」より

1-3 情報セキュリティの範囲

「情報セキュリティ」とは、一般には高度情報社会で語られる“情報”を守る技術ということになります。それでは、“守るべき情報”とは何でしょうか。また、“守る”とはどうすることでしょう。

情報セキュリティ

“守るべき情報”とは、「現代人が安全に暮らすために必要な内容（情報）」です。このような情報を“守る”とは、不正に利用されたり、歪(ゆが)められたり、無断で加工・削除されたり、といった行為をさせないようにすることです。

紙などに記されていた情報は、コンピュータの普及によって、デジタル化され、電気的に高速に加工・処理できるようになりました。このため、適切に守られていない情報は、その所有権があるはずの本人の意図に反して、様々な使われ方をする場合があります。情報の本来の所有者にとっては、ときとしてこれは“脅威”となります。

本書で扱う**情報セキュリティ**は、現代社会において、デジタル化された情報を不正な行為から守ることを指します。

情報セキュリティが非意図的な脅威にも備えるのに対して、サイバーセキュリティは概ね意図的な技術的脅威に限って論じられることが多いようです。

情報セキュリティの範囲

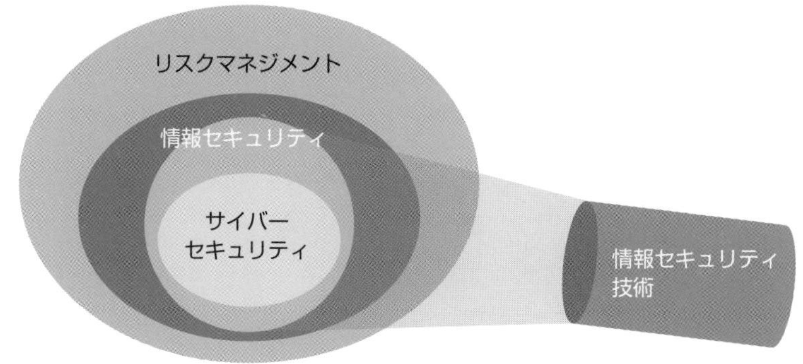

情報資産

企業や組織にとって守るべき情報とは、例えば、顧客情報、製品開発情報、経営計画の情報のことです。これらの情報は、特にその企業にとって“価値のある情報”なので、**情報資産**と呼ばれることがあります。

これに対して、企業の所在地、社長の名前や年齢、会社の電話番号などは、会社案内やWebページに載っています。これらの情報の価値はあまり高くはありません。秘密にするよりも、どちらかといえば、広く知ってほしい情報です。つまり、守らなければならない情報とは、秘密にしたい情報ということになります。情報セキュリティとは、このような秘密にしたい価値ある情報資産を守ることです。

実際には、商品やサービスのアイデア、食品のレシピなど形のないもの、特殊な技能を持った職人などの人も、守らなければならない情報資産です。

ISO/IEC 27001では、情報資産は、「組織活動において影響を与える、価値がある事象」と定義されています。

このように一般的には情報資産とは、デジタルデータだけではなく、書類のほか、ハードウェア、ソフトウェア、設備、ファームウェア、無形資産、要員までも含めて考えます。

情報資産

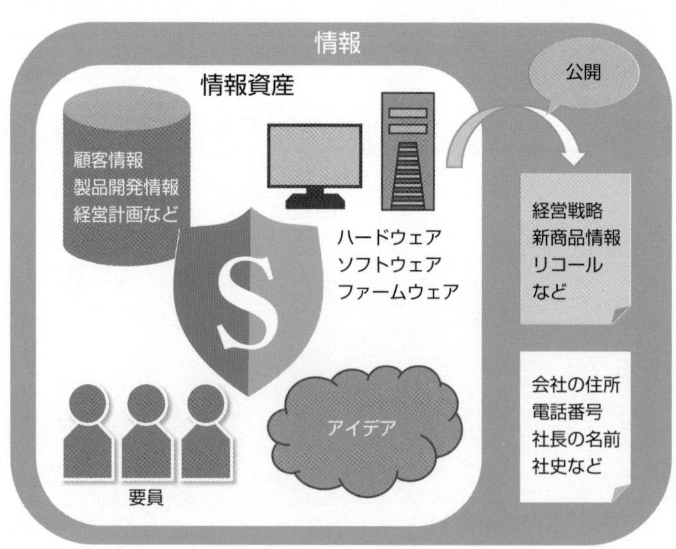

1-4 脅威とリスク

サイバー犯罪は進化しています。ある種のサイバー犯罪が多発したり、社会問題化したりすると、その犯罪に対する策が講じられて犯罪は下火になります。しかし、そのたびにより巧妙な新しい手口が登場するのが、サイバー犯罪です。

脅威

情報資産は何から守らなければならないのでしょうか。

情報資産は、企業にとっての"宝"です。その"宝"を狙う者は、企業にとっても、また社会システムにとっても"犯罪者"です。この犯罪者たちの行為が「**脅威**」です。

情報資産にとっての「脅威」は、犯罪者だけに限ったものではありません。例えば、営業職の社員が、顧客情報の保存されたタブレットを紛失した場合、これも脅威となります。また、災害等によってデータセンターが被害に遭った場合も脅威です。

ISO/IEC 27001では、脅威は、「リスク（損害）を発生させる要因、情報資産に損失を与える要因のことで、結果的に組織が保有する情報資産に対して害を及ぼす、または発生させる可能性のあるもの」とされます。

また、内閣官房情報セキュリティセンターの「情報システムの機構等におけるセキュリティ要件及びセキュリティ機能の検討に関する解説書」では、脅威とは「保護すべき情報資産について、確保されるべき機密性、完全性及び可用性を損なわせる可能性のある要因」と定義されています。

情報セキュリティの脅威（組織）

ランサムウェアによる被害

標的型攻撃による機密情報の搾取

テレワークなどのニューノーマルな働き方を狙った攻撃

サプライチェーンの弱点を悪用した攻撃

IPA（独立行政法人 情報処理推進機構）「情報セキュリティ10大脅威2021」より

脅威の分類

情報資産をすべての脅威から漏れなく守るためには、どのような脅威があるのかを知る必要があります。一般に「脅威」は次のように分類されます。

●人為的脅威

人為的脅威は、「**意図的な人為的脅威**」と「**非意図的な人為的脅威**」に分かれます。

意図的な人為的脅威の一例は、サイバー犯罪者によるコンピュータシステムのハッキングなどによって、機密書類が盗まれることです。

高度なハッキング技能を持ったサイバー犯罪者がインターネット経由で社内のシステムに不正に侵入するといった、ニュースで取り上げられるような派手なものだけが「意図的な人為的脅威」ではありません。ライバル会社に買収された社員が機密書類を持ち出したり、データを破壊したりするのも人為的脅威です。

「非意図的な人為的脅威」の例としては、重要なファイルをうっかり消去してしまったとか、数値や名前などのデータ入力をミスしたなどがあります。これらのヒューマンエラーは非意図的な人為的脅威に分類されます。

●技術的脅威

サイバー犯罪者によるサイバー攻撃は、「技術的脅威」に分類します。

サイバー犯罪者による、不正アクセス、ネットワークの盗聴（傍受）、通信内容の改ざん、脆弱性を狙った攻撃、マルウェアによる攻撃などです。

人為的脅威、技術的脅威

人為的脅威	技術的脅威

IPA（情報処理推進機構）「情報セキュリティ10大脅威2021」より

● 物理的脅威／環境的脅威

情報資産が破損、破壊されることによって発生するのが**物理的脅威**です。

例えば、データセンターが災害に遭って停止したり、インターネットに障害が発生したりするのは物理的脅威と呼ばれます。機材の老朽化やOSのサポート期間終了も物理的脅威です。

コンピュータが人為的に破壊されたり、タブレットを誤って落としたり、PCにコーヒーをこぼしたりするのは、人為的脅威×物理的脅威といえるでしょう。

制御システムを遠隔操作で破壊するサイバー攻撃は、人為的脅威×物理的脅威です。意図的にハードウェアを狙ったり、情報機器や通信回線を破壊したり、コンピュータを盗み出したりするのも物理的脅威に当たります。

自然災害（地震、高波や洪水による水害、台風による被害、風害、電磁波障害、火災など）あるいはパンデミックによる脅威は、特に**環境的脅威**と呼ばれることがあります。

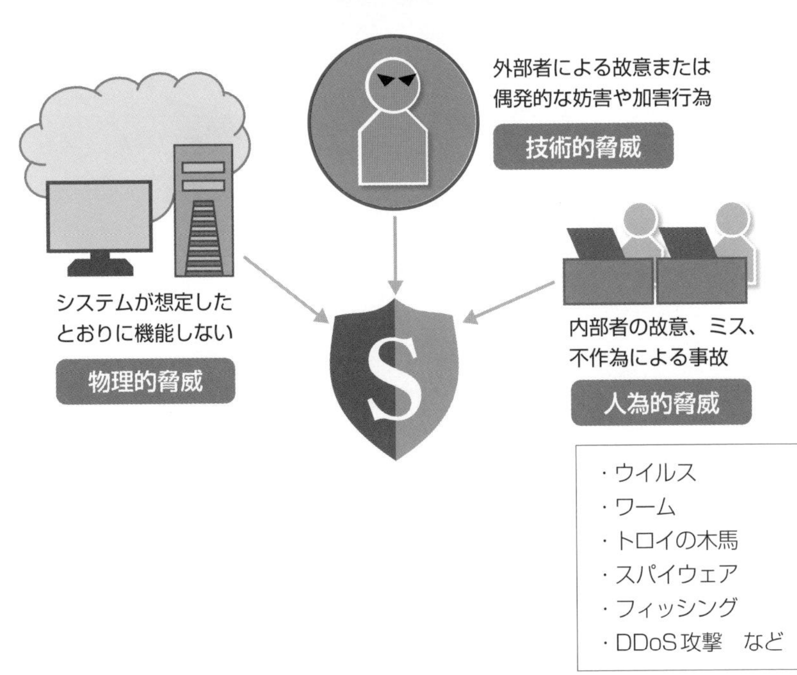

リスク

　情報セキュリティに対する脅威が脆弱性のリスクと結び付き、それらが積算されることで、組織にとってのインシデントが発生することがあります。

　組織にとってインシデントをなくすには、脅威を取り除くか、脆弱性をなくすかして、リスクを最小限に抑えることが重要です。これが、情報セキュリティ対策の基本姿勢です。

脅威、脆弱性、リスク

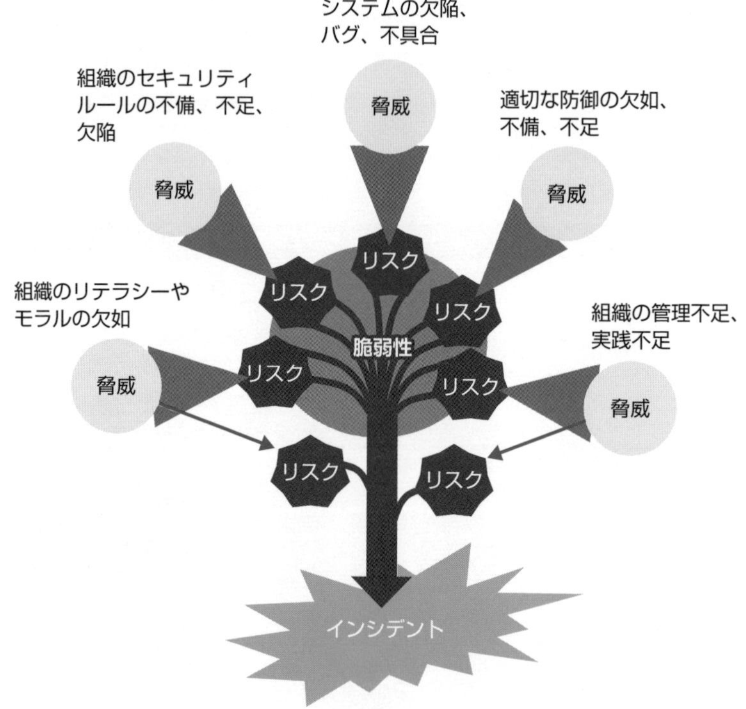

1-5 情報にとって何が脅威か

情報セキュリティにおける脅威とは、外部からの直接的な攻撃だけではなく、天災や人災による偶発的な障害や事故、さらに人為的な操作ミスなど様々なものがあります。

情報セキュリティに対する脅威

情報を保護する具体的な方策を練るためには、まず、どのような脅威があるのかを想定する必要があります。

現在、脅威に関するほとんどの情報は公開されます。大規模でしかも社会的な影響が大きな脅威については、一般のニュースになることもあります。

どのような脅威が起こっているのか——。サイバー空間からの攻撃による脅威の数や内容は、被害者側の性格や規模によって異なります。金銭や資産が窃取されるような脅威、イメージや信用を失墜せしめるような脅威、中には物理的な破壊を伴うような脅威もあります。

独立行政法人情報処理推進機構（IPA*）のセキュリティセンターは、毎年、その年に発生したセキュリティ事故や攻撃の中で重大だったと思われる脅威について、情報セキュリティの専門家へのアンケート調査を実施しています。調査結果を見ると、脅威の内容は変わっても、どのように攻撃してくるのか、および何を攻撃対象とするのかはあまり変わりません。しかし、脅威の強度は年によって変わることがわかります。特に企業や組織では、金銭目的のサイバー犯罪の脅威が大きくなってきています。

＊IPA　Information-technology Promotion Agencyの略。

組織編

企業や組織、そして政府機関までもがサイバー犯罪の標的となっています。

2020年のトップ脅威とされた「標的型攻撃による機密情報の窃取」は、企業や民間の組織、政府機関などの機密情報の窃取を目的としたものです。犯罪は次のように行われます。ただし、この手口は一例であることを断っておきます。

ごく一般的な組織の内部員に取引先などを偽装したメールが届きます。内部員がこのメールを開いたり、メールに添付されているリンクにアクセスしたりすると、内部員のコンピュータがウイルスに感染します。ウイルスに感染したコンピュータを基点として、サイバー犯罪者は組織内部のネットワークを探索していきます。ついには機密情報が窃取されてしまいます。

2019年、2020年の両年、8位に入った「インターネット上のサービスからの個人情報の窃取」は、被害が多くの個人に及ぶことから大きなニュースになりました。2019年1月には、大手ファイル転送サービス「宅ふぁいる便」の利用者の個人情報、約480万件が漏えいしました。システムの脆弱性を突かれたことが判明しましたが、その改修に多額の資金が必要であることがわかり、1年後、同サービスは終了しました。

ランキングに入っていませんが、組織を狙ったサイバー犯罪がビジネス化しているという問題もあります。政治信条の違う相手や敵対国に対してサイバー攻撃を仕掛けるのとは異なり、ランサムウェアやビジネスメール詐欺などの金銭目的のサイバー犯罪が多くなっています。さらに、このようなサイバー犯罪者に対するサービスを行う「アンダーグラウンドビジネス」が増加しています。

IPAの資料にも明記されているように、10大脅威の順位にそれほどの意味があるわけではありません。企業ごとに、注意しなければならない脅威の種類やその被害は異なります。このため、自組織の環境や社会的立場を考慮した対策を立てるようにしなければならないでしょう。

情報セキュリティ10大脅威（組織）

順位	2020年[※1]	2021年[※2]
1	標的型攻撃による機密情報の窃取	ランサムウェアによる被害
2	内部不正による情報漏えい	標的型攻撃による機密情報の窃取
3	ビジネスメール詐欺による金銭被害	テレワーク等のニューノーマルな働き方を狙った攻撃
4	サプライチェーンの弱点を悪用した攻撃	サプライチェーンの弱点を悪用した攻撃
5	ランサムウェアによる被害	ビジネスメール詐欺による金銭被害
6	予期せぬIT基盤の障害に伴う業務停止	内部不正による情報漏えい
7	不注意による情報漏えい（規則は遵守）	予期せぬIT基盤の障害に伴う業務停止
8	インターネット上のサービスからの個人情報の窃取	インターネット上のサービスへの不正ログイン
9	IoT機器の不正利用	不注意による情報漏えい等の被害
10	サービス妨害攻撃によるサービス停止	脆弱性対策情報の公開に伴う悪用増加

個人編

個人に対する情報セキュリティ上の脅威について尋ねたアンケート結果では、「スマホ決済の不正利用」が最も高くなっています。スマホ決済では、残高を銀行口座やクレジットカードからチャージすることがあります。これらの情報は、決済サービスごとの専用アプリやシステムによって管理されているのですが、これらのセキュリティを破られると、銀行口座やクレジットカード情報が詐取される恐れがあります。

メールやSNSを使って個人情報を詐取するフィッシング被害は、2019年には約5万6000件だったのが2020年には約22万5000件にもなっています。「フィッシングによる個人情報の詐取」を脅威と感じるのももっともなことだと感じられます。

＊1：情報セキュリティ10大脅威2020（独立行政法人情報処理推進機構セキュリティセンター）https://www.ipa.go.jp/security/vuln/10threats2020.html より。
＊2：情報セキュリティ10大脅威2021（独立行政法人情報処理推進機構セキュリティセンター）https://www.ipa.go.jp/files/000088835.pdf より。

情報セキュリティ10大脅威（個人）

順位	2020年[※1]	2021年[※2]
1	スマホ決済の不正利用	スマホ決済の不正利用
2	フィッシングによる個人情報の詐取	フィッシングによる個人情報の詐取
3	クレジットカード情報の不正利用	ネット上の誹謗・中傷・デマ
4	インターネットバンキングの不正利用	メールやSMS等を使った脅迫・詐欺の手口による金銭要求
5	メールやSMS等を使った脅迫・詐欺の手口による金銭要求	クレジットカード情報の不正利用
6	不正アプリによるスマートフォン利用者への被害	インターネットバンキングの不正利用
7	ネット上の誹謗・中傷・デマ	インターネット上のサービスからの個人情報の窃取
8	インターネット上のサービスへの不正ログイン	偽警告によるインターネット詐欺
9	偽警告によるインターネット詐欺	不正アプリによるスマートフォン利用者への被害
10	インターネット上のサービスからの個人情報の窃取	インターネット上のサービスへの不正ログイン

＊1：情報セキュリティ10大脅威2020（独立行政法人情報処理推進機構セキュリティセンター）https://www.ipa.go.jp/security/vuln/10threats2020.html より。

＊2：情報セキュリティ10大脅威2021（独立行政法人情報処理推進機構セキュリティセンター）https://www.ipa.go.jp/files/000088835.pdf より。

1-6 インシデント

インシデントとは、英語で「事件」のことです。情報セキュリティ分野では、“重大な事件に至る危険のあった事件”として用いられます。似た言葉に「アクシデント」(“不慮の事故”)があります。

インシデント

情報セキュリティに損害や影響を与える可能性のある事象を**情報セキュリティインシデント**(本書では、単に「インシデント」と記す)と呼びます。

国際基準であるISO/IEC 27001では、インシデントを次のように定義しています。

インシデントの定義

情報セキュリティインシデントとは、望ましくない単独若しくは一連の情報セキュリティ事象、又は予期しない単独若しくは一連の情報セキュリティ事象であって、事業運営を危うくする確率及び情報セキュリティを脅かす確率の高いもの。

インシデントの多くは、脆弱性に脅威が加わることで発生します。例えば、OSのセキュリティホール(脆弱性)が見つかり、それを修正するパッチが公開される前にDoS攻撃(脅威)が行われると、システムが機能しなくなること(インシデント)があります。

このほか、具体的には次のような事象が主なインシデントに当たります。

・不正アクセス　・迷惑メール　・マルウェア感染
・情報漏えい　・情報の改ざん　・記憶媒体の紛失や盗難
・自然災害などでの設備故障や破壊　・DDoS攻撃などのサイバー攻撃

このように、DXが進む高度情報社会にあっては、サイバー犯罪者によるサイバー攻撃が企業や組織に深刻な影響を与えることがあります。このため、サイバー犯罪によるインシデントを防止する情報セキュリティ対策は、重要な経営課題となっています。

ところで、インシデントにはサイバー犯罪だけが関わっているのではないことも知っておかなければなりません。人権やプライバシーやアクセシビリティに対する、企業や組織の取り組みや配慮の欠如が、インシデントにつながる例があります。例えば、万引き防止のために導入した顔認証システムで撮影された映像を公開する、といった場合です。この例では、サイバー犯罪の脅威もシステムの脆弱性もありません。しかし、企業はSNS等でバッシングされることになるかもしれません。

インシデントによる損害

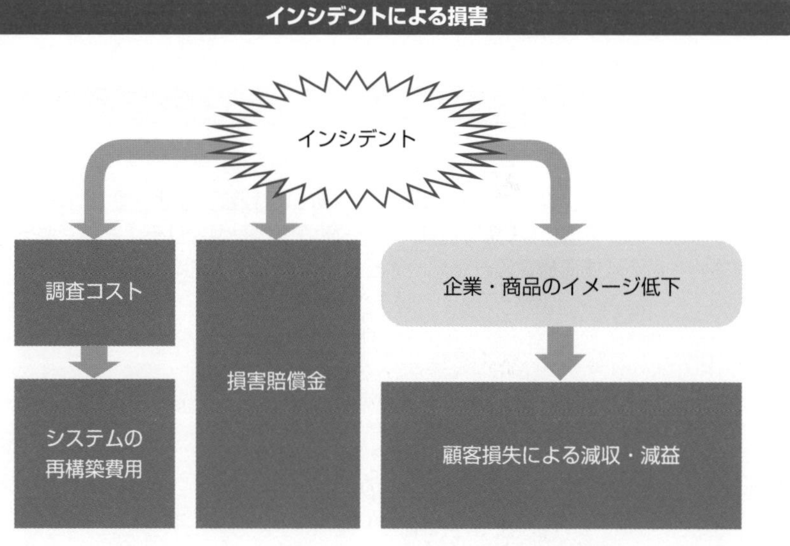

インシデントの事前対策

　企業や組織は、様々なインシデントに見舞われる可能性があります。また、それはいつなのか、どのようなものなのか、どのように起こるのかなど、不確定な要素が多くあります。

　そこで、日ごろから「情報セキュリティマネジメント」による体制を整えておくことが重要になります。その具体的な方法として、ISO/IEC 27001（ISMS）の取得を目指す、または参考にする企業や組織が多くなっています。その中の基本方針となる「**情報セキュリティポリシー**」には、インシデントの事前対策としてリスク管理（**リスクマネジメント**）の重要性が述べられています。

リスクマネジメント

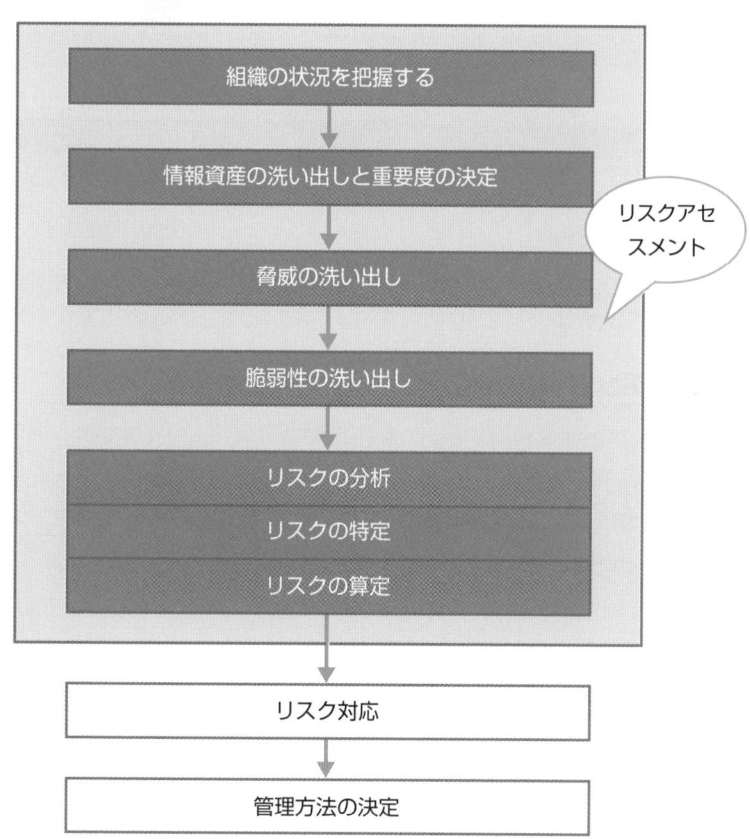

リスクアセスメント

リスクアセスメントは、リスクマネジメントの中ではリスクの大きさを算定する過程です。リスクアセスメントによってリスクの軽重が明確になり、その後の対応が決まります。

「情報資産の洗い出しと重要度の決定」では、情報セキュリティの特性（機密性、完全性、可用性）を考慮し、例えば「公開」「社外秘」「秘密」「極秘」などに分類します。リスク分析の過程では、下に示すリスク分析表のように、情報資産ごとに発生源や発生頻度、脆弱性、影響をまとめていくとよいでしょう。

リスク分析表では、「情報資産」(1,2,3)、「発生源」、「発生頻度」(1,2,3)、「脆弱性」(1,2,3)、「影響」を評価します。「リスク」欄には、(情報資産の評価値)×(発生頻度の評価値)×(脆弱性の評価値)の計算結果を記入します。

リスク分析表の例

情報資産	発生源	発生頻度	脆弱性	影響	リスク
Web サーバ	外部からの 不正アクセス	高い	WordPress パッチ未適用	改ざんによる 完全性の 毀損、可用性 の毀損	
2	＊	3	3	＊	18

インシデント後の対策

インシデントを完全に防ぐことはできません。そこで、インシデントが起きたときの損害や影響をできるだけ少なくする対策が重要になります。

IPAの「情報漏えい発生時の対応ポイント集*」を参考に、インシデント発生時の対応をまとめると、次のようになります。

インシデント（情報漏えい）の兆候や具体的事実を確認したら、責任者に報告します。初動対応としては、対策本部を設置して方針を決定し、応急措置を行います。外部とのアクセスの遮断、情報の隔離、サービス停止などです。また、取引先およびサービスや商品の直接取引をしている一般ユーザには、応急措置の内容や抑制措置等に関係した通知を出します。

＊…の対応ポイント集　https://www.ipa.go.jp/security/awareness/johorouei/rouei_taiou.pdf より。

一般ユーザに被害が及ぶ可能性のあるインシデントの場合には、相談窓口を設定することもあります。また、監督官庁、警察、IPAなどへの届出をします。

調査が進む中で、インシデントに関係しないサービスや商品が確定したら、それらだけを先に復旧させることもできます。

復旧作業を継続して行い、インシデントの経緯と復旧スケジュールを公表します。公表はホームページのほか、必要ならばマスコミを使います。

復旧が完了したら、取引先や被害者への対応、再発防止に向けた具体的な取り組みを行います。必要に応じて、これらの事後対応や再発防止についての情報を開示します。

インシデント発生後の対応

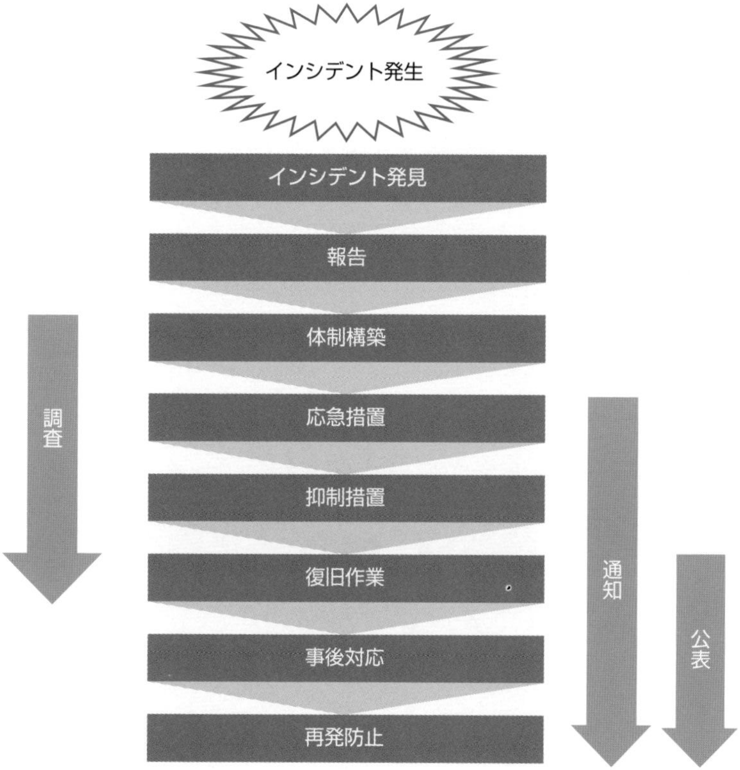

インシデント発生

インシデント発見

報告

体制構築

応急措置

抑制措置

復旧作業

事後対応

再発防止

調査

通知

公表

1-7 情報セキュリティの要素

情報セキュリティとは、「コンピュータやスマホなどのデバイスを使いたいときに、いつでも安心して利用できるようにすること。そのときに、大切な情報が流出して勝手に使われたり、許可しない人やプログラムにデバイスを使われたりしないようにすること」です。

情報セキュリティの3大要素

人にとっての3大栄養素といえば「タンパク質」、「脂質」、それに「糖質」です。これらを含む食品を適時に適量、バランスよく食べることで、人は必要なエネルギーを体内に摂取することができます。

3大栄養素にならい、情報セキュリティを規定する上で重要な要素を3つ挙げると、**機密性**、**完全性**、**可用性**となります。BS7799*、ISO/IEC 27001、ISO/IEC 13335などでも規定されており、多くの情報セキュリティマネジメントシステム（ISMS）の基本部分を形作る重要な枠組みです。

これら3大要素による情報セキュリティは、情報に対する様々な脅威（物理的脅威、人的脅威、技術的脅威）を跳ね返す要（かなめ）となるのです。

情報セキュリティの3大要素

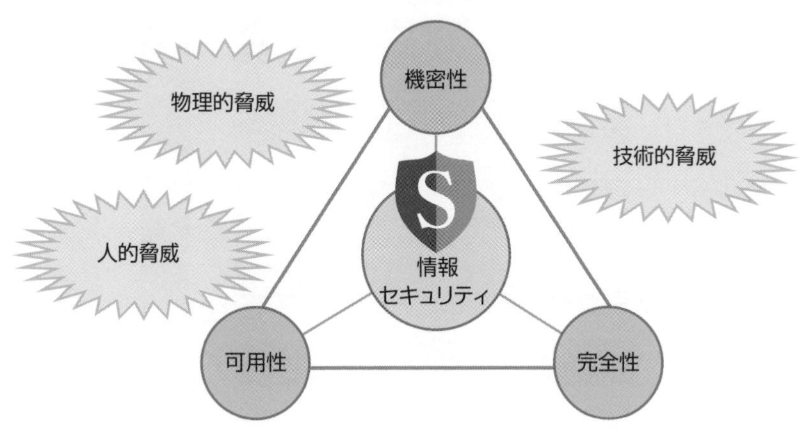

＊**BS7799**　英国規格協会による情報マネジメントシステムの規格。ISO/IEC 17799およびISO/IEC 27001の原型となった。

●機密性

機密性（confidentiality）とは、アクセスを許可された人やデバイスだけが情報にアクセスできる、ということです。言い換えれば、アクセス許可のない人やデバイスは情報にアクセスできない――つまり情報があるのかないのか、数や量はどれほどか、どのような形式なのか、内容はどのようなものなのかなどがわからない――ようにしておくということです。

JIS Q 27001（ISO/IEC 27001の国内版）では、機密性は「認可されていない個人、エンティティ又はプロセスに対して、情報を使用不可又は非公開にする特性」と定義されています。

機密性を保持する方法には、例えば、情報にアクセスする際に行う「アカウント認証」があります。認証をパスした利用者には、情報へのアクセスが許可されます。このような段階を経なければアクセスできないような情報には、機密性があるといえます。

さらに、情報へのアクセスにランクを設定することも可能です。例えば、「あるランク以上のグループに属するアカウントを持つ人やデバイスは情報を書き換えられるが、それよりも下のランクのアカウントを持つ人やデバイスでは情報を読む（見る）ことしかできない」といった具合です。これは、ランクを設定したアクセス権ごとに機密性のレベルを設定できることを意味しています。

権限のない人やデバイスに情報の内容を知られないようにする、という機密性保持のためには、情報へのアクセス権を限定する方法以外の考え方もあります。たとえ情報ファイルを盗まれたりのぞき見されたりしても、内容がわからなければ機密は保たれる、という考え方です。このような考え方での機密性保持に使われる技術が、ファイルの暗号化です。

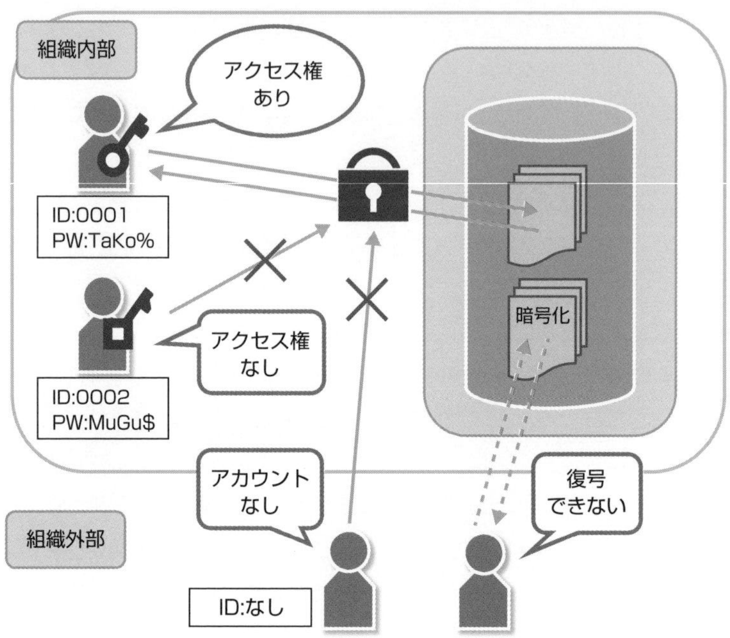

● 完全性

完全性（integrity）とは、正規に保存された情報が、そのままの内容であることです。言い換えると、情報が改ざん、削除されていないということです。誤入力によってすでに保存されていたデータの一部が正しくないものに書き換えられたり、マルウェアによって意図的にデータの一部または全部が破壊されたりすると、データと関連した情報は完全ではなくなります。

JIS Q 27001では、完全性は「資産の正確さ及び完全さを保護する特性」と定義されています。

インターネット上の統計的な情報などは、刻一刻と更新されていきます。セキュリティの完全性では、情報が欠けることなくすべてそろっていること、つまり完全であることがセキュリティとして保証されなければなりません。このため、完全性には、情報が常に更新されているかどうか、最新情報として完全かどうかが問われることになります。

コンピュータのタスクが実行されると、その実行記録がログとして残されます。したがって、データファイルがオリジナルのままかどうかは、ログを調べることで確認できる場合があります。ログは完全性の証拠となるのです。

完全性を証明するためには、情報が改ざんあるいは削除されていないこと、つまりオリジナルの正しい情報であることを証明しなければなりません。このために有効なのは、「デジタル署名」の技術です。

完全性

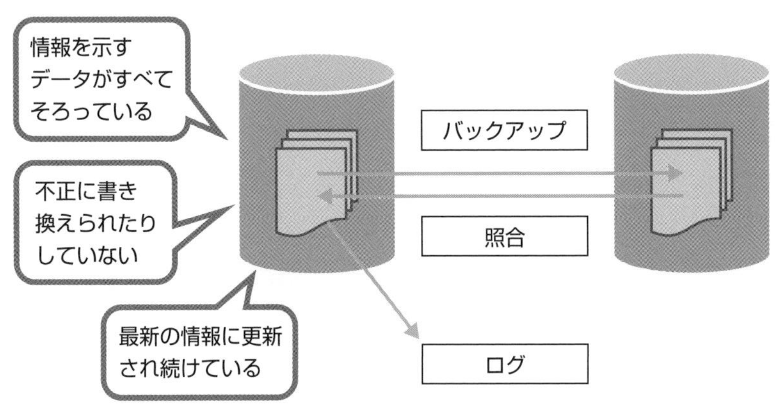

● 可用性

可用性（availability）とは、使うことを許可された人やデバイスが、使いたいときに情報にアクセスでき、情報を権限内で使うことができるということです。

JIS Q 27001では、可用性は「認可されたエンティティが要求したときに、アクセス及び使用が可能である特性」と定義されています。

機密性と可用性は、相反する性質であるといえます。アクセス権のある人やデバイスだけがその権限内で情報にアクセスできるという機密性を保持しつつ、情報の利用のしやすさを可能な限り高めようとする可用性も確保するためには、機密性と可用性の比重を考慮する必要があります。高いレベルの機密性が保持できるからといって、LANに接続されていないスタンドアローンのコンピュータで情報を利用するというのはまったくのナンセンスです。

　また、機密性を最優先に考えると、社外からのテレワークでは重要なファイルに思うようにアクセスできないという状況も生まれます。

　反対に、可用性の高めるために、それまで行われていた２段階認証をユーザ名とパスワードによるアカウント認証に戻すというのは、情報セキュリティレベルを下げる結果になります。

　可用性の中には、システムの稼働に関する要素も含まれます。システムのメンテナンスのために金融機関などがサーバを一時的に止めることがあります。システムのメンテナンスのためにサーバを停止することは、可用性を下げます。情報セキュリティの観点からも、できるだけ短時間でメンテナンスを終えるように努力しなければなりません。

　もちろん、突然の災害などによって、データセンターにアクセスできなくなったり、データセンターや各地のサーバに被害が生じたりすると、可用性は保たれません。可用性を確保し、情報システムを継続させるためには、システムの二重化や通信回線の２系統化が必要になるかもしれません。

可用性

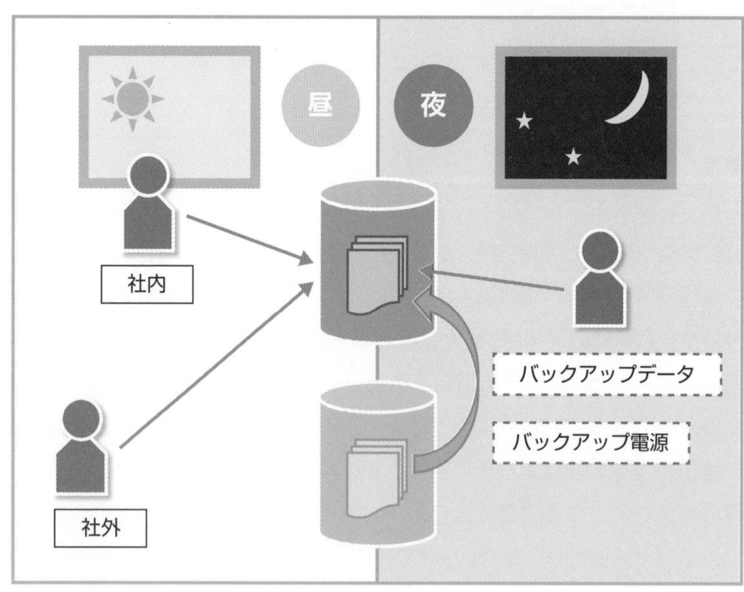

情報セキュリティの7要素

現在では、情報セキュリティの主要3要素にさらに4要素が追加されています。

機密性、完全性、可用性の主要な3要素は、情報セキュリティを考慮しなければならないすべての場所に当てはまります。しかし、特別な場所や環境では、主要3要素だけはカバーできない場合もあることが指摘されました。そこで追加されたのが、真正性、責任追跡性、信頼性、否認防止の4要素です。

●真正性

真正性（authenticity）とは、正真正銘、本物（本人）であるということです。

インターネットの世界では、「なりすまし」が簡単にできます。本人になりすました偽者が取引をしたり、コミュニケーションをとったりできることが問題視されてきました。また、人だけではなく、モノやサービスも本物と偽物の区別が付きにくくなります。

このため、本物であることを証明する技術が発展してきました。人の場合は、情報の入り口でアカウント認証が行われます。一般にはIDとパスワードを組み合わせて本人であることを確認します。モノの場合は、デジタル署名によって本物であることを証明します。

●責任追跡性

責任追跡性（accountability）とは、インシデントが発生したときに、誰にどのような責任があるのか（誰が、いつ、どのようにして、何をしたか）を明確に追跡できるということです。

具体的な管理策としては、アクセスログ、イベントログ、エラーログなどを記録することです。システムを使用するユーザにIDとパスワードによる認証を徹底することで、認証者によるログイン、実行、編集などの記録が残ることになります。

●信頼性

信頼性（reliability）とは、情報システムに欠陥や不具合がなく、処理が正しく実行されることです。信頼性を確保するのは簡単ではありません。セキュリティ上の穴（セキュリティホール）や脆弱性をまったくなくしたプログラムを維持することは非常に困難なことです。

ソフトウェア上の信頼性だけではありません。ハードウェアが正しく動き続けられることも信頼性に当たります。様々な気象条件や災害時でも、データセンターに置かれたサーバが通常の性能を維持できるように設備を整えることが必要です。

●否認防止

否認防止（non-repudiation）は、情報セキュリティに関して特定の個人による行動が確かにあったことを否認できないように証拠立てることです。これは、情報セキュリティに関して責任を追及するための要素であり、情報セキュリティ上問題となる動作が、確かに被疑者の行動によって起きたということの"証拠"をそろえることです。

責任追跡性との関わりでは、責任追跡性によってインシデントの原因が特定されたとして、その原因を起こした者が否認できない要素をそろえ、犯罪として（または過失として）の責任の所在を明確にすることにあります。

否認防止に役立つ技術としては、デジタル署名があります。この技術は、ファイルに対して編集が行われると、その行為を検知して知らせます。また、編集者を特定することも可能です。

情報セキュリティの7要素

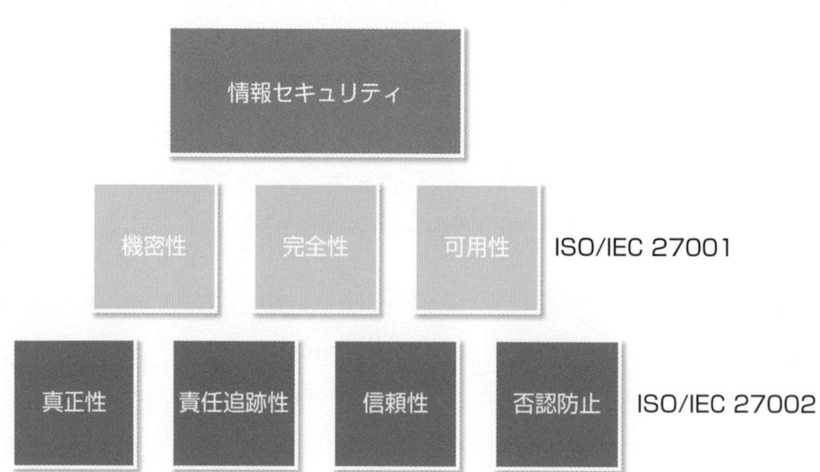

非機能要求

　情報システムを構築する場合、システムに対する要求は2つに大別されます。1つは、業務実現に関する要求で、これを**機能要求**といいます。もう1つは機能要求以外の要求で**非機能要求**といいます。

　情報セキュリティのしっかりとしたシステムを構築したい場合に、一般的な機能要求としては、主体認識、アクセス制御、権限管理、証跡管理、暗号と電子署名などがあります。これに対して、"管理権限を持つ主体の認証には複数回の異なる方式による認証を取り入れたい"あるいは"不正アクセスを監視する目的でのログ取得を実施し、その保管期間を3年としたい"などが非機能要求に当たります。

　開発初期には発注側は業務との関連が見えにくいので非機能要求を十分に検討できません。開発側では、このような発注側企業に非機能要求の重要性を十分に説明できません。このため、下流の工程で開発や運用のトラブルが発生することがしばしばあります。

　IPAでは、このような非機能要求の問題を解決するためのガイドブックを公開*しています。

システム基盤の非機能要求に関するグレード表

中項目	小項目	社会的影響がほとんどないシステム	社会的影響が限定されるシステム	社会的影響が極めて大きいシステム
データの秘匿	データ暗号化	ネットワークを経由して送信するパスワードなどについては第三者に漏えいしないよう暗号化を実施する。	LAN経由で重要情報を送付する場合においても、伝送データを暗号化する必要がある。	LAN経由で重要情報を送付する場合においても、伝送データを暗号化する必要がある。
		蓄積するデータなどについては第三者に漏えいしないよう暗号化を実施する。	データベースやバックアップテープなどに格納されている個人情報やパスワードなどの漏えいの脅威に対抗するために、蓄積データを暗号化する必要がある。	データベースやバックアップテープなどに格納されている個人情報やパスワードなどの漏えいの脅威に対抗するために、蓄積データを暗号化する必要がある。
マルウェア対策	マルウェア対策	マルウェアの感染により、サービス停止等の脅威に対抗するために、マルウェア対策を実施する必要がある。	マルウェアの感染により、重要情報が漏えいする脅威等に対抗するために、マルウェア対策を実施する必要がある。	マルウェアの感染により、重要情報が漏えいする脅威等に対抗するために、マルウェア対策を実施する必要がある。

*…を公開　https://www.ipa.go.jp/sec/reports/20180425.html

1-8 コンピュータウイルス

コロナウイルスやインフルエンザウイルスを防ぐには、マスクや手洗い、ディスタンスが大切です。コンピュータがウイルスに感染しないようにするための防衛策は「セキュリティ」です。

コンピュータウイルスとは

コンピュータウイルス（以下、本書で「ウイルス」と記す場合、コンピュータウイルスのこと）は、独立行政法人情報処理推進機構セキュリティセンター（IPA/ISEC）によれば、次のように定義されます。

コンピュータウイルスの定義

第三者のプログラムやデータベースに対して意図的に何らかの被害を及ぼすように作られたプログラムであり、次の機能を1つ以上有するもの。

(1)自己伝染機能
自らの機能によって他のプログラムに自らをコピーまたはシステム機能を利用して自らを他のシステムにコピーすることにより、他のシステムに伝染する機能。
(2)潜伏機能
発病するための特定時刻、一定時間、処理回数等の条件を記憶させて、発病するまで症状を出さない機能。
(3)発病機能
プログラム、データなどのファイルの破壊を行ったり、設計者の意図しない動作をするなどの機能。

※https://www.ipa.go.jp/security/antivirus/kijun952.html（IPA）を参考に作成

マルウェアとは

コンピュータウイルスが進化する過程で、初期のものとは異なる性質を持つものが作られてきました。そこで現在では、悪意あるソフトウェアの総称として**マルウェア***が使われることがあります。そうなると、コンピュータウイルスはマルウェアの一種ということになります。このように、ウイルスの定義は統一されていない状況です。

＊**マルウェア**　Malicious Softwareを縮めた呼び名。

本書では、一般に「コンピュータウイルス」、または「ウイルス」とした場合には、マルウェアの中の一種、つまり悪意あるソフトウェアの中でも単体では増殖できないものを指しています。

マルウェア

マルウェアを検知したら早急に駆除を実行!

COLUMN

コンピュータウイルスに関する罪

ウイルスの作成は、「**不正指令電磁的記録に関する罪**」、いわゆる「**コンピュータウイルスに関する罪**」により罰せられます。

「**ウイルスの作成・提供罪**」とは、使用者の意図とは無関係に勝手に実行する目的で、コンピュータウイルスやそのソースコードを作成、提供する行為です。3年以下の懲役または50万円以下の罰金が課せられます。

「**ウイルス供用罪**」とは、コンピュータウイルスを、その使用者の意図とは無関係に勝手に実行させる状態にした場合や、その状態にしようとした行為です。3年以下の懲役または50万円以下の罰金が課せられます。

「**ウイルスの取得・保管罪**」とは、その使用者の意図とは無関係に勝手に実行されるようにする目的で、コンピュータウイルスやそのコードを取得、保管する行為です。2年以下の懲役または30万円以下の罰金が課せられます。

悪意あるソフトウェアの種類

情報資産への不正アクセスや攻撃を行う悪意あるソフトウェアは、一般に次のように分類されます。

● ウイルス

コンピュータウイルス（本書では「ウイルス」と記述した場合、特別な注釈がなければコンピュータウイルスを指す）は、コロナウイルスのような生物学的なウイルスと同じように、単体で活動することができず、何かほかのプログラムに寄生して活動あるいは増殖するタイプのプログラムです。

ウイルスに分類されるものの中には、単にメッセージや画像を表示したり、音を鳴らしたりするもののほか、ファイルを消去したり、書き換えたり、さらにはパスワードを盗んで送信するものもあります。

ウイルスの特徴は、このようないたずらや悪さを行うだけではなく、自分の分身を増やす（増殖する）ことにあります。これを感染といいます。

ウイルスの感染は、USBメモリやDVDのような物理的な媒体による場合のほか、ネットワークやインターネット経由で起こることもあります。増殖の手法も様々で、コンピュータに保存されている電子メールアドレスを使い、勝手に自分の分身を添付したメールを送り付けることもあります。

ウイルスの機能を定義すると、「**自己伝染機能**」「**潜伏機能**」「**発病機能**」の3つを併せ持つとされます。

● ボット

ボットはウイルスの一種です。ボットは、サイバー犯罪者によって遠隔操作されます。あらかじめプログラミングされた動きをするだけではなく、サイバー犯罪者によって操ることのできるボットは、情報セキュリティにとって厄介です。ボットに感染し、ボットが駆除されずに存在し続けると、そのコンピュータは知らず知らずのうちに、サイバー犯罪者に乗っ取られることにもなります。サイバー犯罪者は、乗っ取ったコンピュータを使い、ほかのコンピュータをスパイしたり、攻撃したりします。つまり、自分がいつも使っているコンピュータが犯罪を行い、それによって知らない間に加害者にさせられることもあり得ます。

● ワーム

ワームは、自己複製機能を持ち、単独で行動できるマルウェアです。感染力が強く、ネットワークに接続しているデバイスに自ら複製を侵入させます。感染数、被害額ともに大きくなるという特徴を持っています。ただし、近年ではウイルス対策ソフトの迅速な対応により、比較的短期間に駆除されています。

● トロイの木馬

トロイの木馬もウイルスとは異なり、ワームと同じように単独で行動できるマルウェアです。ただし、ワームが目立つのに対し、トロイの木馬は使用者が気付かないように秘密裏に悪行を働きます。

トロイの木馬やワームは、感染したPCにバックドアを開いて、別のボットなどをインストールすることもあります。

マルウェアの範囲

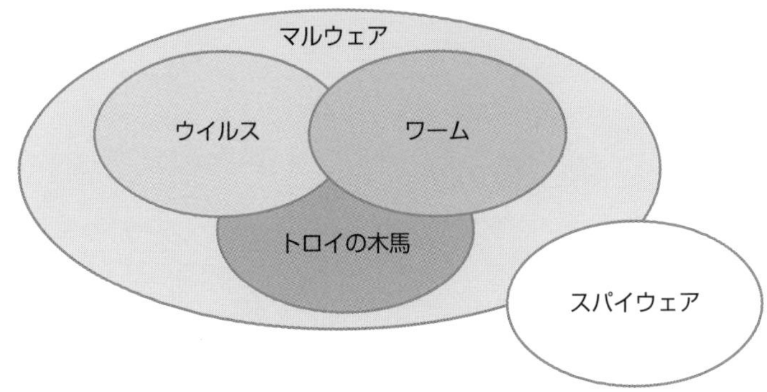

● スパイウェア

スパイウェアは、コンピュータ使用時のアプリ使用、動作や振る舞い、閲覧履歴などの情報を収集して外部に送信するプログラムです。広義には、ユーザの了解なしに記録されるWebのクッキーや、広告配信に使われるマーケティング目的の情報収集もスパイウェアに入ります。このため、スパイウェア全部が悪意あるソフトウェアとは言い切れず、また、感染力がないため、マルウェアとは一線を画しています。

スパイウェアの中には、ユーザの利用状況や障害情報を収集する目的で、ユーザがインストールしたソフトウェアに組み込まれているものもあります。このようなスパイウェアの使用に際しては、「エンドユーザ使用許諾契約」に、情報を送信する旨が記載されています。

トロイの木馬

史実では、紀元前1250年ごろ（諸説あり）にアナトリア半島にトロイアという国ありました。トロイアはギリシャのミュケーナイに攻められます。このときのトロイア戦争は、ギリシャ神話となって伝えられています。中でもよく知られているのが「トロイの木馬」作戦です。

ミュケーナイ軍は城壁に守られているトロイアへの攻撃に手こずっていました。そこで、英雄、オデッセウスは、数人の兵隊が中に隠れられるほど巨大な木馬を作ることを実行しました。オデッセウス自らもこの木馬の中に隠れ、トロイアの城壁の門が開かれるのを待ちました。

ミュケーナイ軍が撤退したという偽の知らせを流したため、トロイア軍は勝利の証（あかし）として木馬を城壁の中に引き入れました。

勝利に酔っていたトロイアの兵士たちは、木馬から躍り出たオデッセウスたちに討たれてしまいます。その後、計画どおり待機していた大軍が、トロイア市内に引き入れられ、トロイアは陥落したのでした。

トロイの木馬

1-9 セキュリティホール

コンピュータのセキュリティ上の弱点をセキュリティホール、または脆弱性といいます。セキュリティホールをふさぐことが、情報セキュリティを保つための重要な作業になります。

セキュリティホール

セキュリティホールとは、文字どおり"セキュリティに空いた穴"です。"穴"が空いているだけなら、動作に関係しない、システム上の欠損（欠陥）ということで済むのでしょうが、この"穴"がサイバー攻撃に使われると、セキュリティが窮地に陥ります。セキュリティホールを利用したサイバー攻撃による「インシデント」や「アクシデント」はあとを絶ちません。その多くは、OSやソフトのセキュリティホール、セキュリティの"穴"を突いたものです。このため、セキュリティホールは**脆弱性**（vulnerability）とも呼ばれます。

ソフトウェアには**バグ**が存在していることがあります（本書では、バグを「仕様と異なるプログラムの動作」と定義します）。バグがシステムにおけるセキュリティ上の"穴"です。つまり、バグをなくせば完璧なセキュリティシステムに近付きます。ところが、現時点でバグを完璧になくすことは非常に困難です。システムが大きく複雑になればなるほど、バグの可能性は指数関数的に増加します。

セキュリティホール（脆弱性）

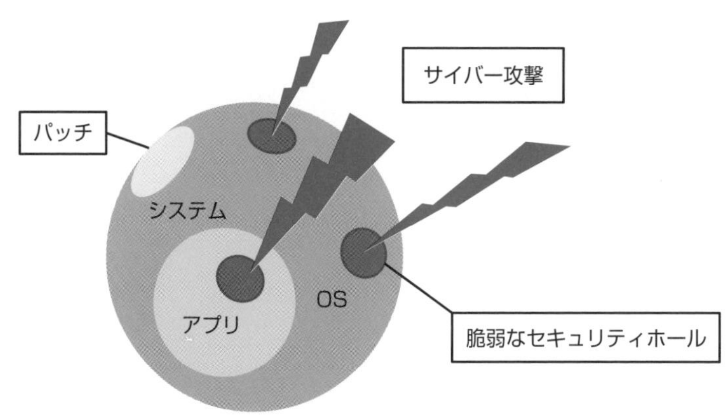

セキュリティパッチ

セキュリティホールになりかねないプログラムの“穴”が見つかったとします。プログラムの開発元、例えばMicrosoftやGoogleなどには、この“穴”をふさぐ責任があります。このような修正プログラムは**セキュリティパッチ**、または単に**パッチ**と呼ばれます。穴の空いた障子に小さな半紙を貼るようなイメージです。

インターネットが一般化されるまで、パッチはCDなどの物理的な媒体を使って提供されていました。このような形でバグの修正プログラムが、年単位、数カ月単位で提供されていたのですが、いま考えると非常にのんびりとした時代でした。しかし、コンピュータがインターネットに接続されてしまうと、セキュリティホールへの対処は緊急性を帯びました。セキュリティホールの情報もあっという間に世界を駆け巡り、誰でもそれを知ることができます。それは、プログラムやネットワークの知識を持っているハッカーにとって、インターネットを経由し、“穴”を使ってプログラムへの働きかけが可能になることを意味します。まるで、障子の穴から部屋の中をのぞき見できるように——。

Windows Update

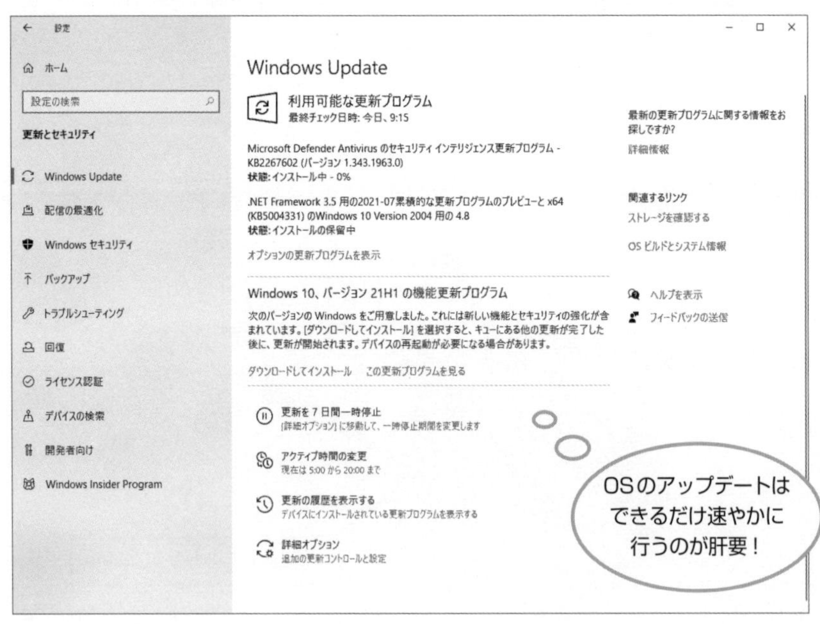

アップデートにかかる手間と時間

OSに関わる重大な脆弱性が公開された場合は、システムのサーバのOSは速やかにパッチを当てる**アップデート**をしなければなりません。また、個人が使用するコンピュータのOSもできるだけ速やかなアップデートが必要です。個人のコンピュータの多くにも、業務に関する重要なデータや、様々な個人情報が保存されているからです。

一方、サイバー攻撃に関連しない程度の脆弱性、あるいはアプリケーションソフトのちょっとした機能の誤動作やメニュー表示のミスタイプなどの軽微なバグは、システムの安定性に影響しないことも多く、反対にパッチを当てることでアプリの挙動が不安定になることもあります。アップデートしてからの挙動を確認するテスト機があれば、それを使ってアップデートの効果と影響をテストすることができます。

ルータやWebカメラ、IoT対応の機器にも専用のプログラムが組み込まれています。これらのファームウェアもアップデートが必要になります。アップデート後には機器を再起動させなければならない場合も多く、その間は機器が使用できません。このような機器のアップデートは、あらかじめアップデートの作業手順を確認した上で、業務に影響の少ない時間帯を選んで短時間で終えるようにします。

可用性の確保とアップデート適用

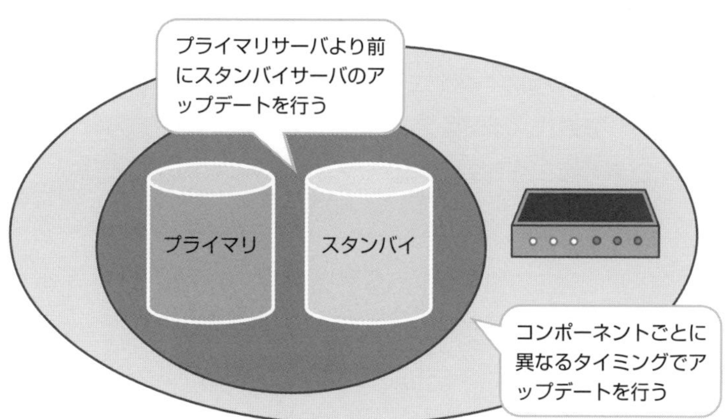

1-10 ソフト品質としてのセキュリティ

「ソフトウェアテスト」は、ソフトウェアが要件を満たすかどうか、欠陥があるかどうかなどをテストします。ソフトウェアテストの項目には、セキュリティに関するものもあります。ソフトウェア品質に関わる内容は、工業規格としてまとめられています。

ISO/IEC 25000シリーズでのセキュリティ確保の必要項目

ソフトウェアメーカーは、ソフトウェアを開発する過程で、**ソフトウェアテスト**を行っています。ソフトウェアテストは、ソフトウェア品質を確保するのが目的です。このための国際規格として、「ISO/IEC 25000シリーズ（JIS X 25000シリーズ*）」が定められています。

ISO/IEC 25010は、2011年に第1版が発行されています。日本工業規格（JIS、2019年より日本産業規格）では、これを受けて2013年に「システム及びソフトウェア製品の品質要求及び評価（SQuaRE）－システム及びソフトウェア品質モデル」（JIS X 25010）を定めました。なお、JIS X 25010の「セキュリティ」特性は、それまでのJIS X 0129-1での「機能性の副特性」という扱いから、新たに特性の1つとして追加されたものです。

JIS X 25010の製品品質の特性は、次ページからの表のとおり8つに分類されています。

これらの中で特にコンピュータセキュリティに関係しているのは、「セキュリティ」特性の全副特性（「機密性」「インテグリティ」「否認防止性」「責任追跡性」「真正性」）、および「信頼性」特性の「回復性」副特性です。

＊**JIS X 25000シリーズ**　Systems and software Quality Requirements and Evaluation：SQuaREシリーズとも呼ばれる。

製品品質の8特性（JIS X 25010）

特性	副特性	説明
機能適合性	機能完全性	機能の集合が明示された作業、および利用者の目的のすべてを網羅する度合い。
	機能正確性	正確さの必要な程度での正しい結果を、製品またはシステムが提供する度合い。
	機能適切性	明示された作業および目的の達成を、機能が促進する度合い。
性能効率性	時間効率性	製品またはシステムの機能を実行するとき、製品またはシステムの応答時間および処理時間、ならびにスループット速度が要求事項を満足する度合い。
	資源効率性	製品またはシステムの機能を実行するとき、製品またはシステムで使用される資源の量および種類が要求事項を満足する度合い。
	容量満足性	製品またはシステムのパラメータの最大限度が要求事項を満足させる度合い。
互換性	共存性	その他の製品に有害な影響を与えずに、他の製品と共通の環境および資源を共有する間、製品が要求された機能を効率的に実行することができる度合い。
	相互運用性	2つ以上のシステム、製品または構成要素が情報を交換し、すでに交換された情報を使用することができる度合い。
使用性	適切度認識性	製品またはシステムが利用者のニーズに適切であるかどうか、機能適切性を利用者が認識できる度合い。
	習得性	明示された利用状況において、有効性、効率性、リスク回避性および満足性をもって製品またはシステムを使用するために明示された学習目標を達成するために、明示された利用者が製品またはシステムを利用できる度合い。
	運用操作性	製品またはシステムが、それらを運用操作しやすく、制御しやすくする属性を持っている度合い。
	ユーザエラー防止性	利用者が間違いを起こすことをシステムが防止する度合い。
	ユーザインタフェース快美性	ユーザインタフェースが、利用者にとって楽しく、満足のいく対話を可能にする度合い。
	アクセシビリティ	製品またはシステムが、明示された利用状況において、明示された目標を達成するために、幅広い範囲の心身特性および能力の人々によって使用できる度合い。

信頼性	成熟性	通常の運用操作の下で、システム、製品または構成要素が信頼性に対するニーズに合致している度合い。
	可用性	使用することを要求されたとき、システム、製品または構成要素が運用操作可能およびアクセス可能な度合い。
	障害許容性（耐故障性）	ハードウェアまたはソフトウェア障害にもかかわらず、システム、製品または構成要素が意図したように運用操作できる度合い。
	回復性（生存性）	中断時または故障時に、製品またはシステムが直接的に影響を受けたデータを回復し、システムを希望する状態に復元することができる度合い。
セキュリティ	機密性	製品またはシステムが、アクセスすることを認められたデータだけにアクセスすることができることを確実にする度合い。
	インテグリティ（免疫性）	コンピュータプログラムまたはデータに権限を持たないでアクセスすることまたは修正することを、システム、製品または構成要素が防止する度合い。
	否認防止性	事象または行為があとになって否認されることがないように、行為または事象が引き起こされたことを証明することができる度合い。
	責任追跡性	実体の行為がその実体に一意的に追跡可能である度合い。
	真正性	ある主体または資源の同一性が主張したとおりであることを証明できる度合い。
保守性	モジュール性	1つの構成要素に対する変更が他の構成要素に与える影響が最小になるように、システムまたはコンピュータプログラムが別々の構成要素から構成されている度合い。
	再利用性	1つ以上のシステムに、または他の資産作りに、資産を使用することができる度合い。
	解析性	製品もしくはシステムの1つ以上の部分への意図した変更が製品もしくはシステムに与える影響を総合評価すること、欠陥もしくは故障の原因を診断すること、または修正しなければならない部分を識別することが可能であることについての有効性および効率性の度合い。
	修正性	欠陥の取込みも既存の製品品質の低下もなく、有効的に、かつ、効率的に製品またはシステムを修正することができる度合い。
	試験性	システム、製品または構成要素について試験基準を確立することができ、その基準が満たされているかどうかを決定するために試験を実行することができる有効性および効率性の度合い。

移植性	適応性	異なるまたは進化していくハードウェア、ソフトウェアまたは他の運用環境もしくは利用環境に、製品またはシステムが適応できる有効性および効率性の度合い。
	設置性	明示された環境において、製品またはシステムをうまく設置および／または削除できる有効性および効率性の度合い。
	置換性	同じ環境において、製品が同じ目的の別の明示された製品と置き換えることができる度合い。

また、ソフトウェアの「利用時の品質モデル」の特徴は、次の表のように分類されていて、セキュリティ特性および回復性の特性は、利用時は「満足性」、特に「信用性」に貢献すると考えられます。

利用時の品質の特徴（JIS X 25010）

品質特性	品質副特性	説明
有効性	明示された目標を利用者が達成する上での正確さおよび完全さの度合い。	
効率性	利用者が特定の目標を達成するための正確さおよび完全さに関連して、使用した資源の度合い。	
満足性	製品またはシステムが明示された利用状況において使用されるとき、利用者ニーズが満足される度合い。	
	実用性	利用の結果および利用の影響を含め、利用者が把握した目標の達成状況によって得られる利用者の満足の度合い。
	信用性	利用者または他の利害関係者が持つ、製品またはシステムが意図したとおりに動作するという確信の度合い。
	快感性	個人的なニーズを満たすことから利用者が感じる喜びの度合い。
	快適性	利用者が（システムまたはソフトウェアを利用するときの）快適さに満足する度合い。

<table>
<tr><td rowspan="4">リスク回避性</td><td colspan="2">製品またはシステムが、経済状況、人間の生活または環境に対する潜在的なリスクを緩和する度合い。</td></tr>
<tr><td>経済リスク緩和性</td><td>意図した利用状況において、財政状況、効率的運用操作、商業資産、評判または他の資源に対する潜在的なリスクを、製品またはシステムが緩和する度合い。</td></tr>
<tr><td>健康・安全リスク緩和性</td><td>意図した利用状況において、製品またはシステムが人々に対する潜在的なリスクを緩和する度合い。</td></tr>
<tr><td>環境リスク緩和性</td><td>意図した利用状況において、環境に対する潜在的なリスクを製品またはシステムが軽減する度合い。</td></tr>
<tr><td rowspan="3">利用状況網羅性</td><td colspan="2">明示された利用状況および当初明確に識別されていた状況を超越した状況の両方の状況において、有効性、効率性、リスク回避性および満足性を伴って製品またはシステムが使用できる度合い。</td></tr>
<tr><td>利用状況完全性</td><td>明示されたすべての利用状況において、有効性、効率性、リスク回避性および満足性を伴って製品またはシステムが使用できる度合い。</td></tr>
<tr><td>柔軟性</td><td>要求事項の中ではじめに明示された状況を逸脱した状況において、有効性、効率性、リスク回避性および満足性を伴って製品またはシステムが使用できる度合い。</td></tr>
</table>

ISOホームページ

IECホームページ

ゼロデイ攻撃

OSやソフトウェアにセキュリティホール（脆弱性）が見つかると、開発元はできるだけ早く修正プログラム（パッチ）を開発して提供しようとします。開発元が脆弱性を発見した場合は、脆弱性の発表と共に修正プロアグラムの提供が開始されます。修正プログラムの開発に時間がかかる場合でも、当面の対応策をアナウンスして、脆弱性による脅威を回避します。脆弱性が発見されてから修正パッチが提供されるまでは、時間との勝負です。

サイバー攻撃者は、もちろん脆弱性を狙っています。攻撃者が見つける場合もあります。この場合、攻撃が開始されてから、修正プログラムが提供されることになるかもしれません。

ウイルスによる脆弱性を突いた攻撃が確認されても、その正体が知られていなかった場合、つまり開発元が脆弱性の存在に気付いていなかった場合、そのウイルスは"未知のウイルス"と呼ばれます。未知のウイルスが攻撃する脆弱性の情報は、たちまちネットに出回り、そこを攻撃する別のウイルスが開発されることになります。

このように、脆弱性への備えが整う前に行われる攻撃を**ゼロデイ攻撃**といいます。

SILレベル

IEC 61508は、電気、電子などの機能安全に関する基本規格を定めた国際規格であり、故障や障害によって人命、環境、財産に大きな影響を与えるもの（プラントや発電所、機械、鉄道、医療機器、家電やシステムのリスクを軽減するために使用するコンピュータ・ソフトウェアを含む）が対象です（機械だけで構成される装置は対象外）。このIEC 61508の考え方は、JIS X 25010の「リスクの回避性」につながっています。

SIL＊は、この安全性の実行レベルを定義したものです。IEC 61508に基づく機能安全規格ではSIL 4が最高レベルです。これは、低頻度モードでの作業要求当たりの設計上の機能失敗平均確率、つまり故障あるいは実行失敗の確率が10^{-5}≦SIL 4<10^{-4}程度、高頻度モードでは10^{-9}≦SIL 4<10^{-8}程度のものです。

プログラムにおけるSILの考え方は、そのリスクが、最高レベルでも「0」にはならないことを示しているともいえます。

情報セキュリティにおいて、基本ソフトや応用ソフトの脆弱性が問題になりますが、国際規格にもあるように、あえてセキュリティ上100%安全な製品を想定せずに、別の方策を総合的に講じることによってリスクを軽減することが、現実的な最善策となっています。

ISOおよびIEC

ISO＊は、**国際標準化機構**のことです。工業製品の国際標準の策定を目的とする機関で、1974年に設立されました。

IEC＊は、**国際電気標準会議**のことです。電気、電子、通信、原子力などの分野における各国の規格の標準化を行う機関で、1906年に設立されています。1947年以降は、ISOの電気・電子部門を担当しています。IEC規格という国際規格を設けることで、各国間の工業製品の輸出入をスムーズに行うことを目的としています。

＊**SIL** Safety Integrity Levelの略。
＊**ISO** International Organization for Standardizationの略。
＊**IEC** International Electrotechnical Commissionの略。

1-11 心の隙を狙った攻撃

サイバー犯罪は、コンピュータに対して行われる犯罪だと思われがちですが、社会工学の分野では、コンピュータを操作する人の心の隙を突いた犯罪も含まれます。振り込め詐欺（オレオレ詐欺）の手法をサイバー犯罪に利用する手口などもあります。

電話で個人情報を聞き出す

2018年、国内の病院で、勤務する医師たちの個人情報が漏えいする事件が起きました。この漏えい事件は、インターネットから病院のネットワークに侵入するといったサイバー犯罪ではありませんでした。医師を騙（かた）る犯罪者からの電話を信じ込んだ病院の事務員が、言われるがまま、個人情報を伝えてしまったのでした。

人は、焦ったりパニックになったりすると、冷静な判断ができなくなりがちです。犯罪者は、意図的にこのような状況を作り、被害者が状況を正しく判断できないようになった隙を突いてくるのです。また、よく聞く話ですが、自分はそのような詐欺には絶対に遭わない、といっている人が詐欺被害に遭うのは、油断があるからでしょう。

情報セキュリティ対策でも、心の隙を狙った犯罪への対応が必要です。前述の病院事務員をだました詐欺手法は、**ネームドロップ・ハリーアップ**と呼ばれています。

トラッシングまたは**スカベンジング**は、会社から出るゴミをあさり、その中から情報を見つけ出す手法です。PCのハードディスクからデータを復活させるのも含まれます。

情報詐取は、コンピュータやインターネットを通して行われるだけではありません。振り込め詐欺（オレオレ詐欺）などの主に年配者を狙った金銭目的の詐欺では、コンピュータやスマホではなく電話がその手段となっています。つまり、被害者は実際に人の口から聞く内容によってだまされているのです。このような詐欺は、人の心の隙を狙ったもので、「**古典的なソーシャルエンジニアリング**」と呼ばれる、古くからあるだましのテクニックです。

ソーシャルエンジニアリング

電話による古典的なソーシャルエンジニアリングの手法は、サイバー犯罪で用いられるソーシャルエンジニアリングに姿を変えています。

2014年に起きた事件では、LINEのIDとパスワードを盗み出した犯罪者が、"友だち" になりすまして、電子マネーなどの購入を依頼してきました。犯人は、次のようなメッセージをLINEのチャットに載せてきました。

「忙しくて外出できないから、いますぐコンビニでWebマネーを買ってくれない？　給料が入ったらすぐ返すから、頼む！」

友だちが困っていると信じた被害者は、Webマネー（プリペイドカード）を数千円分買って、Webマネーの番号を知らせてしまったのです。

一般の人がだまされやすいソーシャルエンジニアリングの手法に対しては、システムとして対応策を講じる必要があります。LINEなどでは、この事件以降にPINコードの設定などの対策がとられています。

ソーシャルエンジニアリングの手口

ソーシャルエンジニアリング	説明
ネームドロップ・ハリーアップ	上司や顧客を装い、相手をパニックにさせて情報を詐取する。
トラッシング	ゴミとして廃棄されたものの中から情報を拾い出す。
のぞき見	入力中のパスワードを見る、不在時にメモを見る、ビデオで画面を撮影する、などの行為。
なりすまし	他人になりすまして情報を引き出させる。
チャット	チャットを利用し、セキュリティ指南を装ってパスワードを変更させる、など。
リバースソーシャルエンジニアリング	偽の連絡先、偽のホームページなど、あらかじめ仕掛けておいた罠（わな）から情報を詐取する。

1-12 個人情報に関する世界の動き

サイバー攻撃を受ける情報資産の中で、顧客の個人情報の漏えいに特に注意を払う必要のある職種では、国際的な動向や法律、処罰について知っておく必要があります。

ヨーロッパの動き

EUでは、個人情報の保護に関する各国の法律に統一感を持たせるため、1995年に「個人データの取扱いに係る個人の保護及び当該データの自由な移動に関する欧州議会及び理事会の指令」(Data Protection Directive：**EUデータ保護指令**)を出しました。ヨーロッパ各国では、これ以降、個人情報保護法の整備が進むことになりました。

2015年、EUはヨーロッパのデジタル単一市場(DSM*)戦略に向け、3つの柱と16の施策を掲げました。

この中で、情報セキュリティに大きく関係するものには、GDPR(EU一般データ保護規則)に関係している「12. 個人データ保護規制案の採択及びeプライバシー指令の見直し」と、「13. 官民連携を通したサイバーセキュリティの強化」があります。

セキュリティホールと脆弱性の違い

本書では**セキュリティホール**と**脆弱性**を同じ意味として扱っていますが、他の資料などでは別の見方をするものもあります。

例えば、「セキュリティホール」を具体的なサイバー攻撃の標的として捉え、そのような標的になるシステム上の弱点を「脆弱性」として表現するものがあります。また、ソフトウェアだけにとどまらず、人為的な脅威なども含むセキュリティの弱点といったより大きな視点を「脆弱性」と表現するものもあります。

* **DSM**　Digital Single Marketの略。

EUのデジタル単一市場（DSM）戦略

柱1：電子商取引の推進

1.越境電子商取引を可能とするルール作り

2.消費者保護ルールの迅速かつ統一的な執行

3.小包配送の効率化・低廉化を通じた電子商取引の活性化

4.公正な地理的ブロッキング

5.電子商取引市場の潜在的な競争力の課題を特定するための反トラスト調査

6.著作権法制度の見直し

7.衛星・ケーブル指令の見直しを通した放送事業のサービスの範囲の拡大等

8.付加価値税法制の見直しを通じた越境物販の促進

柱2：環境整備

9.電気通信規制の見直し

10.視聴覚メディア指定の見直し

11.オンライン・プラットフォーム事業者の扱い

12.個人データ保護規制案の採択及びeプライバシー指令の見直し

13.官民連携を通したサイバーセキュリティの強化

柱3：デジタル経済の成長

14.EU域内での自由なデータ移動を可能とする「欧州クラウドイニシアティブ」の実現

15.標準化及び相互運用性の促進

16.デジタル・スキルの向上、電子政府アクションプランの決定

アメリカの動き

アメリカでは、ヨーロッパのGDPR、日本の個人情報保護法のような包括的な法律ではなく、州ごとに法律が制定されています。その中でカリフォルニア州では「カリフォルニア州消費者プライバシー法」（CCPA*）が制定され、2020年1月に施行されています。このような個人情報保護に関する法律制定の動きは、ワシントン州などほかの州にも広がっています。

* **CCPA**　The California Consumer Privacy Actの略。

CCPAが対象としているのは、カリフォルニア州の住民の個人情報です。個人情報の範囲は、日本の個人情報保護法とほとんど同じです。

CCPAの適用対象は、カリフォルニア州に会社や事務所があるかどうかに関係しません。カリフォルニア州の個人情報を扱う事業者や個人事業主が対象です。さらに、次の基本条件のいずれかに該当する場合が適用対象となります。

・年間の総収入が2500万ドル以上。
・年間5万件以上の住民の個人情報を収集、購入、販売、共有している。
・年間収入の50%以上を住民の個人情報の販売から得ている。

義務違反は、民事罰として最大で2500ドルの罰金が課せられます（故意の場合は最大で7500ドル）。

CCPAは消費者に対して、次のような自らの個人情報に関する権利を定めています。

・開示請求権
・消去請求権
・オプトアウト権
・差別禁止を求める権利

中国の動き

中国の個人情報保護法（PIPL＊）では、個人情報処理者が中国国外に個人情報を持ち出す場合の越境移転制限を設けています。

中国版GDPRは包括的な個人情報保護法です。中国国民の個人情報の処理企業にも適用され、遵守を怠ると、罰金として最大で年間売上高の5%または5000万人民元が課せられる可能性があります。さらに、その責任者にも罰金が課せられ、一定期間、管理職に就くことが禁止されます。

＊**PIPL**　The China Personal Information Protection Lawの略。2021年11月施行。

1-13 ゼロトラスト

リモートワーク式のビジネススタイルにおける情報セキュリティでは、これまでのように強固なセキュリティに囲まれたオフィス内（境界防衛型システム）とは違ったセキュリティ対策が求められます。

ゼロトラスト

リモートワークの加速化やクラウド活用の増加によって、境界防衛型のセキュリティシステムでは、企業や組織としての情報セキュリティに限界が見えてきました。これまでの境界防衛型システムでは、インターネットと社内ネットワークの境にファイアウォールを設置するなどして、外部からの侵入を食い止めようとしていました。それに対し、**ゼロトラスト**という新しい情報セキュリティの考え方では、企業や組織内も安全ではないことを前提とし、防衛する境界を取り払い、デバイスやリソースごとに安全性を確認しながら作業を行います。

ゼロトラストは、情報セキュリティに関する新しい概念です。多く参照される論文の1つは、2020年にアメリカ国立標準技術研究所（NIST*）が公表した「NIST SP800-207」（ゼロトラスト・アーキテクチャ）です。

この論文は、ゼロトラストの考え方を次のようにまとめています。

1. すべてのデータソースとコンピューティングサービスはリソースと見なす。
2. ネットワークの場所に関係なく、すべての通信を保護する。
3. 企業リソースへのアクセスをセッション単位で付与する。
4. 企業リソースへのアクセスは、動的ポリシーによって決定する。
5. 企業は、すべての情報資産の整合性とセキュリティ動作を監視し、測定する。
6. すべてのリソースの認証と許可を行い、アクセス許可される前に厳格に実施する。
7. 企業は、情報資産やネットワークインフラなどについての情報を収集して、セキュリティ対策の改善に利用する。

* **NIST** National Institute of Standards and Technologyの略。

ゼロトラスト

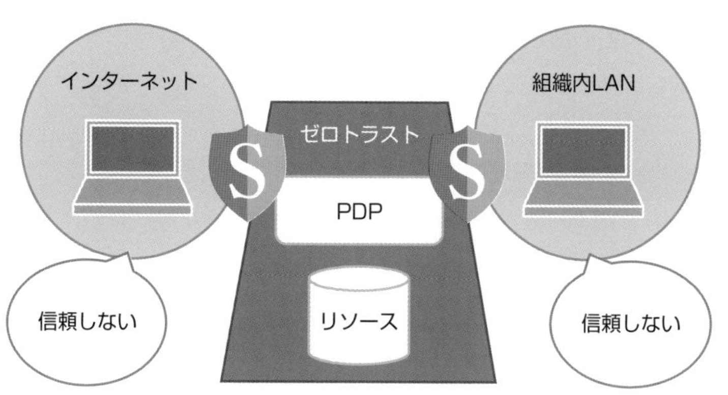

ゼロトラストの認証イメージ（複数チェック／不審人物にはチェックを強化）

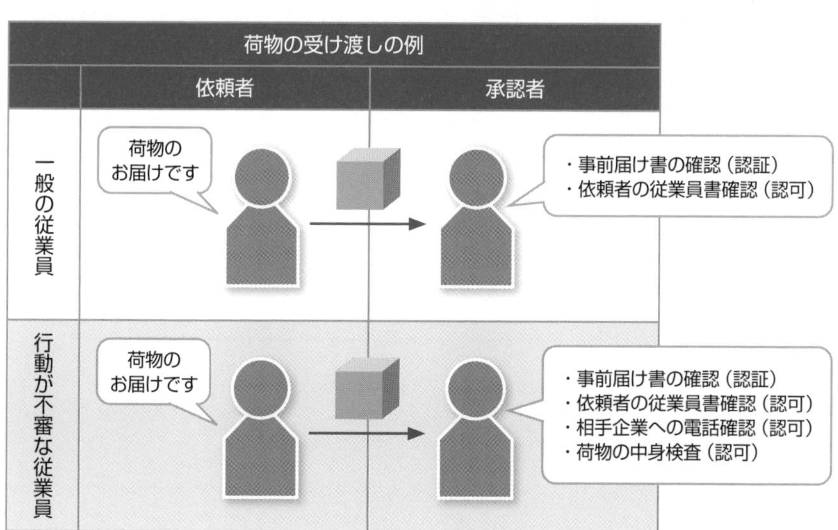

IPA（独立行政法人 情報処理推進機構）「ゼロトラスト導入指南書」より

ゼロトラストの論理構成

NISTによる**ゼロトラストシステム**は、リソースへのアクセスを求める利用者ごとに、ポリシー決定ポイント（PDP*）が検証を行い、ポリシーに適用してアクセス許可の判断を行います。

ゼロトラストのモデル

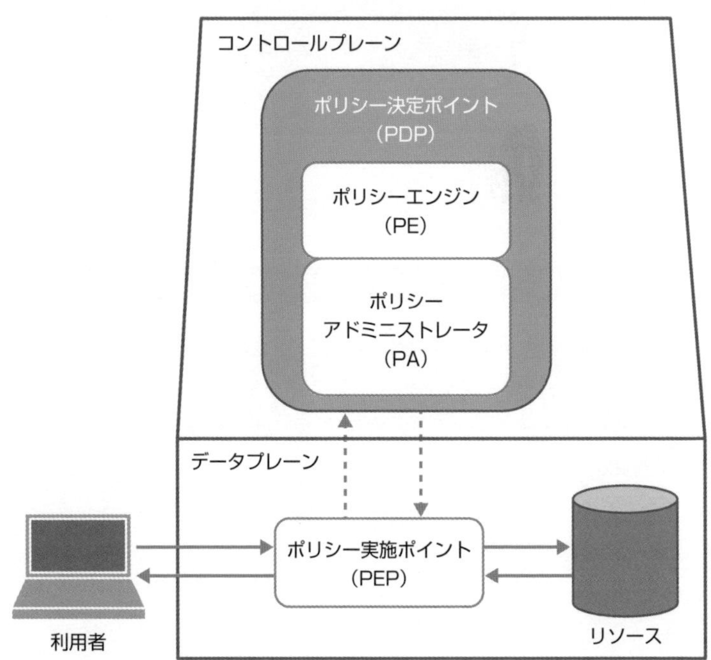

＊**PDP**　Policy Decision Pointの略。

第2章

サイバー攻撃を知り、備え、防ぐ

サイバー攻撃のイメージが湧かないなら、具体的な攻撃例を見てみるとよいでしょう。攻撃方法がわかれば、具体的な防御方法を考えることができます。

PCや通信デバイス、ネットワークやインターネットの構造、基本機能、特性を逆手にとった攻撃が多くあります。

攻撃と防御は永遠に続くのかもしれません。先に攻撃があり、遅れて防御策が考案されます。その間が最も危険性が高まります。ゼロデイ攻撃は、まさにこの隙を突いた攻撃です。

2-1 ポートスキャン

サイバー攻撃者は、どのようにしてインターネット上にあるターゲットを見つけ出すのでしょう。その方法としては、インターネット特有の性質を使うのです。

スキャン

「スキャン」自体は違法ではありませんが、スキャンを悪用する攻撃者は、スキャンによって攻撃の糸口を探し出します。なお、侵入を目的とした試みで、侵入が未遂に終わったものもスキャンとして分類する向きもあります。

●アドレススキャン

インターネット上にあるコンピュータや通信デバイスには、**IPアドレス**と呼ばれる一意の符号が割り当てられます。IPアドレスは、インターネット上の住所に当たります。このIPアドレスは、「2600:140b:1200:1a1::1111」(IPv6) あるいは「23.208.88.212」(IPv4) といった規則的な数字と記号の組み合わせです。インターネット上のサーバは、このIPアドレスを使ってデータをやり取りします。

アドレススキャン

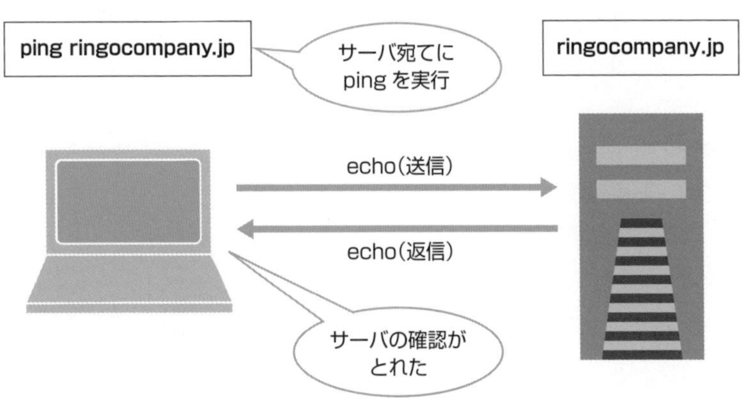

しかし、機械には理解できても人間にはIPアドレスだけでは、相手のデバイスがどこにあって、どんな企業や組織に属しているのか、またどんな役割なのかわかりません。そこで、ドメイン名とIPアドレスを紐付(ひもづ)けるインターネットサービス専用のサーバが登場します。これが**ネームサーバ**です。

例えば、ネームサーバを利用するコマンドを使って、ターゲットの「www.ringocompany.jp」(架空のURLです) をスキャンすると、「183.181.90.0」などとIPアドレスが返されます。このIPアドレスがサーバ攻撃に使われることになります。

また、「ping」コマンドもアドレススキャンに使用されます。pingコマンドは、IPアドレスでもサーバのホスト名でも使用できます。そのサーバ (またはデバイスなど) がpingに反応する設定 (初期設定) になっていれば、サーバから返信があり、サーバが確かに存在して起動している証となります。

ネームサーバもpingも、インターネット管理における基本的な機能です。したがって、サイバー攻撃者に悪用されるからといって、これらのサービスやコマンドが“悪”というわけではありません。

● ポートスキャン

コンピュータのOSには、データ処理が管理しやすいように、様々なデータごとに入り口が用意されています。出口も同様です。これらを「ポート」と呼びます。

IPアドレスがインターネット上の住所に当たるとすると、ポートは家に出入りするためのドアに当たります。ポートは複数あり、ポートに割り当てられるポート番号で区別します。

一般のPCでは、インターネット利用時におけるポート番号は、セキュリティを高める意味から頻繁に変化します。しかし、インターネットサーバの場合は、サービスによってポート番号が決まっています。

サイバー攻撃者がインターネットサーバに対して仕掛けるポートスキャンは、公開されているポート番号が有効かどうかを調べる作業です。侵入者が、ドアに鍵がかかっているかどうかを確認するのに相当します。使っていないのに、鍵がかかっていない (セキュリティが設定されていない) ポートを見つけたら、そこが侵入口になる可能性があります。

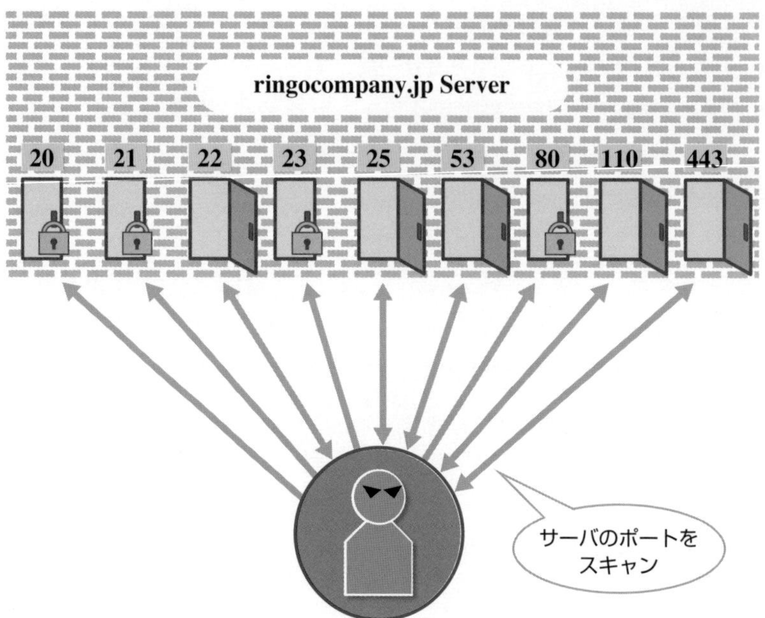

▼主なポート番号

ポート番号	通信	プロトコル	説明
20	TCP	FTP	FTPによるデータ送信
21	TCP	FTP	FTPの制御
22	TCP	SSH	暗号化通信
23	TCP	Telnet	サーバとの通信
25	TCP	SMTP	メール送信
53	UDP/TCP	DNS	DNS索引
80	TCP	HTTP	Web閲覧
110	TCP	POP3	メール受信
119	TCP	NNTP	ニュース
123	UDP	NTP	時間の取得・調整用
143	TCP	IMAP	メール通信
443	TCP	HTTPS	Web暗号化閲覧

2-2 標的型攻撃

標的型攻撃は、不特定多数を相手とするのではなく、特定の相手(企業や組織、または個人や特定のサーバ)をターゲットとしたサイバー攻撃です。

標的型攻撃

不特定多数にメールを送付するのがスパムメールですが、標的型攻撃では、あらかじめ行った調査の結果から絞った標的に向けて「なりすましメール」を送るようなシナリオが考えられます。標的型攻撃では、攻撃が始まる以前にすでに計画と準備が周到に進んでいます。例えば、犯罪者はA社の機密文書を狙っているとします。そのために、機密文書に近い部署にいる一般職の社員(多忙かどうか、情報セキュリティに関するスキルはあるか、家族はあるか、健康か、性格は慎重派かせっかちか、などを調査済み)に狙いを付けます。そして、家族との長期休暇を終えて出勤する日の少し前に、なりすましのメールを送信しておきます。

久しぶりに出勤した社員は、休暇明けのため、OSに脆弱性が発見されていたことも知りません。机上には書類の束があり、メーラーを開くと、取引先や支社からのメールが未読のままになっています。この中になりすましメールが入っています。ふだんは注意していたはずなのに、この日はうっかり、メールに添付されていたドキュメントファイルを開いてしまいます。これでウイルスに感染します。

標的型攻撃では、このあとのシナリオも用意されています。犯罪者は、そのシナリオに従って機密情報までたどり着き、まんまと盗み出すことになります。

標的型攻撃では、その発端はセキュリティ意識が低い組織員、または一般の組織員であってもセキュリティ意識が低くなる時期を狙って送られるメールです。このメールの添付ファイルに対して疑いを持つことができれば、そのあとに続く本当の攻撃を防ぐことができます。

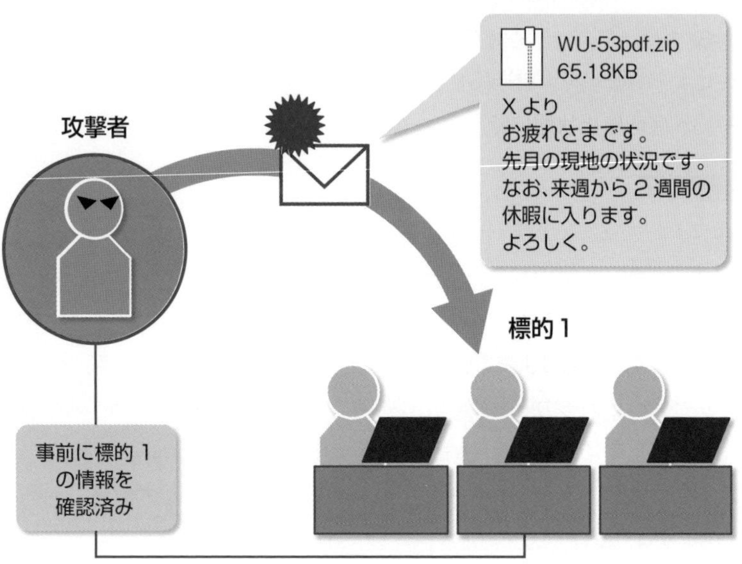

ビットコイン発掘に利用される

ビットコインの仕組みの中で**発掘（マイニング）**と呼ばれる計算プロセスがあります。この大量の計算を素早くこなすと、ビットコインがもらえます。

この作業には時間も電気代もかかります。そこで、他人のコンピュータを乗っ取って密（ひそ）かに発掘を行わせる輩（やから）が出てくるわけです。2014年には、ハーバード大学のスーパーコンピュータを乗っ取ってビットコインを発掘していた犯人が逮捕された、という事件がありました。

スペックではスーパーコンピュータにまったくかなわないコンピュータでも、台数を集めて分担させれば、大量の計算も短時間で済みます。ボットネット（次ページ参照）のように、ビットコインの発掘のためのネットワークを密かに組むこともできます。自分の知らないうちに、他人の金儲けのために自分のコンピュータが働かされるということも起きるのです。

2-3 DDoS攻撃

DDoS*攻撃とは、攻撃者に操られた複数のコンピュータからターゲットに対して一斉に大量の処理要求を送る、という攻撃手法です。サーバに極端な負荷をかけてサーバを機能停止状態に陥らせる、というDoS攻撃、DDoS攻撃の代表的な手法がFlood攻撃です。

DDoS攻撃

人気のあるチケットをオンラインで予約するときに、アクセスが集中してサーバがダウンすることがありますが、これを意図的に行うのがDDoS攻撃です。ちなみに、1台のコンピュータから大量の処理要求を送るのをDoS攻撃といいます。

DDoS攻撃をするためには、多くのコンピュータを用意しなければなりません。攻撃者はこれらすべてのコンピュータを用意するのではなく、あらかじめマルウェアを使って支配下に置いておいたコンピュータを操ります。

攻撃者は、マルウェアによって乗っ取ったコンピュータにボットを送っておきます。このボットが攻撃者の指令によって一斉にDDoS攻撃を行うのです。

攻撃者が送り込んだマルウェアは、自身の力で感染を広げる場合もあります。すると、DDoS攻撃用のコンピュータも増えていきます。このようにして作られるボットによる攻撃用のネットワークを**ボットネット**と呼びます。ボットネットが複雑化すればするほど、真の攻撃者を見つけ出しにくくなります。

● DDoS攻撃の被害

DDoS攻撃を受けたサーバは、アクセスに処理速度が追い付かなくなります。これによって、通常のサービスを提供できなくなります。このため、一時的にサービスの提供を中止することになります。ネット自体を切断する必要があるかもしれません。また、攻撃を仕掛けているコンピュータやサーバのIPアドレスなどを遮断することで、アクセスの集中を減らすことができます。

＊**DDoS**　Distributed Denial of Serviceの略。

DDoS攻撃

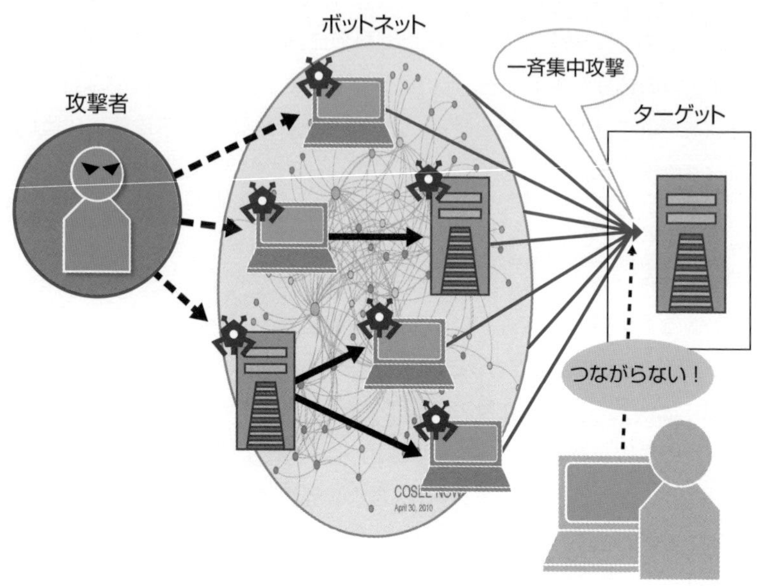

この間に、ボットネット内のコンピュータからボットやマルウェアを駆除しなければなりません。

DDoS攻撃では、マルウェアやボットに感染したコンピュータは、直接は大きな損害を被ることは少ないのですが、加害者側になることが問題です。また、ボットによる攻撃が始まると、コンピュータの動作が遅くなったり、Webページの表示が遅くなったりします。

コンピュータがふだんとは違った不審な動きをしたり、システムの更新でもないのにインターネットで頻繁に通信を繰り返していたりするときには、ウイルススキャンなどを実行してみましょう。

Flood攻撃

Flood攻撃は、インターネットを通じて大量のパケットを送り付けます。意図的にネットワーク機器の処理能力を超えさせ、機能停止に追い込みます。サービス拒否を引き起こさせることを目的としたDoS攻撃、DDoS攻撃の一種です。

中でも、UDPを利用する「UDP Flood攻撃」は、攻撃元のIPアドレスを偽装しやすいためによく行われます。「WS-Discovery Flood攻撃」や「SNMP Flood攻撃」「NTP Flood攻撃」なども、UDP Flood攻撃の一種です。

ランダムポートFlood攻撃は、サーバのポートをランダムに選び、そこに向けてUDPデータグラムを含んだパケットを大量に送信します。**フラグメント攻撃**は、サイズの大きなUDPパケットを大量に送信する攻撃です。

Flood攻撃を防ぐには、同一のIPからのアクセスを制限したり、専用のセキュリティ製品を導入したりします。

● GET Flood攻撃

GET Flood攻撃または**HTTP GET攻撃**は、攻撃者または攻撃者に操られたボットネットから、攻撃目標に対して繰り返しHTTP GETコマンドを送ることによるFlood攻撃です。

GETコマンドでは、サーバに保存されている画像ファイルなどを大量に要求します。サーバの処理能力を超えるGETコマンド要求と応答は、サーバに極端な負荷を与え、サービス拒否に陥らせます。

POSTは、パラメータの送り方が少し異なるだけで、GETとほぼ同じ働きをします。このため、POSTコマンドを使った攻撃も成り立ち、これを**POST Flood攻撃**といいます。

HTTP GET攻撃

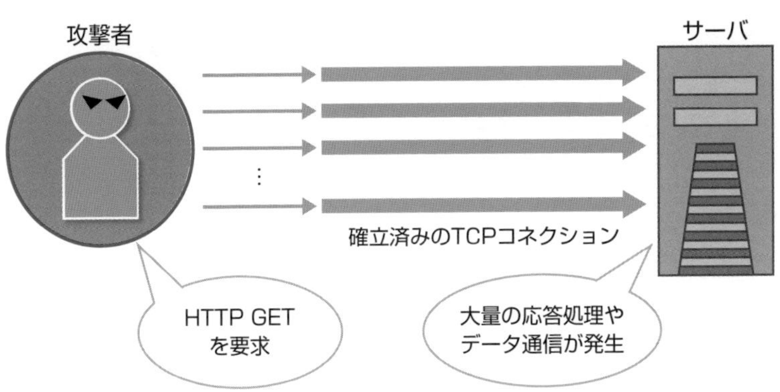

攻撃者
サーバ
確立済みのTCPコネクション
HTTP GET
を要求
大量の応答処理や
データ通信が発生

● SYN Flood攻撃

SYN Flood攻撃は、TCP接続の手順を利用した攻撃です。

TCP接続が開始されるまでの手順は、次のようになっています。

利用者は、サーバに対してTCP SYNパケットを送ります。

SYNパケットを受け取ったサーバは、その利用者との通信を行うためのTCP接続情報を記憶するため、メモリ領域にキャッシュデータを書き込みます。

サーバは、利用者に通信の準備ができたことを知らせるSYN ACKパケットを送信します。

サーバからのSYN ACKパケットを受信した利用者は、接続開始の意思を示すためにACKパケットをサーバに返します。このパケットをサーバが受け取って初めてサービスが開始されます。

SYN Flood攻撃では、攻撃者がサーバに送り付けたSYNパケットに対して、サーバが応えたSYN ACKパケットを攻撃者が無視します。サーバ側からすると、攻撃者からのTCP接続の要求に対して、準備して待っている状態です。メモリにはキャッシュデータも書き込まれています。しかし、それ以降の要求が来ません。

このように、SYNパケットによる接続要求だけを大量に送り付け、そのあとのSYN ACKパケットを意図的に無視していると、サーバのメモリがキャッシュでいっぱいになり、ほかのTCP接続要求を処理できなくなります。

● Connection Flood攻撃

Connection Flood攻撃あるいは**Connection Exhaustion攻撃**は、ネットワーク機器のメモリを狙った攻撃です。

この攻撃では、攻撃目標との間で大量のTCP接続を確立したまま、データ転送をせずに待機します。攻撃目標の機器との接続を維持することで、メモリリソースを枯渇させ、新たなTCP接続を阻害します。

● DNS Flood攻撃

DNSサーバは、Webなどで使用するドメイン名とIPアドレスを関連付ける働き(名前解決)をしています。**DNS Flood攻撃**では、このDNSサーバを攻撃目標とします。

SYN Flood攻撃

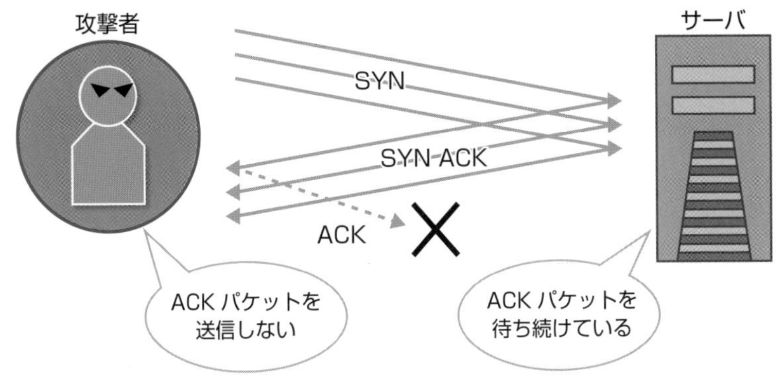

DNSサーバでは、名前解決の内容を一定時間、キャッシュします。これを利用して攻撃者は、名前解決できない（またはランダムに生成した）大量のリクエストをDNSサーバに送り付けます。キャッシュがあふれるようになったDNSサーバは機能停止に追い込まれます。この状態から、**DNS水攻め攻撃**と呼ばれることもあります。

● ICMP Flood攻撃

pingコマンドを用いて、ICMPパケットを攻撃目標に送り付ける攻撃です。

ICMP*は、**IP***が送信元から送信先に届くまでの処理で発生したエラーや状態を送信元に報告するためのプロトコルです。TCPやUDPと異なり、データの送受信には関係しません。通常はpingコマンドによって実行されます。

同時に大量の要求パケットを送り付けることで、攻撃目標のサーバに至るまでの回線を過負荷にします。

● Slow HTTP DoS攻撃

Slow HTTP DoS攻撃では、小さなパケットを長時間継続して送り付けることで、TCPセッションを占有します。このタイプの攻撃が行われると、一般の利用者がサイトにつながりにくくなります。

＊**ICMP**　Internet Control Message Protocolの略。
＊**IP**　Internet Protocolの略。

2-4 Spoofing攻撃

「Spoofing（スプーフィング）」とは、“だます”“かつぐ”などの意味です。**Spoofing攻撃**とは、サイバー詐欺の一種です。

Spoofing攻撃

Spoofing攻撃を一般的な分類法で分けると、次のようになります。

Spoofing攻撃の分類

Content Spoofing	攻撃者は、誰にでもすぐわかるようにコンテンツのソースを変更するのではなく、一般の利用者には気付かれないようにコンテンツの一部を変更したり、偽のコンテンツを含めたりします。Webやメールの改ざんなどがこれに当たります。
Identity Spoofing	通常、「なりすまし」と呼ばれます。本人（本物）とは異なるエンティティ（人間または人間以外）の身元を仮定して、そのアイデンティティを使用してだまします。犯罪者は、偽のメッセージや証明書を作成したり、メッセージを傍受して個人情報を窃取したりします。フィッシングやなりすましメールなどがこれに当たります。
Resource Location Spoofing	犯罪者は、リソースの場所を偽装します。利用者が偽装された場所にある偽のリソースを要求するように仕向けます。だまされた利用者は、偽のサイトからウイルスの入ったファイルをダウンロードさせられます。
Action Spoofing	攻撃者は、コンピュータによる、あるアクションを別のアクションに偽装して、利用者をだまして別のアクションを実行させます。例えば、利用者がWebページ上のボタンをクリックすると、メッセージが送信される代わりにウイルスが仕込まれたファイルをダウンロードしてしまいます。

● IP Spoofing攻撃

「IP Spoofing」は、送信元のIPアドレスを偽装する攻撃手法です。

DDoS攻撃やDoS攻撃で、送信元を隠すために組み込まれます。

● メールSpoofing攻撃

メールSpoofing攻撃は、犯罪者がメールヘッダーを偽装することで、受信者の知人や有名企業などの名前を騙り、安全なメールに見せかけます。

もちろん、メールの本文なども本物に似せて作り込まれていることが多く、注意が必要です。「フィッシングメール」と同意です。

● DNS Spoofing攻撃

インターネット上にある機器のホスト名とIPアドレスを対応させるデータベースを保持し、その関連付けサービス（名前解決）を提供しているのがDNSサーバです。このDNSサーバの情報を不正に書き換える手法を**DNS Spoofing攻撃**といいます。

Webページや Webコンテンツの在(あ)り処(か)を示すURLとの関連付けの情報を提供しているDNSサーバの内容が書き換えられると、利用者は簡単に偽サイトに導かれる危険があります。

DNSによる名前解決は、階層構造になっていて、名前解決ができない場合には上位のDNSサーバに問い合わせるようになっています。攻撃者は、これを利用し、上位からの返答を偽装して下位のDNSサーバに偽サイトの情報を書き込ませます。この手法を**DNSキャッシュポイズニング**と呼びます。

● ARP Spoofing攻撃

ARP[*]は、インターネット上のIPアドレスとLAN上の物理アドレス（MACアドレス）とを関連付けるためのプロトコルです。

これを偽装し、インターネットからネットワーク内のコンピュータになりすまして行うのが**ARP Spoofing攻撃**です。

例えば、利用者がコンピュータB（IPアドレス：192.168.0.200）のMACドレスをARPで求めたとします（次ページの図の❶）。

* **ARP**　Address Resolution Protocolの略。

通常はルータが「IPアドレス：192.168.0.200」のデバイスのMACアドレスは「01:23:45:67:BB:BB」などと応答するのですが、中間攻撃者がルータに対して執拗（しつよう）にそのIPアドレスのデバイスのMACアドレスは「01:23:45:67:CC:CC」と応答を繰り返すことで（❷）、ルータはデバイスBの偽MACアドレスを利用者に返すようになります。

これによって、AからBへの通信は攻撃者のコンピュータCに送信されることになります（❸）。

攻撃者がネットワーク内のルータになりすました場合、LANとWANとの間の通信が傍受できてしまいます。

ARP Spoofing

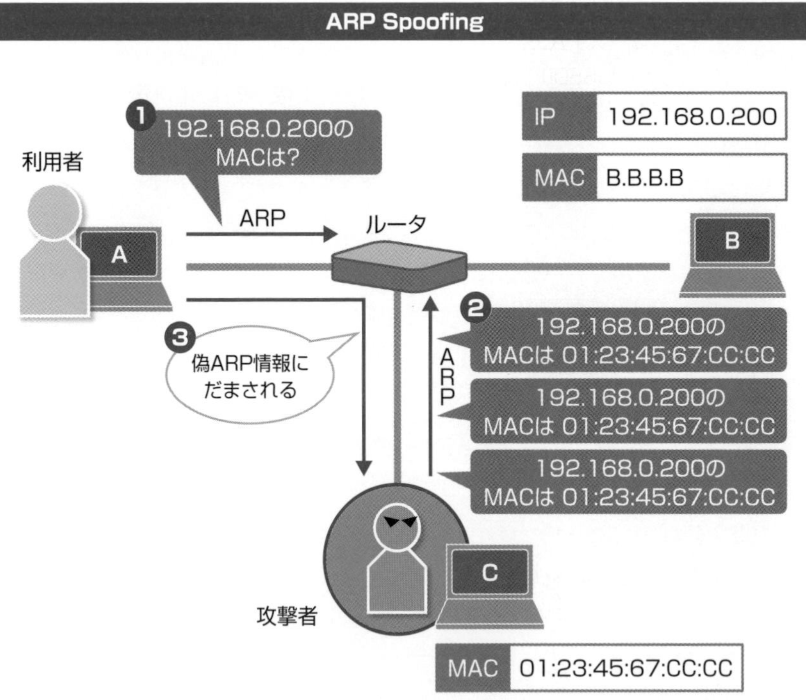

CAPEC

アメリカのMITRE（マイター）社は、アメリカ国土安全保障省（DHS）、サイバーセキュリティ・インフラセキュリティ庁（CISA）など、主にアメリカ連邦政府や学会、産業界に様々な技術貢献を行っています。このMITRE社が運営している国土安全保障システムエンジニアリング開発研究所（HSSEDI）によって管理されているのが、**CAPEC**というWebサイトです。

CAPECは、サイバーセキュリティ通信局（CS&C）のソフトウェアアシュアランス（SwA）戦略イニシアチブの一環として、サイバー攻撃を分析、研究しています。

CAPEC

CAPEC - Common Attack Pattern

https://capec.mitre.org/index.html

CAPEC Common Attack Pattern Enumeration and Classification
A Community Resource for Identifying and Understanding Attacks

New to CAPEC? Start Here!

ID Lookup: Go

Home | About | CAPEC List | Community | News | Search

Understanding how the adversary operates is essential to effective cybersecurity. CAPEC™ helps by providing a comprehensive dictionary of known patterns of attack employed by adversaries to exploit known weaknesses in cyber-enabled capabilities. It can be used by analysts, developers, testers, and educators to advance community understanding and enhance defenses.

View the List of Attack Patterns

by Mechanisms of Attack | by Domains of Attack

Search CAPEC

Easily find a specific attack pattern by performing a search of the CAPEC List by keywords(s) or by CAPEC-ID Number. To search by multiple keywords, separate each by a space.

ENHANCED BY Google

See the full CAPEC List page for enhanced information, downloads, and more.

Total Attack Patterns: 541

一般的な攻撃パターンの列挙と分類がデータベース化されている

Page Last Updated or Reviewed: February 25, 2021

Site Map | Terms of Use | Privacy Policy | Contact Us

MITRE

HSSEDI

2-5 フィッシング攻撃

フィッシング*は、釣りで魚を釣るといったイメージがあるためにこう呼ばれています。

フィッシング詐欺

フィッシング詐欺のポイントは、2つあります。まず、餌まきの段階です。フィッシングメールと呼ばれるメールを不特定多数に送信します。フィッシングメールには、偽サイトへ誘導するリンクが記述されています。餌につられて偽サイトに誘導されると、次には個人フォームがあって、キャッシュカード番号などが盗み取られるというものです。

フィッシングメールは、スパムメールでもあります。フィッシングメールには、例えば次のように、受信者の不安をあおるような記述が含まれています。

「当社オンラインショップのIDとパスワードが流出した模様です。できるだけ早くパスワードを新しく再設定してください。パスワードを再設定するには、以下のリンクをクリックしてください」

慌てた受信者は、リンクをクリックします。すると、見覚えのあるオンラインショップのアカウント管理ページが表示されます。ここで、利用者はキャッシュカードの番号やパスコードを入力させられます。もちろん、このページはフィッシング詐欺師が用意した偽サイトです。

また、次のような例もあります。オークションサイト利用者の名簿が流出していました。サイバー詐欺師は、その名簿を使ってフィッシングメールを送信しました。内容は、IDとパスワードが不正に使われた可能性があるというもので、パスワードの再設定を促す内容でした。メールには、もちろん偽のアカウントページへ誘導するURLが記述されていました。そのサイトに誘導され、新しいパスワードを入力すると、そのパスワードが窃取されてしまいました。詐欺師たちは、窃取したオークションサイトのアカウントを使ってオークション品を大量に出品し、落札したユーザから代金をだまし取りました。

* **フィッシング** 「Fishing」ではなく、「Phishing」と書く。造語。

フィッシングメールの例

【件名】

重要通知

【本文】

このメッセージは、アカウントの確認が必要なために送信されました。

下のリンクをクリックして確認してください。

https://www.xyzserver.ne.jp/login_server.php

フィッシング詐欺

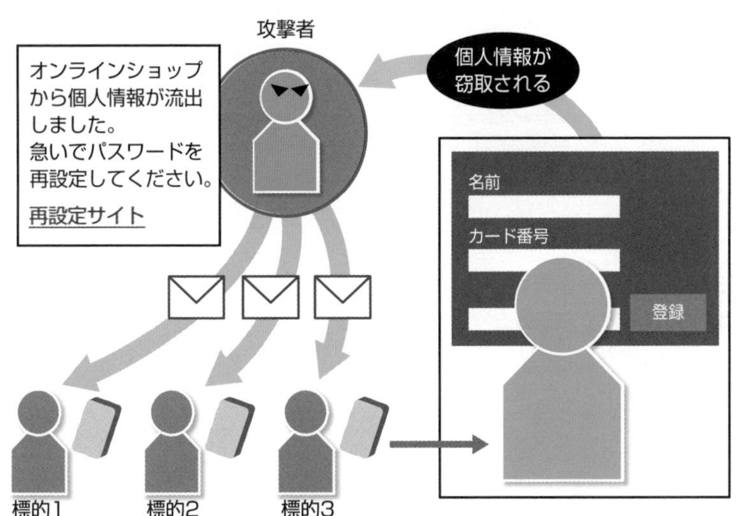

● フィッシング詐欺への対策

不審なメールを受け取った場合は、そのメールの内容がどんなに緊急性の高いもののように見えたとしても、メール記載のURLに疑いもなくアクセスしてはいけません。ショッピングサイトや銀行、カード会社などの場合には、それらのWebページに同じような内容が本当に掲載されているかどうか確認しましょう。メールに記述されているような緊急性が本当にあるなら、Webページにも情報があるはずです。また、電話で確認するのもよいでしょう。

不審なメールにあるURLをクリックしてしまった場合は、速やかにWebページの閲覧を中止してください。そのページにあるフォームやボタンには、絶対に情報を入力したり、ボタンやリンクをクリックしたりしないようにします。

偽のWebサイトを開き、フォームに個人情報を入力し、それを送信してしまった場合には、フォームに入力したカードやパスワードなどの重要な情報が盗まれた可能性があります。ただちに、カード会社や銀行などに連絡して、カードの使用を止めてください。また、パスワードも再設定し直さなければなりません。

フィッシングメールへの注意喚起ページ（日本年金機構）

2-6 Webサイトの改ざん

フィッシング詐欺では、スパムメールから偽サイトへ誘導するという詐欺手法が使われることが多いのですが、本物のWebサイトが改ざんされては、ほとんどの閲覧者はだまされてしまいます。

Webサイト乗っ取り

Webサイトの内容を改ざんするには、Webサイトを乗っ取らなければなりません。そのためには、Webサイト管理者のアカウントを窃取する必要があります。

多くの企業や組織は、自社（自組織）のWebサイトの運営や管理を**Webホスティングサービス**と呼ばれるWeb専門の業者に委託しています。この業者がWebページの制作や変更をする場合もあります。つまり、情報セキュリティとして重要なのは、Webホスティングサービスのアカウントです。

Webサイト管理者用アカウントの窃取に成功したサイバー犯罪者は、Webサイトを使った様々な犯罪を行うことができます。例えば、Webページに掲載されるIR情報*を改ざんすることで、企業の株価を意図的に操作して株式市場で利益を得ます。

他の例としては、フェイクニュースを流すことができます。企業の公式サイト、あるいはSNSサイトを利用して流されるフェイクニュースによって、企業が大きなダメージを受けることもあります。

Webサイト乗っ取りによる攻撃と被害

攻撃	被害
IR情報改ざん	株価操作
商品やサービスの偽情報	イメージ悪化
会員情報フォームの送信先変更	個人情報の窃取
ダウンロードファイルにマルウェアを仕込む	感染の拡大
偽サイトへの誘導	フィッシング詐欺

＊**IR情報**　株主や投資家に向けて企業自らが公表する自社の財務状況や製品・サービスなどに関する情報。

Webサイトの改ざん

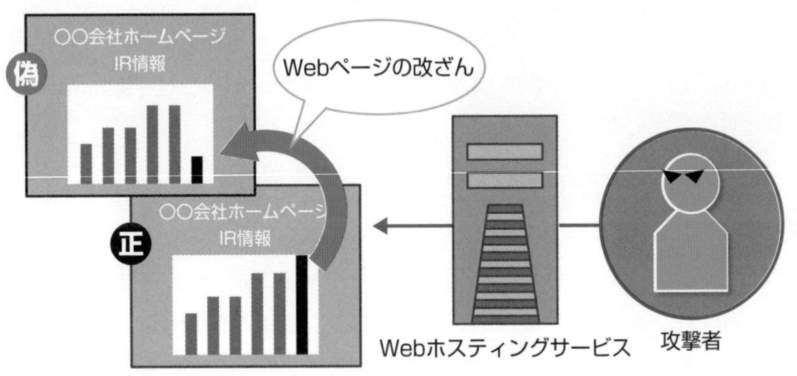

● WordPress利用時の注意

中小企業や街のショップの中には、独自ドメインを取得して、Web ホスティングサービスでレンタルサーバを借り、独自にWeb サイトを立ち上げているところもあります。このとき使用するサーバソフトに**WordPress**があります。WordPressを使うと、HTMLなどの知識がなくても、一流のWeb デザイナーが作成したようなWeb ページを作成できます。

WordPressを利用する場合には、WordPressのセキュリティ管理が重要です。WordPressがインストールされているサーバは、Web ホスティングサービスが管理しますが、WordPressへのログインアカウントや、WordPressが使用する様々なソフトのセキュリティ管理は、WordPress管理者が行うことになっています。WordPressでは、必要な機能をあとから追加する機能（**プラグイン**）があります。各種のセキュリティ用プラグインを適切に導入して、実行させます。なお、OSやアプリと同じようにWordPress本体やプラグインも更新しなければなりません。現在のバージョンには自動更新機能がありますので、これをオンにしておくことを勧めます。

WordPressのセキュリティ対策

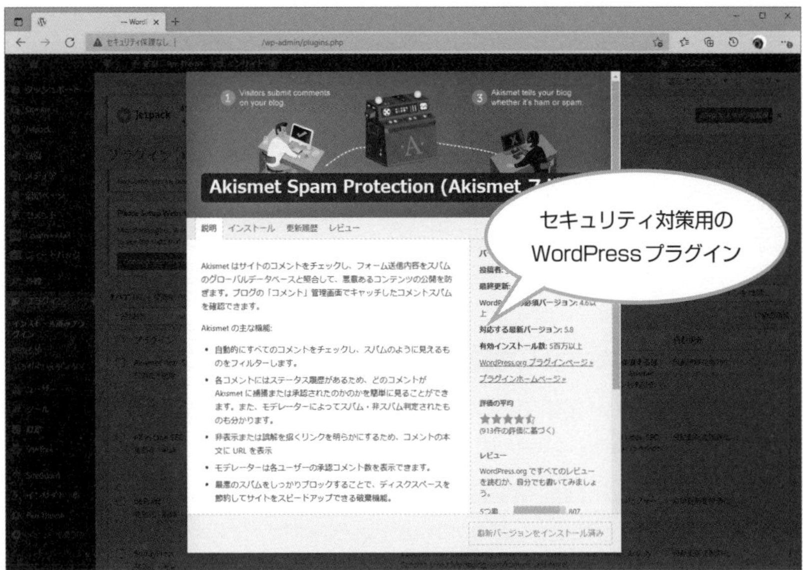

「.htaccess」改ざんによる手口

Webサーバソフトの設定ファイルの1つである「**.htaccess**」ファイルが改ざんされていたために、不正サイトへ誘導されてしまった——という事件が発生したことがありました。

「.htaccess」ファイルは、Web管理者しか設定できないため、Webサイトへの不正アクセスがあったことが推測されます。この場合、Webサイトのページ自体を改ざんしたのではないため、発覚が遅れたようです。

この事件では、特定の他サイトからWebサイトへアクセスしたり、閲覧禁止のページにアクセスしたりしたときに、サイバー犯罪者によって設定されたフィッシング詐欺用のサイトへ転送されていました。

2-7 Active Directoryのセキュリティ

Active Directoryは、多くの企業や組織の内部で使われているデータの共有システムです。直接、インターネットには接続されていませんが、Active Directoryを狙った攻撃は企業や組織の業務全般に関わるため、積極的にセキュリティ強化を図らなければなりません。

Active Directoryの脆弱性

Active Directory(本書では以降、「**AD**」と略記することがある)は、主に組織内のWindowsコンピュータを集中管理するMicrosoftのドメインサービスです。世界中の非常に多くの企業や組織が導入しています。

ADの中心となって各種サービスを提供するのが「ドメインコントローラ」と呼ばれる、Windows Serverがインストールされているサーバです。攻撃者はこのドメインコントローラに不正にアクセスして、ドメイン管理者権限やネットワーク管理者権限を窃取しようとします。

かつてADに対して行われた攻撃には、Windows ServerのKerberos認証やNTLM認証の脆弱性を悪用したものがありました。Kerberos認証はADに対して、シングルサインインの機能を付加するのに使用されます。脆弱性のあったWindowsでは、メモリ中にADのKerberos認証の情報が保存されて残ったままになっていました。不正侵入した者がこの情報を悪用すると、AD内の様々な情報にアクセスできてしまいます。

● Active Directoryへの攻撃

Active Directoryへの攻撃に限らず、大規模なサイバー攻撃は「準備」「侵入」「横断的侵害」「活動」のプロセスに分解することができます。

実際に被害のあったActive Directoryへの攻撃の「侵入」過程では、スパムメールが使われました。最初は一般社員のPCが、送り付けたメールに仕込んだウイルスによって感染しました。

その後、ウイルスはネットワークを通して企業内に拡大しました。この「横断的侵害」の過程では、ネットワーク管理者やドメイン管理者のPCにもウイルスが感染しました。攻撃者は、システムの脆弱性を利用して管理者アカウントを手に入れたのです。

攻撃者は、管理者アカウントのパスワードが変更されたあとも攻撃を継続できるように、Golden TicketまたはSilver Ticketと呼ばれる長期間使用可能なチケットを自らに作成します。Kerberos認証では、TGT（95ページのコラム参照）は有効期限内なら再認証が不要なので、Golden TicketやSilver Ticketを取得することが攻撃には非常に都合がよいのです。

さて、Active Directoryへの攻撃に対して行うセキュリティ対策として重要なのは、「横断的侵害」の過程です。組織が大きくなると、組織員全員のPCがウイルスに感染していないという健全な状態を保ち続けるのは困難です。セキュリティ対策の重点は、一般社員のPCからネットワーク全体にウイルス感染が拡大し、管理者のPCにまで及ぶのを防ぐことにあります。

ネットワーク管理者あるいはセキュリティ担当者としては、ウイルスがネットワーク外部と通信している証拠を見つけるために、プロキシサーバやインターネットサーバのログを監視することになります。それに加えて、Active Directoryのログも注意して監視し、不正な侵入に早期に気付くことが必要です。

ADの関連する主な認証イベント

イベントID	イベント	説明
4624	ログイン成功	認証形式に関係しない
4625	ログイン失敗	認証形式に関係しない
4768	Kerberos認証（TGT要求）	結果コード0x0（成功）
4769	Kerberos認証（チケット要求）	エラーコード0x0（成功）
4776	NTLM認証	エラーコード0x0（成功）

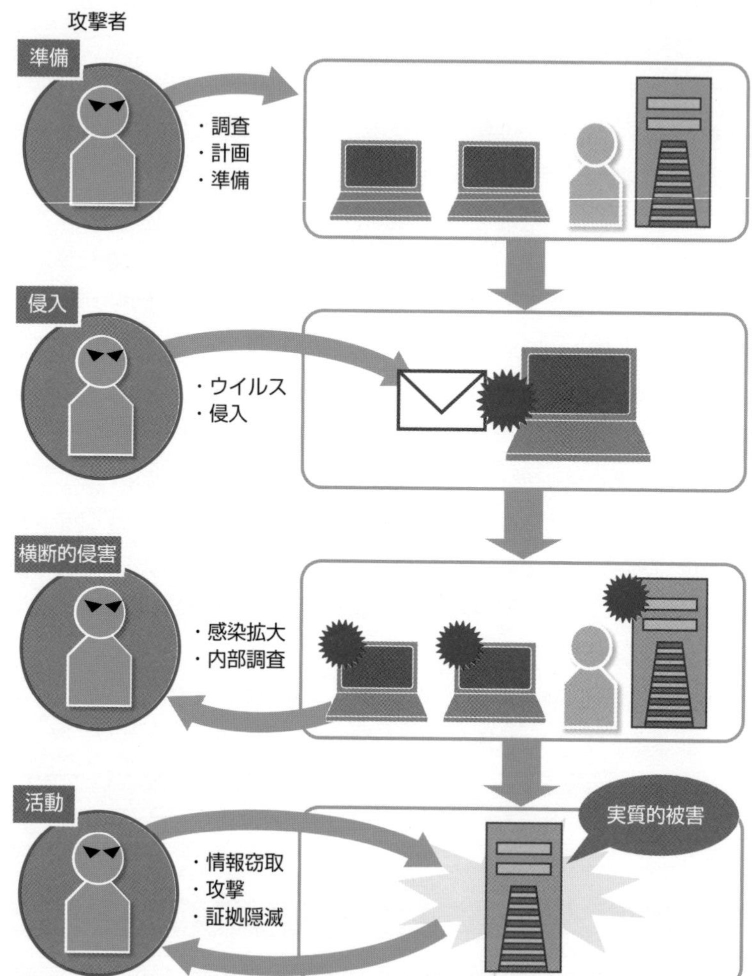
Active Directoryへの攻撃
攻撃者
準備
・調査
・計画
・準備
侵入
・ウイルス
・侵入
横断的侵害
・感染拡大
・内部調査
活動
・情報窃取
・攻撃
・証拠隠滅
実質的被害

NTLM認証とKerberos認証

NTLM認証は1993年、Windows NT 3.1で導入された認証技術です。初期バージョンでは基本的な脆弱性が指摘され、Windows NT 4.0では脆弱性を修正したNTLMバージョン2(NTLM2)をサポートしています。NTLMを利用するクライアントとしては、Windows 95/98/98 SEを想定しています。

Kerberos認証も、サーバとクライアントの相互認証を行う技術(ネットワーク認証プロトコル)です。もとはMITによって開発され、Active Directoryのユーザ認証に採用されました。Kerberos認証では、クライアントはTGT*(チケット許可チケット)を取得しなければなりません。TGTを持っているユーザは、Active Directoryのサービスそれぞれに対しての認証は不要になります。そのため、不正にTGTを手に入れた侵入者は、Active Directoryの様々なサービスを利用し放題となります。

Active Directory (Kerberos認証)

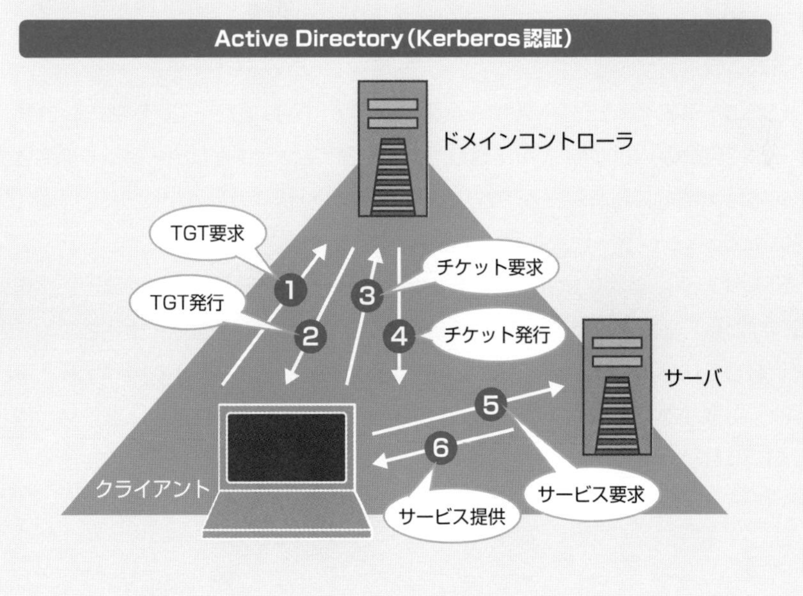

＊**TGT**　Ticket Granting Ticketの略。

2-8 SQLインジェクション攻撃

SQLインジェクション攻撃とは、Webアプリケーションの脆弱性を突いたサイバー攻撃です。

SQLインジェクション攻撃

現在作成されているWebサイトは、HTMLでページのすべてを記述していた時代とは異なり、データベースと連携したWebページ管理を行っています。このとき使用されるデータベースシステムは、SQLというデータベース専用の記述法を使います。

このようなWebサイトで、SQLの記述法を悪用すると、不正にデータベースを操作できてしまうことがあります。Webページのフォームを使って、名前やIDなどを送信すると、それらのデータはWebサーバに送られます。WebサーバはSQLサーバと連携してWebページを作成しているので、送信されてきたデータは、SQLサーバに渡されます。このとき、単なるデータではなく、SQLを操作する命令文（SQL文）が送信されると、SQLサーバは、そのまま命令を実行してしまいます。例えば、フォームから"パスワードを渡せ"と命令すると、データベースに保存されているパスワードが取得されます。

これは、SQLデータベースサーバの脆弱性です。したがって、外部のレンタルサーバに自社のWebサイトを作成している場合には、セキュリティ対策や脆弱性への対応は実質的に行うことができません。セキュリティのしっかりした、信頼性の高いホスティングサービスを選択することくらいです。

SQLインジェクションによる攻撃を受けると、個人情報が漏えいするという結果につながることがあります。SQLインジェクション攻撃は、普通に使用されることを想定して作られているフォームを利用するため、セキュリティ対策が比較的弱いという特徴があります。ログにも痕跡が残りにくく、攻撃されたという証拠が残りにくいのです。

SQLインジェクション攻撃

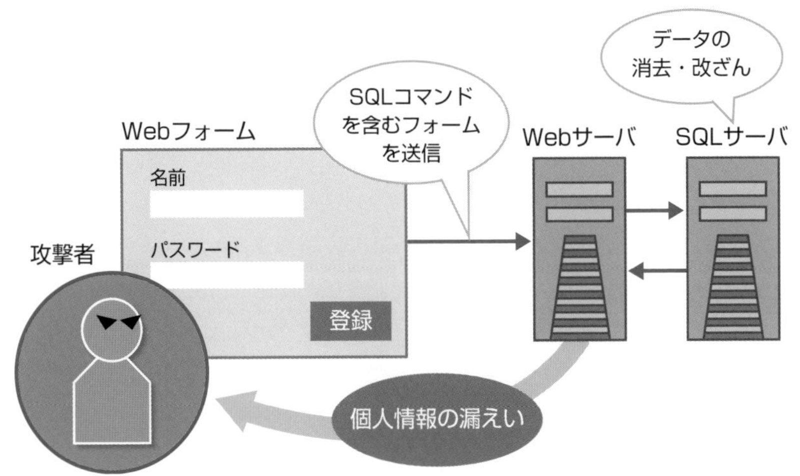

●SQLインジェクション攻撃への対策

Webサイト作成者は、SQLインジェクションに直接、対抗することは難しいです。

ホスティングサービスや自社でWebサーバを運営している場合は、フォームからの入力をチェックし、SQL文を含むような入力にはエラーを返す、無視するなど、適切に処理するようにします。

攻撃者がSQL文を記述できることが、SQLインジェクションにつながるため、**プレースホルダー***の機能を使って自動でSQL文を組み立てるようにすることも有効な対策となります。

SQLインジェクション対策としては、**WAF***の導入と設定も効果的です。

●OSコマンドインジェクション攻撃

インジェクション（「挿入」）タイプの攻撃には、SQLインジェクション攻撃のほかに、コンピュータのOSコマンドを挿入した要求による攻撃、すなわち「OSコマンドインジェクション攻撃」があります。

＊**プレースホルダー**
＊**WAF**　Web Application Firewallの略。

SQLインジェクション攻撃の場合と同じように、Webサイトがユーザからの文字データや数値の入力を制限なく受け付けている場合、その一部としてOSへのコマンドを紛れ込ませることによって、サーバを不正に制御する攻撃です。一般的には、Webアプリケーションがサーバのシェルを呼び出して、コマンドを実行します。

OSコマンドインジェクションが実行されると、サーバからの情報漏えいや改ざんを許してしまうほか、乗っ取りによってサーバが別の攻撃の踏み台にされることもあります。

OSコマンドインジェクションを防止するには、外部ファイル（OSコマンドなど）を実行しないようにすることです。それができない場合は、ほかのインジェクション攻撃の対策でも同じですが、「;」「<」などの特殊文字の挿入をチェックし、これらの文字を無視（エスケープ）するようにします。

● XPathインジェクション攻撃

XMLによる任意のデータベースを使用する場合に、SQLインジェクション攻撃と同じように、XMLデータベースを攻撃の対象としてインジェクション攻撃を行うものです。

XMLデータベースに格納するXMLデータに不正なコマンドなどを挿入するのを「XMLインジェクション攻撃」、XMLデータベースへの問い合わせや操作に挿入するのを「XPathインジェクション攻撃」といいます。

● LDAPインジェクション攻撃

LDAP*は、Active Directoryなどのディレクトリサービスで使われるプロトコルです。LDAPも一種のデータベースです。このため、SQLインジェクション攻撃と同じようにして、検索文字列に特殊なコマンドを埋め込むことで、ディレクトリサービスに不正にアクセスしたり、データを窃取したりします。

* **LDAP**　Lightweight Directory Access Protocolの略。

2-9 クロスサイトスクリプティング

クロスサイトスクリプティング*は、偽サイトに誘導して個人情報などを詐取する手法です。

クロスサイトスクリプティング

クロスサイトスクリプティングでは、掲示板に入力されたHTMLタグをそのまま実行してしまうような、脆弱性を持ったWebサイトが攻撃に使用されます。HTMLタグがそのまま実行されてしまうと、Webページが改ざんされることもあります。

Webサーバが Webページを作成する際に、不正なスクリプトを紛れ込ませ、そのWebページをWebブラウザで表示したときにそのスクリプトが実行されるようにします。例えば、クッキーデータを送信するようなスクリプトだとすると、クッキーに保存されていたIDやパスワードが犯罪者に窃取されます。

● **実行例：セッションハイジャック**

クロスサイトスクリプティングによる攻撃は、非常に巧妙です。

サイバー犯罪者は、Webブラウザによって実行可能なJavaScriptなどのスクリプトを使って様々な悪さをするのですが、そもそも正しいWebサイトでは、動的に作成するWebページに、ほかから送られてきたスクリプトを挿入するようなことはしません。

クロスサイトスクリプティングの一例として、**セッションハイジャック**と呼ばれる手法について説明します。

クロスサイトスクリプティングでは、脆弱性のあるWebサーバを犯罪に関与させます。または、動的にWebページを作成するWebサーバを犯罪者自らが用意することもあります（⓿）。このようなWebサーバを用意したあと、一般的に利用されている電子掲示板やSNSなどに、脆弱性のあるWebサーバに誘い込むメッセージを書き込みます（❶）。

* **クロスサイトスクリプティング**　Cross Site Scripting。海外では**XSS**と表記することもある。

不正なスクリプトが仕込まれているとは知らず、メッセージを見た利用者がそのリンクをクリック（❷）すると、不正スクリプトが作動し、脆弱性のあるWebサーバにリクエストが送られます（❸）。

脆弱性のあるWebサーバでは、悪さをするスクリプトを仕込んだWebページを動的に作成し、利用者のWebブラウザに送信します（❹）。送信されたWebページには、JavaScriptなどの実行命令が書かれています（❺）。例えば、Webブラウザが管理しているクッキー情報を犯罪者宛てに送信します。こうして、利用者の個人情報やショッピングサイトのID、パスワードなどが詐取されます（❻）。

セッションハイジャック

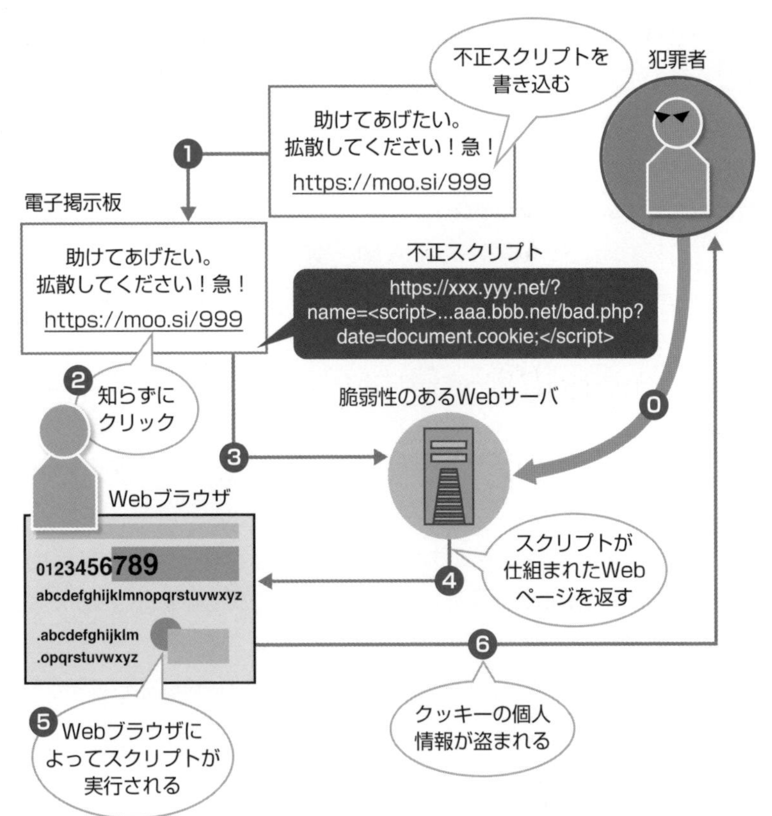

● クロスサイトスクリプティングへの対策

　クロスサイトスクリプティングは、サイバー攻撃、サイバー犯罪の中でも最も被害が大きいものの1つです。

　クロスサイトスクリプティングの構造から見て、被害を防ぐチャンスはWebサーバ側、利用者側の双方にあります。

　Webサーバ側では、Webサーバの脆弱性に対応することが肝要です。また、WAFやXSSフィルタなどのサーバ用セキュリティ対策ソフトを導入するのも効果的です。

　しかし、犯罪者自らが脆弱性のあるWebサーバを用意して、偽の情報Webページを作り込んだ場合、クロスサイトスクリプティングを防ぐには、利用者が適切に対応するしかありません。

● クロスサイトスクリプティングへの対策（運営者）

・「<」「>」などスクリプティングに使用する特殊記号をエスケープする。
・問題が発生した場合、原因箇所を修正する。時間がかかる場合は、サービスを停止する。
・HTMLタグ中にJavaScriptが埋め込まれていないかを確認する。
・PHPの設置でクッキーへのアクセスを制限する。

● クロスサイトスクリプティングへの対策（利用者）

・Webブラウザを最新にする。
・Webブラウザのスクリプト実行を無効に設定する。
・知らない人による電子掲示板、SNSの投稿や電子メールに含まれるリンクはクリックしない。
・ウイルス対策ソフトを導入する。
・不正サイトへのアクセスをブロックする。
・信頼できる検索サイトなどのURLリンクからWebページに移動する。

2-10 クロスサイトリクエストフォージェリ

クロスサイトリクエストフォージェリ＊（CSRF）は、Webサイトの脆弱性を突く攻撃の一種で、Webサイトを横断して行われるリクエスト偽装です。

クロスサイトリクエストフォージェリの実行例

犯罪者は、ターゲットとなる脆弱性のあるWebサイトを特定します（⓿）。次に、電子掲示板や電子メールなどを使って、不正スクリプトを仕込んだリンクを設定して、利用者が罠にかかるのを待ちます（❶）。

利用者がリンクをクリックする（❹）と、スクリプトが実行されます。このとき、利用者がターゲットとしているサイトへのログインを完了し、そのセッションが継続されていると（ログインしたタブが開いている状態）、スクリプトはセッションIDを使ってログインしたものとされ、このサイトで会員でなければできないことができるようになります。例えば、このWebサイトがオンラインショッピングサイトの場合には、犯罪者はIDの実際の所有者の名義で買い物ができます。SNSなら、例えば、非公開にしていた個人的な投稿を公開状態に変えることもできます。

● CSRFへの対策

CSRFは、利用者がWebサイトにログインしている状態で起きます。したがって、サービスを利用したあとは、そのサービスサイトからログアウトするようにします。開いたWebページがタブ形式で追加される場合、特に注意が必要です。

CSRFをシステムとして防ぐために、トークンによる対策が行われることがあります。この方法では、画面のリクエストを受け取ったときにサーバ側で使い捨てのパスワード（トークン）を発行し、自分でもそれを保持します。このトークンのチェックが成功しない場合には、画面のリクエストを処理しないようにします。

Webサイトの管理者は、外部サーバからのリクエストをむやみに処理しないようにサーバを設定します。CSRF対策にはWAFによる設定が有効です。

＊**クロスサイトリクエストフォージェリ**　Cross Site Request Forgeries。CSRFと略して表示されることがある。

CSRF

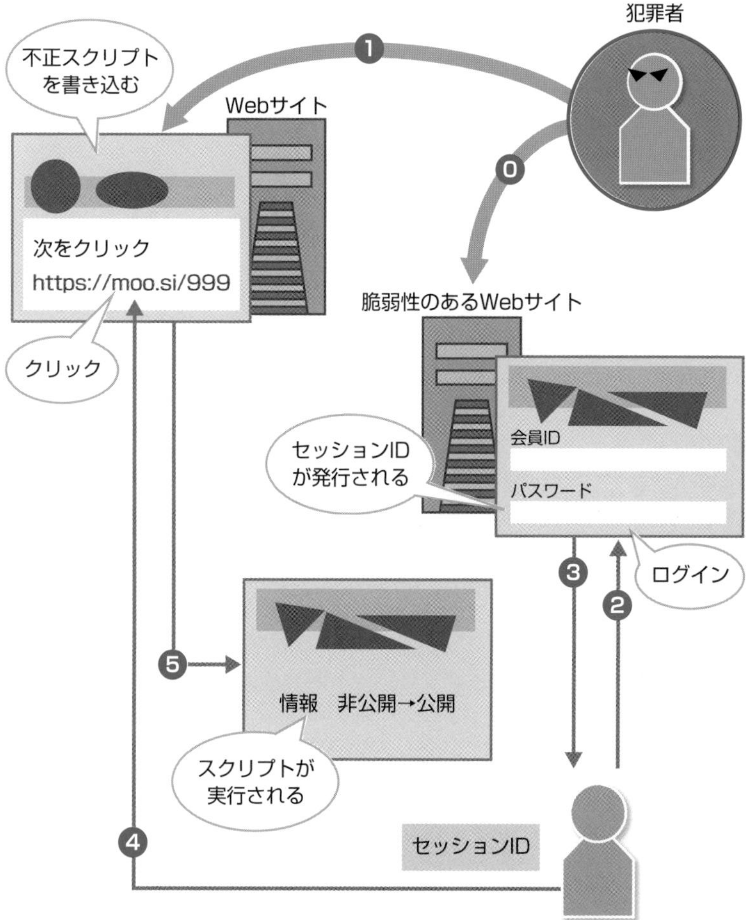

犯罪者
❶
不正スクリプトを書き込む
Webサイト
次をクリック
https://moo.si/999
クリック
⓿
脆弱性のあるWebサイト
会員ID
パスワード
セッションIDが発行される
ログイン
❷
❸
❺
情報　非公開→公開
スクリプトが実行される
❹
セッションID

2-11 バッファオーバーラン

バッファオーバーラン、または**バッファオーバーフロー**は、プログラムのメモリ領域の使い方の設定漏れやバグを利用した攻撃です。

バッファオーバーラン

バッファとは、プログラムがあらかじめ確保するメモリ領域のことです。メモリは、4つの領域に分かれます。

メモリの4つの領域

テキスト領域	通常、プログラムの実行命令（機械語）が格納される。
静的領域	グローバル変数などの静的変数が格納される。
ヒープ領域	計算などの関数が動的に確保される領域。
スタック領域	プログラム実行のために、一時的に関数の引数、戻り先のアドレス、自動変数（ローカル変数）などが格納される。

バッファオーバーランでは、プログラムが用意したバッファからあふれるくらい大きなサイズのデータを意図的にバッファに格納します。すると、このデータがメモリ上にあったデータを書き換えてしまいます。

スタック領域を使ったバッファオーバーラン*では、概ね次のようにして攻撃が行われます。

スタック領域にはC言語やC++言語のローカル変数と戻り先アドレスが格納されます。このため、攻撃者がある関数（文字列の長さを確認しない関数）に想定外の長さの悪意ある文字列を格納すると、戻り先アドレスの書き換えが可能になります。書き換えられた戻り先アドレスに機械語による不正なプログラム（シェルコード）があれば、これによってコンピュータは攻撃者の意図したとおりの動作をさせられてしまいます。

*…**を使ったバッファオーバーラン**　サイバー攻撃に限らず、無限ループなどプログラムの不出来が原因でスタックがオーバーフローすることもある。こちらのほうは**スタックオーバーフロー**と呼ばれる。

スタック領域へのバッファオーバーラン攻撃

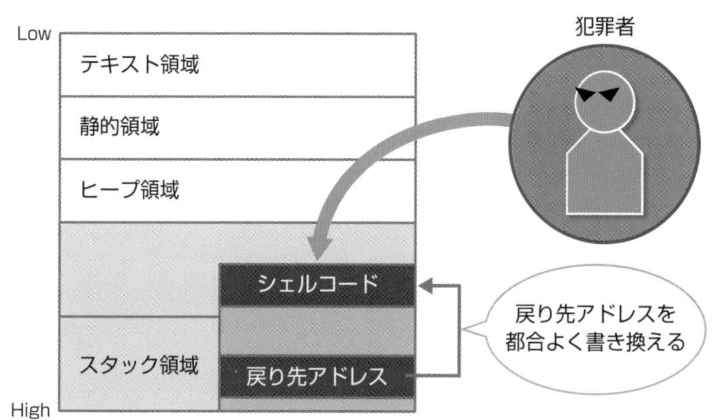

● バッファオーバーラン対策

バッファオーバーランへの対策は、主に該当するプログラムの作成時に行うものです。プログラミング時には、メモリ領域について次のようなことに注意します。バッファの境界をチェックしてループを終了するようにしたり、メモリのバッファサイズを指定して書き込むようにしたり、データサイズを制限したりします。

C言語など一部のプログラム言語が、このタイプの攻撃の対象となるため、C言語でプログラミングを行う際には、標準C言語ライブラリではなく、バッファオーバーラン対策のされた環境を使うのがよいでしょう。

プログラムによる効果的な対策として、ASLR*という技術があります。これは、メモリのアドレス空間の配置をランダムに割り当てるものです。

根本的な対策としては、CやC++以外の言語を使用するのがよいとされます。

＊ **ASLR**　Address Space Layout Randomizationの略。

2-12 APT攻撃

APT攻撃とは、具体的なサイバー攻撃を指すのではなく、その分類の1つです。このタイプのサイバー攻撃は、単独の攻撃手法ではなく、その作戦全体を指します。そしてその特徴は、技術レベルの高さと執拗な攻撃にあります。

APT攻撃

APT*攻撃を訳すと、「高度で継続的な脅威を及ぼすサイバー攻撃」となります。情報処理推進機構（IPA）によると、APT攻撃は、システムに潜入するときの**共通攻撃手法**と、情報窃取を目的とした**個別攻撃手法**を組み合わせた、**新しいタイプの攻撃**に分類されます。

何が新しかったかといえば、例えば個別攻撃手法では、特定の対象を攻撃するだけではなく、システムを解析した結果を基に、幅広い対象を攻撃目標として設定できました。個別攻撃手法は、システム潜入を目的とした共通攻撃手法によって対象を攻撃しやすくしたあとに実行されます。このため、実際に害を被るのは、情報システムに限らず、制御システムの場合もあります。2010年にイランの核施設を破壊した「スタックスネット」は、制御システムに対してAPT攻撃をしていました。

● APT攻撃の手順

APT攻撃の第一弾である共通攻撃手法は、概ね次のように進行します。なお、❷の感染に関しては、ネットからだけではなく、USBを介した感染も報告されています。

❶標的型攻撃メールを送信する。
❷情報システムにウイルス感染する。
❸情報システム内にウイルスを拡散する。
❹バックドアを作る。
❺外部と通信して新しいウイルスをダウンロードする。

＊**APT**　Advanced Persistent Threatの略。

そして、ここまでお膳立てが整うと、個別攻撃手法によって本格的な攻撃に移行できます。

❻管理者権限を取得する。
❼システムに有効なダメージを与える。

このように、APT攻撃はもともと、国家間のサイバー戦争におけるオペレーションに位置付けられるような高度な作戦だったのですが、最近ではサイバー犯罪にも使用されるようになっています。これは、APT攻撃用のツールキットが一般化したのが要因だと考えられています。実際、アンダーグラウンドマーケットでは、これらのツールキットはカスタマイズなどの関連サービスと共に販売されています。

APT攻撃

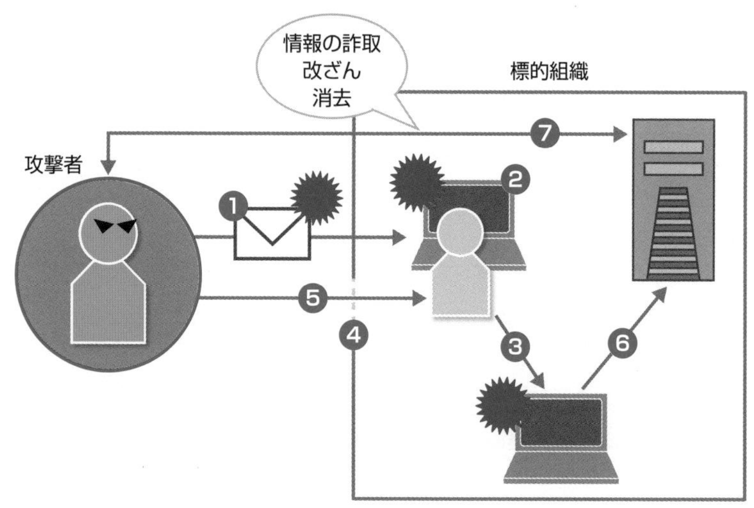

2-13 Wi-Fiのセキュリティ

WEP、WPA、WPA2などは、いずれも無線LANのセキュリティ技術の名前です。WEPはセキュリティ強度が低く、使用を控えるように注意喚起が行われています。

WEP

無線LAN（Wi-Fi）は、有線LANに比べて通信の途中のデータを盗み見られる可能性が高く、また盗み見られていても気付きにくいといった性質があります。無線LANの場合、電波が届く範囲内（最大で100m程度）では、気付かれずに不正なアクセスをすることが可能です。このため、通信データを暗号化する形でのセキュリティが発展してきました。

WEP＊は、無線LANの暗号化技術を利用した認証方式として最初（1999～2004年）に採用されました（IEEE 802.11）。

WEPの暗号化は、RC4によるストリーム方式の共通鍵暗号を採用しています。標準的な64ビットのWEPでは、40ビットの鍵と24ビットの初期化ベクトルから鍵ストリームを形成し、これに1ビットずつ平文を論理演算して暗号化します。なお、WEPの認証方式には、オープンシステム認証と共通鍵認証の2つのモードがあります。

Wi-Fiの伝送規格

規格名	IEEE 802.11b	IEEE 802.11a	IEEE 802.11g	IEEE 802.11n	IEEE 802.11ac	IEEE 802.11ax
呼称	−	−	−	Wi-Fi 4	Wi-Fi 5	Wi-Fi 6
使用する周波数帯	2.4GHz帯	5GHz帯	2.4GHz帯	2.4GHz帯 & 5GHz帯	5GHz帯	2.4GHz帯 & 5GHz帯
最大伝送速度	11Mbps	54Mbps	54Mbps	600Mbps	6.9Gbps	9.6Gbps

＊**WEP**　Wired Equivalent Privacyの略。

Wi-Fi機器に広く使用されるようになったWEPでしたが、2001年に深刻な脆弱性が発見されました。また、その脆弱性を利用してWEP使用の機器に不正アクセスするためのソフトウェアも出回りました。

このため、暗号鍵のサイズを大きくする、SSIDの隠蔽化をする、アクセス可能なMACアドレスを制限するなどの対応策が一時的に講じられました。さらに、WEP2などの緊急的な規格も登場しましたが、基本的な脆弱性は改善されず、現在ではWEPは可能な限り使用を控えるように注意喚起が行われています。

WPAとWPA2

WEPの脆弱性を改善した無線LANの通信規格(「WPA2」)が、IEEE 802.11iとしてまとめられるまでのつなぎ役だったのが**WPA**＊です。このため、セキュリティの強固さは、「WEP < WPA < WPA2」となっています。

WPA、WPA2では、暗号方式もそれまでより強固な**TKIP**＊や**AES**＊に変更されました。

TKIPの場合、一時鍵が送受信の1万パケットごとに変化するようになっています。このため、安全性が高いとされています。ただし、2008年11月にTKIPの攻撃方法の詳細が論文で発表＊され、安全性の限界が近いと見られています。

TKIPよりもさらに安全性に優れているといわれているのがAES(CCMP)です。2000年にNISTによって採用され、現在、実質的な世界標準になっています。

このため、WPA2とAESを組み合わせた方式が、安全性が高いとされます。一般家庭向けのWPA2-PSKと、認証にIEEE 802.1Xを採用した企業ユーザ向けのWPA2エンタープライズ(WPA2-EAP)があります。

＊**WPA**　Wi-Fi Protected Accessの略。
＊**TKIP**　Temporal Key Integrity Protocolの略。
＊**AES**　Advanced Encryption Standardの略。
＊**…で発表**　「Practical attacks against WEP and WPA」Martin Beck & Erik Tewsより。

WPA2エンタープライズは安全性が特に高いとされますが、IEEE 802.1XのEAPというプロトコルによりユーザごとに異なるIDとパスワードによる識別を行うため、認証サーバが必要になります。

WPA2の後継として、より強固なセキュリティを実装したWPA3が2018年に発表され、改良が続いています。WPA3も個人用と企業用に分かれ、規模に応じて使い勝手とセキュリティのバランスが図られます。さらに、「Easy Connect」や「Enhanced Open」といった規格も提案され、5Gなどの進化した無線環境へのセキュリティ対応も行われています。

WPA2エンタープライズ

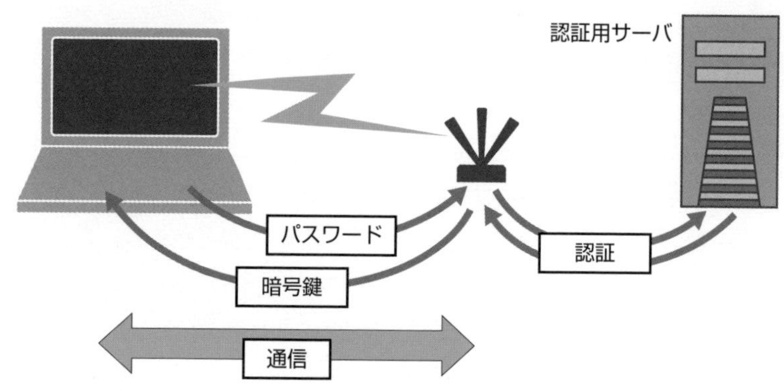

スマホのWi-Fiのセキュリティ

携帯電話事業者が提供するWPA2-AKAは、WPA2エンタープライズの一種です。IDの代わりに各スマホのSIMの情報で認証や暗号化を行います。キャリアの情報では**SIM認証**とも呼ばれています。

2-14 バージョンロールバック攻撃

一般にはOpenSSLの脆弱性を突いた攻撃で、同ソフトの古いバージョンにある脆弱性を悪用した攻撃方法です。この攻撃では、ユーザ側の古いバージョンのSSLに対する攻撃で、暗号化が破られる可能性があります。

SSL

SSL *は、インターネットで個人情報や機密情報をやり取りするときに使われる安全性の高い通信方法です。SSLでは、共通鍵暗号と公開鍵暗号を組み合わせ、データを暗号化してやり取りします。Webブラウザで SSLサイトにアクセスするときは、「https://」のあとにWebサイトのURLを入力します。

SSLでの通信は次のように行われます。

❶利用者がSSLを利用してWebリクエストを送信します。
❷SSLサーバは、サーバの公開鍵を返します。
❸利用者側では、サーバの公開鍵を使って、利用者の共通鍵を暗号化します。
❹暗号化された共通鍵がサーバに送信されます。
❺サーバ側では、利用者から送信された暗号化済みの共通鍵を、秘密鍵を使って復号します。これで、利用者とサーバの両方で共通鍵を持つことになります。
❻この状態で、利用者がSSL用のWebページをリクエストすると、そのURLが共通鍵で暗号化されます。
❼サーバに送信されます。
❽リクエストを受信したサーバは、共通鍵で復号し、利用者に返すコンテンツを準備します。

＊**SSL**　Secure Sockets Layerの略。

SSL/TLSの仕組み

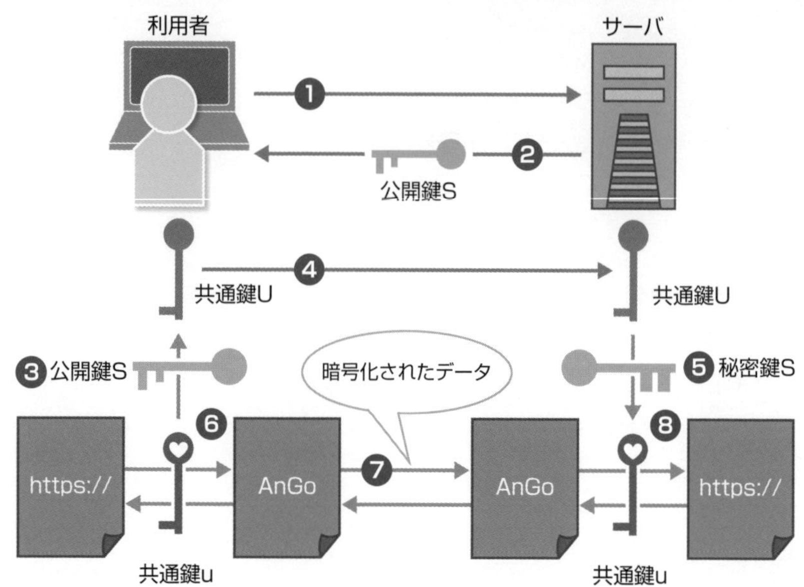

● バージョンロールバック攻撃

バージョンロールバック攻撃は、通信に利用するプロトコルのバージョンを攻撃者が意図的に低下させ、古いバージョンに残る脆弱性を利用して行われる攻撃です。

インターネットでの通信途中で、脆弱性の知られている古いバージョンのSSLプロトコルを使うように通信が改ざんされた場合、SSL用のサーバアプリケーションのOpenSSLでは、その要求を許可してしまうことがありました。これによって、TLSなどのプロトコルで要求したにもかかわらず、古いバージョンのSSLによる通信に変えられてしまいます。

利用者は、SSL 3.0(TLS 1.0)での安全な通信を希望しています(❶)。

しかし、インターネットの途中*で、攻撃者はこの通信を傍受しています(❷)。攻撃者は、古いバージョンの暗号化通信のSSL 2.0を使うように改ざんします(❸)。

*…の途中　このようにインターネット通信の途中で不正に通信データを傍受したり改ざんしたりする手法は「中間者攻撃：Man-in-the-Middle Attack」と呼ばれる。

脆弱性を持ったOpenSSLを使用しているサーバでは、この通信内容を信じて、SSL 2.0へのバージョンロールバックを許可します（❹）。

サーバからの返信を受け取った利用者のWebブラウザは、脆弱性を持ったSSL 2.0で通信を開始してしまいます（❺）。

SSL 2.0の脆弱性を突いた攻撃者は、傍受した通信内容を解読して個人情報や機密情報を盗みます。

現在、脆弱性の問題が多かったSSLは、それらの脆弱性を解決したTLSに切り替わっています。したがって、SSLを利用しているといった場合、実際にはTLSで暗号化された通信が行われている場合がほとんどでしょう。

また、OpenSSLもすでに開発が終了しています。

バージョンロールアップ攻撃

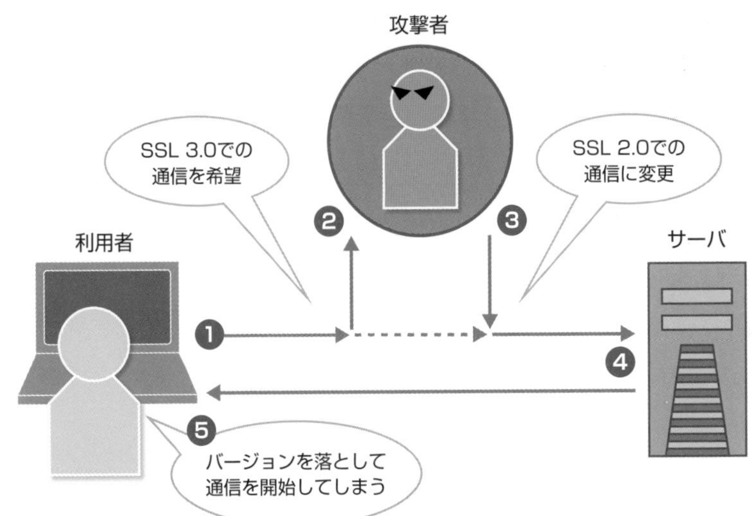

● DROWN攻撃

DROWN*攻撃は、SSL 2.0を有効化している場合に受ける可能性があります。

DROWN攻撃は、バージョンロールバック攻撃と同じように脆弱性を突いた攻撃です。攻撃者は、暗号化を解除し、パスワード、クレジットカード番号などの個人情報や、企業の機密情報を盗むことができます。

DROWN攻撃が知られるようになった2016年春の時点で、SSLにより暗号化されたWebサイトの上位100万ドメインの中で約4分の1のサイトが、DROWN攻撃に対して脆弱であるといわれました。

対処方法は、SSL 2.0を無効にすることです。なお、MicrosoftのWebサーバサービス「IIS」では、バージョン7.0以降はデフォルトで無効になっています。

● POODLE攻撃

POODLE*攻撃は、SSL 3.0（TLS 1.0）の脆弱性を突いた攻撃です。

この暗号化では、ブロック暗号方式の空白（パディング）に対する処理の差が問題視されます。SSL 3.0（TLS 1.0）プロトコルが有効化されて暗号化が行われていると、データによっては最後のブロックに空き（パディング）ができます。暗号化する元のデータが適切なサイズであったとしても、パディングは作成され、このことによって復号したときに、パディングの部分を削除することができます*。

攻撃者は、このブロック暗号化の仕組みによる変化を利用し、パディングの1つ前のデータを推測します。これを繰り返すことで暗号が復号されてしまいます。

＊**DROWN**　Decrypting RSA with Obsolete and Weakened eNcryptionの略。
＊**POODLE**　Padding Oracle On Downgraded Legacy Encryptionの略。
＊**…ができます**　パディングを解析することで攻撃の糸口がわかることから、**パディングオラクル攻撃**とも呼ばれる。

第3章

攻撃への技術的な対応

　情報を守るために考案された技術を紹介します。

　ネットワークを通過する情報を出入り口で監視するもの、情報そのものを暗号化して窃取されても内容がわからないようにするものなどです。

　このようなセキュリティ技術は、リアル社会でのセキュリティシステムと似ています。リアル社会で使われている本人認証システムに利用される鍵やセキュリティカード、パスワードなどと基本は同じです。ということは、サイバー空間のセキュリティも、リアル社会の場合と同じように破られるかもしれないということです。

3-1 ファイアウォール

インターネットとLANを接続するときの接点は、データにとっては高速道路のインターチェンジのような場所です。この接点に設置するのがファイアウォールで、不正な侵入を防ぐ最初のセキュリティです。

ファイアウォール

ファイアウォールの本来の意味は、防火壁です。火災が発生したときに、延焼を食い止めるための耐火壁です。情報セキュリティで使われる場合には、インターネットからの不正な侵入を防ぐためのシステムを意味します。

ファイアウォール

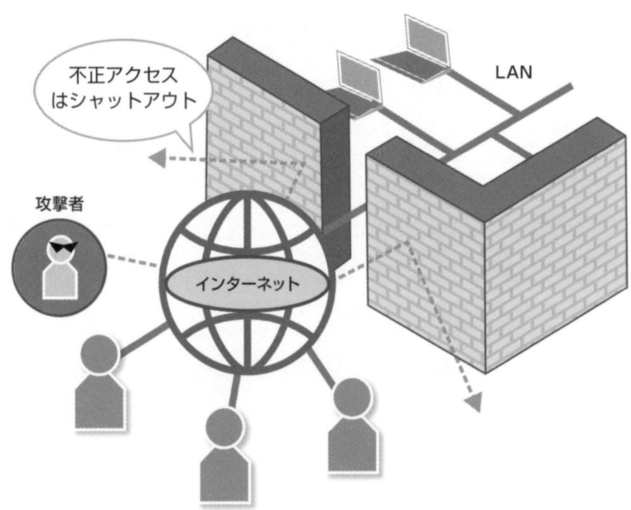

ファイアウォールの機能

ファイアウォールの機能は製品によって異なることがありますが、基本的な機能として、**ネットワークの分割**、**フィルタリング**、**ゲートウェイ**の3つがあります。

● インターネットとLANの分割

1つ目の機能は、公共のネットワークであるインターネットと、組織内のネットワークであるLANを、ファイアウォールによって分けることです。LANで使用されるイーサネットでは、IPアドレスのサブネット化によってネットワークを分割できます。ファイアウォールの内側にある組織内では、ローカルIPアドレス（プライベートIPアドレス）を自由に割り振ることができます。これに対して、ファイアウォールの外側はインターネットという公共の場なので、秩序あるルールに従ったIP管理（グローバルIPアドレス）が行われます。

ファイアウォールはこのように、公共の場であるインターネットと私的（特殊）なネットワークであるLANとの間を隔てる壁として機能しています。この壁の外と内との間のデータ（パケット）のやり取りは、セキュリティ上、1箇所に限定して行われます。

● フィルタリング

2つ目の機能であるフィルタリング（**パケットフィルタリング**）は、データ（パケット）の出入り口としての検問機能です。セキュリティを高めるためには、できる限り、ファイアウォールの外から内へデータ（パケット）を入れないほうがよいのですが、それではファイアウォールの内側での作業に支障が生じたり、内側のサーバが機能できなかったりします。このため、ファイアウォールは、必要なデータ（パケット）かどうかを判断して、あらかじめ設定された対応をします。

例えば、ファイアウォールの設定で、内側にあるWebサーバをインターネット経由の外部の利用者からは利用できないようにすることができます。Web用の通信（HTTP*）は80番ポートを使用しますが、ファイアウォールによって80番ポートを閉じてしまえば、外部からのHTTPによる通信はシャットアウトされます。このとき、内側にあるクライアントのPCからは外部のWebサーバを利用できるようにすることもできます。

＊**HTTP**　HyperText Transfer Protocolの略。

このフィルタリング機能は、セキュリティ上たいへん重要です。多くの場合、サイバー犯罪者はインターネットを経由して、組織内のネットワークに侵入しようとします。その出入り口での検問（ファイアウォールの設定）は、厳格に行う必要があります。

フィルタリング機能

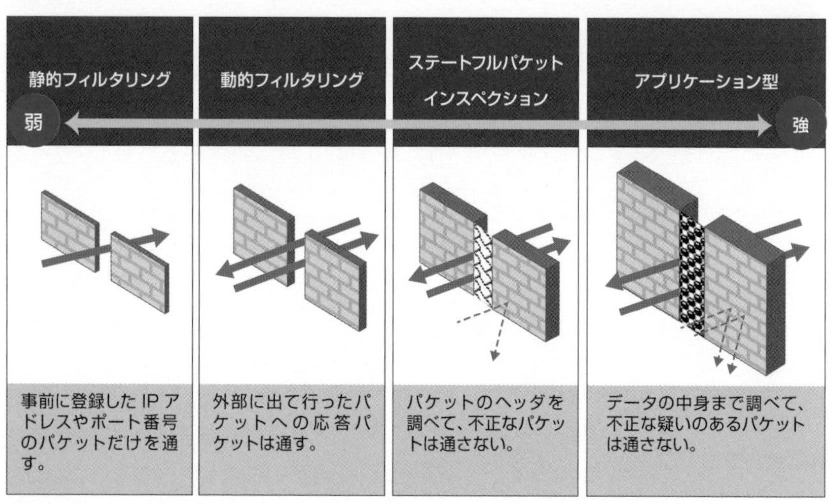

● ゲートウェイ

ゲートウェイとは、異なるプロトコルの間を取り持つための変換器です。この機能を有するファイアウォールでは、ファイアウォールがLANとインターネットとの間のデータの通信ルールを変換するため、内側のネットワークの様子が外側からわからないように隠すことができます。

例えば、ファイアウォール内のPCが外部のWebサーバにアクセスを要求する場合、ファイアウォールは内部のPCのアドレスを隠して通信を行います。データのやり取りの際も、いったんファイアウォールが受け取ってから、内部のPCにデータを送信します。このとき、ファイアウォールはデータの内部まである程度確認することができるため、不正なアクセスを見抜くことができます。

ファイアウォール製品の例

Juniper Networks SRXシリーズ（日立ソリューションズ）

OSI参照モデル

データパケットをフィルタリングするタイプのファイアウォールは、従来からある一般的なファイアウォールであり、その機能は**OSI参照モデル**の第３層、第４層に相当しています。

これに対して、HTTPやFTPなどのアプリケーションプロトコルのレベル（OSI参照モデル第７層）で外部と内部の通信を仲立ちするアプリケーション型では、通信の内容を検査することが可能です。

OSI参照モデル

階層	階層の名称	プロトコルや規格	機器
第７層	アプリケーション層	HTTP、FTP、SMTP、POP3など	ゲートウェイ
第６層	プレゼンテーション層	FTP	
第５層	セッション層	TLS	
第４層	トランスポート層	TCP、UDP	
第３層	ネットワーク層	IP、ARP	ルータ
第２層	データリンク層	イーサネット	ブリッジ
第１層	物理層	同軸ケーブル、無線	リピータ、ハブ

ファイアウォールの限界

ファイアウォールは、インターネット経由の不正アクセスに対して高い効果を発揮します。現在、市販されているファイアウォール製品は、対応する規模や性能によっていくつもの種類があります。また、設定によっては、高いセキュリティを維持したいがために、通信のスピードや量を制限しすぎて、ネット作業の効率が悪くなることもあります。

さらにいえば、ファイアウォールはセキュリティを万全にしてくれるものではありません。ファイアウォールの基本的なセキュリティ性能は、利用者の決めたルールに従ってデータパケットをどのように扱うかにかかっています。つまり、適切な設定ができていないと、セキュリティが弱すぎたり強すぎたりすることになります。

また、次のようなサイバー攻撃に対しては、期待どおりの効果は上げられません。

・ウイルスの侵入
・DDoS攻撃
・暗号化された攻撃
・ファイアウォール自体の脆弱性を突く攻撃

ファイアウォールを通過したメールに添付されていたウイルスの侵入、偽装Webサイトの閲覧やアクションによって侵入したウイルスなどへの効果的な対応はできません。

正常なデータパケットが大量に送り付けられるDDoS/DoS攻撃では、ファイアウォール自体が処理不能になる可能性があります。

暗号によるセキュリティ技術を悪用された場合、ファイアウォールでは防げません。

最後に、ファイアウォール自体も通信デバイスです。ファームウェアの更新はもちろんのこと、予備電源の確保、動作状況の監視など、ファイアウォールの管理・監視も重要です。

3-2 IDS/IPS

建物や敷地内の立入禁止域への不正侵入をセンサーによって感知するのと同様に、ネットワークへの不正侵入を感知する機器があります。**IDS***は侵入検知システム、**IPS***は侵入防止システムで、両者を合わせて**IDPS***と呼ぶこともあります。

IDS

IDSとは、侵入検知システムのことで、システムやネットワークに外部から不正アクセスがあったことを知らせます。

IDSが不正アクセスを検知するには、次の2つの方法があります。

・不正検出
・異常検出

不正検出では、これまで知られている不正侵入の手口をあらかじめ登録しておきます。これをシグネチャと呼んでいます。IDSが侵入を検知したとき、シグネチャと照らして不正かどうかを判断します。

異常検出は、通常と異なるネットワークトラフィックを検出する仕組みです。未知の不正侵入に対しても有効です。これには、正常な挙動を記録したプロファイルに基づいて異常性を検知させる方法（**アノマリベース**）がとられます。

IDSは、ファイアウォールを通過した不正アクセスの発見に有効ですが、防御措置はとりません。

＊**IDS**　Intrusion Detection Systemの略。
＊**IPS**　Intrusion Prevention Systemの略。
＊**IDPS**　Intrusion Detection and Prevention Systemの略。

ファイアウォールとIDS/IPS

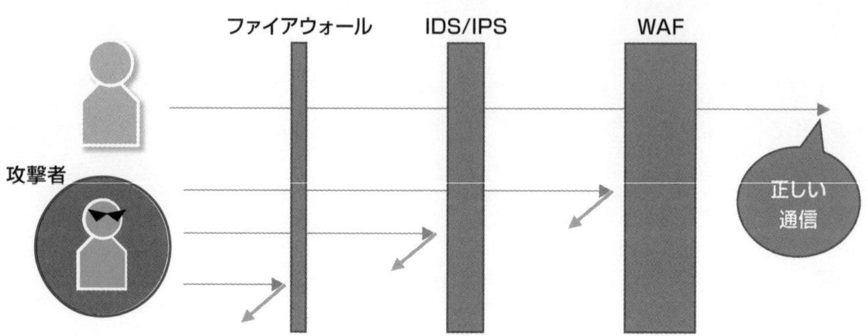

IPS

IPSは、IDSに防御措置を行う機能を付加したものです。つまり、不正アクセスを検知したら、トラフィックを遮断するなどの措置を自動で行います。DDoS攻撃に対しても有効に働きます。

ただし、不正アクセスがあったら自動で遮断したりすることが、運用上適切かどうかを判断しなければなりません。また、実際にIDSやIPSで運用し始めると、誤動作を起こすことがあります。このため、サービスや業務に支障がないようにIDSやIPSをチューニングする必要もあります。

IDSやIPSには、ネットワークを監視するタイプ（ネットワーク型）と、ホストにインストールして監視するタイプ（ホスト型）があります。両タイプは運用するネットワークに合わせて適切に配置します。

IDS

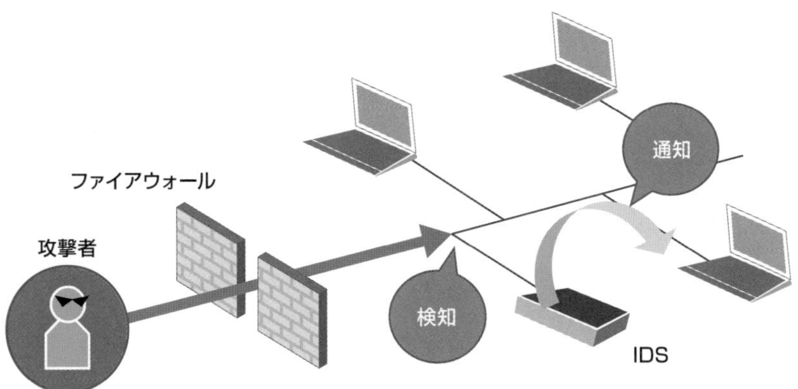

IPS

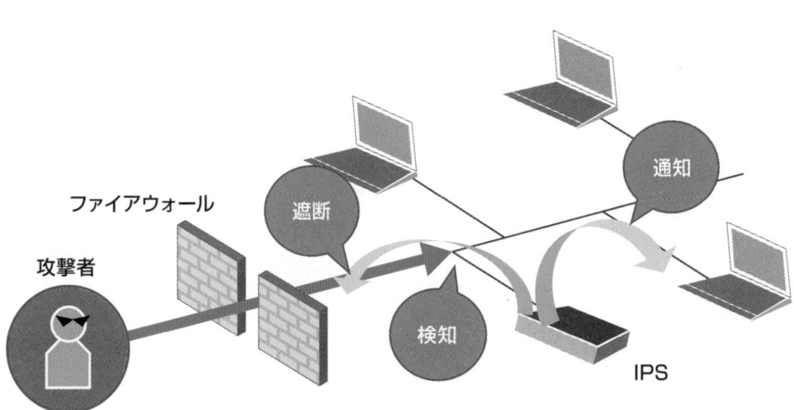

3-3 DMZ

DMZ*とは非武装地帯のことで、もとは文字どおり、戦争状態にある隣接国の境界辺りに設定される緩衝地域です。

DMZ

DMZは、ファイアウォールの内側にあって、インターネットからのサーバなどへの通信をファイアウォール通過後に受けます。DMZには、インターネットからのアクセス頻度の高い特定のサーバを中心に設置します。Webサーバ、SMTPサーバ（メールサーバ）、DNSサーバなどです。

DMZと組織内ネットワークの間に、もう1つファイアウォールを設ける設置法式もあります。この方式は**多段階ファイアウォール型**と呼ばれます。

このほかに、ファイアウォールに、外側との通信用のインターネット用ポート、内側との通信用のDMZ用ポートと組織内ネットワーク用ポートという3つのポートを設けてDMZを設置する方式もあります。

DMZ

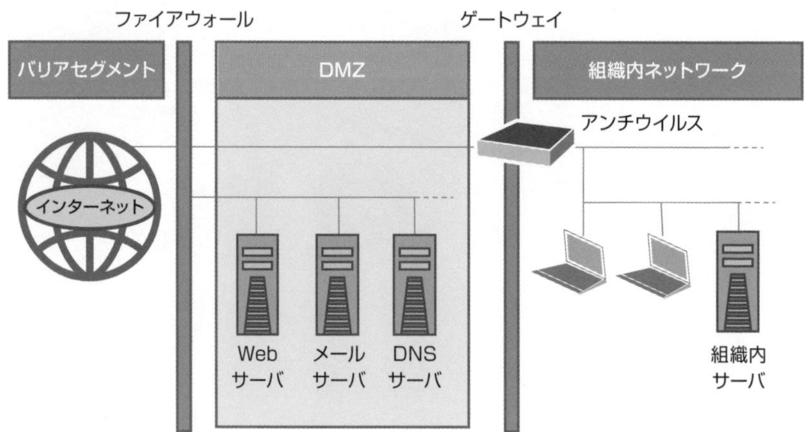

＊**DMZ**　DeMilitarized Zoneの略。ほかに「Data Management Zone」「DeMarcation Zone」などの略という説もあり、「Perimeter Network」とも呼ばれる。

DMZアクセスルール

DMZを設置した場合、インターネット（バリアセグメント）とDMZ、組織内ネットワークの3つのネットワーク領域に分割されます。これらのネットワーク領域にあるデバイスのアクセスルールを適切に設定する必要があります。

一般的には、インターネットと直接通信できるのはDMZだけに限定します。組織内ネットワークからインターネットへは直接通信できないようにすることで、組織内ネットワークに接続されたクライアントPCや組織内サーバのセキュリティを高めます。

DMZアクセスルールの基本は、次のようになっています。

バリアセグメントと組織内ネットワークからはDMZへのアクセスが許容されます。DMZ内部からはバリアセグメントに限ってアクセスが許容されます。これによって、DMZ内のサーバが不正アクセス等を受けたとしても、組織内ネットワークに被害が及ぶのを防ぐことができます。

DMZアクセスルール

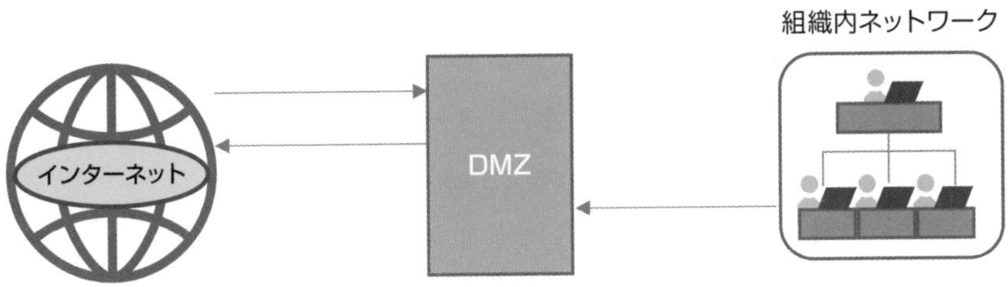

3-4 WAF

ファイアウォールだけでは防ぎ切れないような、Webアプリケーションの脆弱性への攻撃はWAFで防御します。WAF*は、Webアプリケーションファイアウォールのことです。普通のファイアウォールとは機能が異なります。

WAF

一般的なファイアウォールでは、通信のプロトコル、送信元や送信先のIPアドレス、ポートをチェックします。しかし、これらを偽装した不正なアクセスや、ウイルスを添付したメールなどはチェックできません。

次の防御壁として機能するのは、IDSやIPSです。これらは、シグネチャにより検問を行って、不許可リストを基にして疑わしいパケットをすべて遮断するか（**ブラックリスト方式**）、許可リストを基にして正しいパケットだけをすべて通すか（**ホワイトリスト方式**）によって、不正アクセスを見極めようとします。IDS/IPSは、DDoS攻撃（DoS攻撃）のほか、ウイルス、ワーム、トロイの木馬攻撃には一定の効果があります。

しかし、IDS/IPSの検問をすり抜けてくる攻撃手口もあります。クロスサイトスクリプティングやSQLインジェクション攻撃です。サーバアプリケーションの脆弱性を突いたこれらの攻撃を監視するのが、WAFの役目です。

WAFでの検問でもシグネチャが使われます。IDS/IPSと同じように、ブラックリストを検索してリストにある通信をシャットアウトする方式と、ホワイトリストを検索して通過させる方式があります。

ブラックリスト方式では、未知の攻撃に対する防御が遅れることがあります。ブラックリストを定期的に更新しなければなりません。ただし、WAF後のWebアプリケーションごとの設定は必要ありません。

* **WAF**　Web Application Firewallの略。

ホワイトリスト方式では、基本的に、すべての通信をいったん留め置きます。そして、シグネチャに登録されている"正しい通信方法"だけを通します。このため、未知の攻撃であっても遮断できます。ただし、Webアプリケーションごとにホワイトリストを用意しなければなりません。

WAF

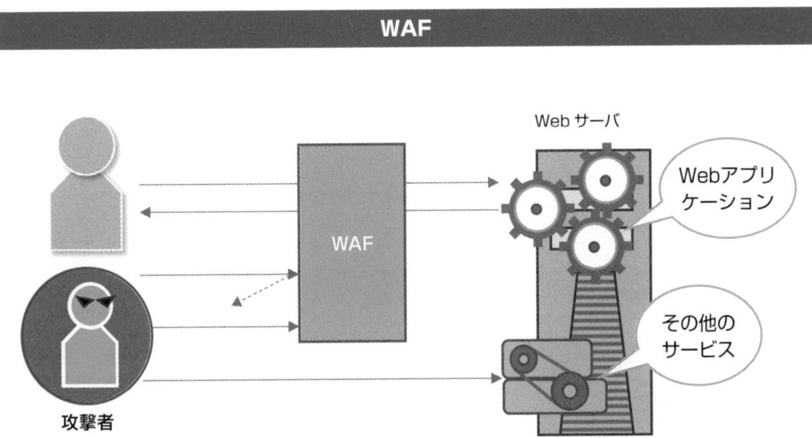

WAFは、攻撃者からの攻撃に対して、通信の破棄のほか、エラーを返す処理(エラー処理)、書き換え処理を行います。書き換え処理は、攻撃者や一般利用者の入力ミスなどによって、WAFが不正と判断した通信について、通信の一部を書き換えてWebアプリケーションに送るものです。不正と認識していても、Webアプリケーションが被害を受けないように書き換えることで、Webサーバを安全に継続して運用できます。

WAFには、WAFの行った処理に関するログ機能が付属しています。検出日時、処理方法、接続元IPアドレス、接続先URL、不正箇所などを記録した監査ログと、WAF自体の動作を記録した動作ログの2つが記録されます。

WAFの導入

WAFは、ファイアウォールやIPSによっても防ぎ切れない、Webアプリケーションに対する不正な攻撃に効果があります。

実際にWAFを導入する場合、いくつかの選択肢があります。

商用製品がいくつかあり*、多くはクラウド方式のサービス提供となっています。費用は様々ですが、初期費用1万～数万円、月額料金数千～数万円程度です。

導入の検討の際は、WAFの費用対効果を算出します。WAFは長期的に運用することになります。

IPAのホームページには、無料で導入できるオープンソースのWAFの紹介があり*ます。紹介しているソフトウェアは、「**ModSecurity**」と「**WebKnight**」です。

オープンソースのWAF

ソフト名	OS	Web サーバ
ModSecurity	Unix、Windows	Apache 2
WebKnight	Windows	IIS 5,6,7

脅威対策例

機能	外部脅威	内部脅威
ファイアウォール	ネットワーク攻撃	ネットワーク攻撃
URL フィルタリング	－	スパイウェア
IPS	トロイの木馬、ワーム	トロイの木馬、ワーム
アンチウイルス	ウイルス、スパイウェア	ウイルス
アンチスパム	スパム、フィッシング	－

*…いくつかあり 「攻撃遮断くん」「secuWAF」「XG Firewall」「Cloudbric」「Scutum」「SiteShell」など。詳細は検索サイトから該当サービスを確認のこと。

*…の紹介があり https://www.ipa.go.jp/files/000017312.pdf

3-5 UTM

企業のサイバーセキュリティをまとめてしっかりと継続する実質的な方策として、クラウド型UTMが企業などから注目されています。UTMは、セキュリティ管理者の負担を軽減します。

UTM

UTM＊とは、統合脅威管理と訳されます。

インターネットと組織内ネットワークとの境界でのセキュリティにはいくつかの層があり、それぞれに異なる攻撃パターンがあります。そのため、ファイアウォールをはじめとして、IPSやアンチウイルスゲートウェイ、WAFなどいくつものセキュリティ機器（ソフトウェアを含む）を設置しなければなりません。

UTMは、これら複数のセキュリティ機器を1つにまとめたものです。いくつかの製品がありますが、あるUTM製品の機能には、次のようなものがあります。

・ファイアウォール
・アプリケーションコントロール
・URLフィルタリング
・IPS
・アンチウイルス
・アンチボット
・アンチスパム

＊**UTM**　Unified Threat Managementの略。

UTMの機能

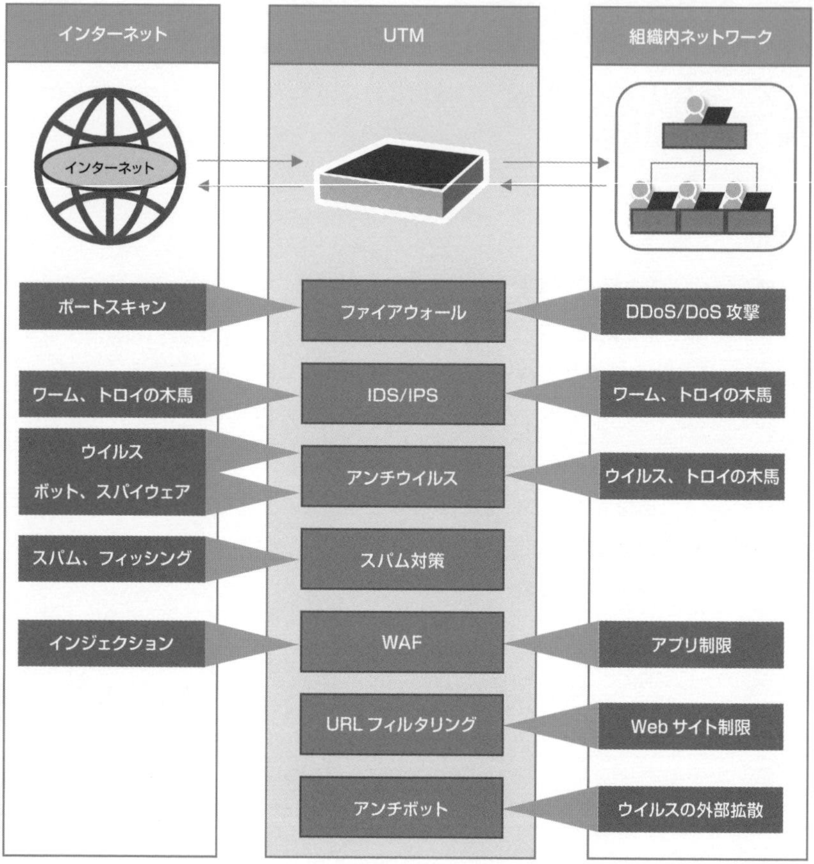

インターネット	UTM	組織内ネットワーク
インターネット		
ポートスキャン	ファイアウォール	DDoS/DoS 攻撃
ワーム、トロイの木馬	IDS/IPS	ワーム、トロイの木馬
ウイルス ボット、スパイウェア	アンチウイルス	ウイルス、トロイの木馬
スパム、フィッシング	スパム対策	
インジェクション	WAF	アプリ制限
	URL フィルタリング	Web サイト制限
	アンチボット	ウイルスの外部拡散

UTMの製品例

UTX200（YAMAHA）

クラウド型UTM

UTMもWAFのように専用機器型からクラウド型への移行が進んでいます。その理由の1つは、クラウド型UTMは機器を持たなくてもよいので、初期費用がかからず、またメンテナンスも不要だからです。最新のセキュリティ技術の恩恵を簡単に得られることもクラウド型のメリットです。

また、特に情報担当者が1人などの小企業では、365日ずっと見張ってくれるので、運用面でのメリットも大きいでしょう。

クラウド型UTM

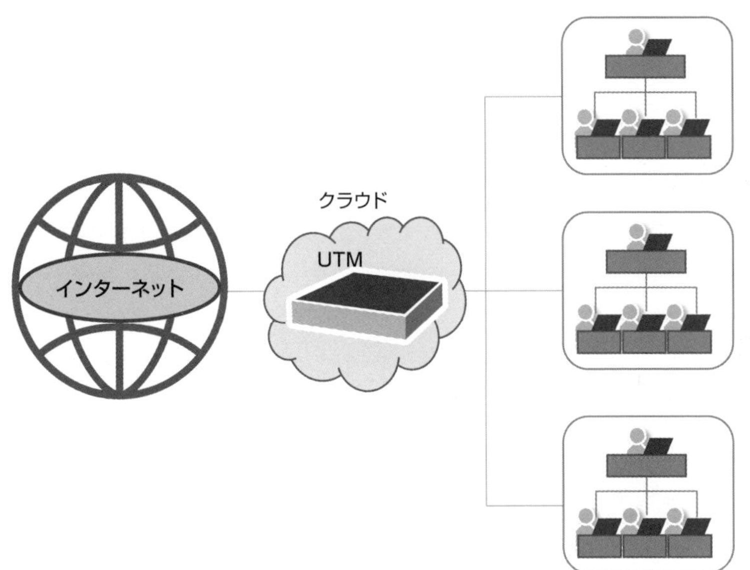

3-6 暗号

合言葉は日本書紀にも登場するといい、暗号は古代ローマ時代に使われていました。インターネットの時代になっても、秘密の内容を通信するために「暗号」と「合言葉」が使われています。

シーザー暗号

シーザー暗号は、古代ローマのカエサル（英語読みでシーザー）が秘密文書を作成するときに使ったといわれる暗号です。非常に単純な暗号で、平文の各文字を順にシフトします。

例えば、アルファベットのシーザー暗号を作るとします。「YOUTOOBRUTUS」をシーザー暗号にする場合、3文字分シフトして作った暗号表に従って文章の各文字を変換します。このように、ある規則に従って逐次、文字を変換する暗号方式を**換字式暗号**とも呼びます。

「Y」を暗号化すると「B」となります。同じように続いて暗号化を進めると「BRXWRREUXWXV」となります。暗号化された文字列を初めて見せられても意味はわからないでしょう。

“暗号化された文字列は元の文字を3文字分シフトした“ということを知っていれば、元の文字列（平文）に戻すことができます。これを**復号**といいます。

シーザー暗号の暗号表

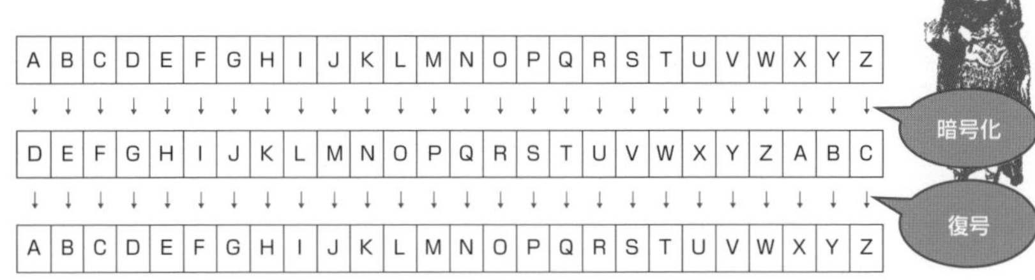

暗号化と復号

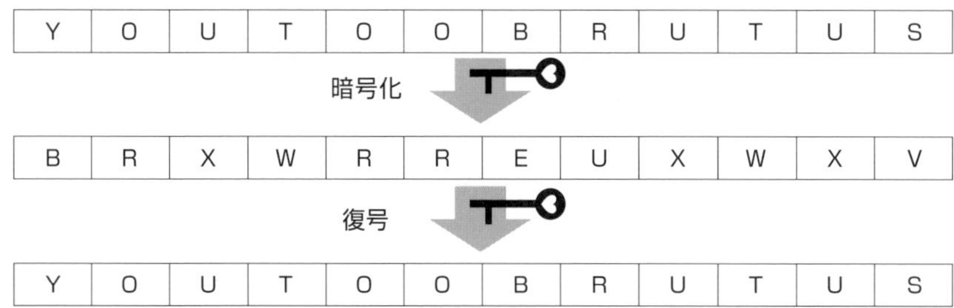

暗号化

現在、インターネットなどで使われる暗号は、変換方式がわかっていても、暗号を解く鍵が手元になければ容易に解読できないようになっています。

情報セキュリティに関係している暗号技術は、データを暗号にして受け渡すことで、たとえ途中でデータが盗み見られたり複製されたりしても、内容がわからないようにする技術です。

データを、決められた暗号方式によって暗号にすることが**暗号化**です。暗号化はコンピュータによって行われるため、数学や情報科学の理論が使われます。暗号化の手順を「暗号化のアルゴリズム」と呼びます。

暗号化をするのはコンピュータです。暗号化のアルゴリズムは数式を使った計算式で、暗号化の実体は、この暗号化のアルゴリズムの計算です。"強い暗号"とは、犯罪者にアルゴリズム(計算式)が知られていても、暗号文を平文に復号するときに、犯罪者にとって意味のある時間内で終えられないほど長い計算時間が必要となるものです。解読計算にスーパーコンピュータを使っても100年以上かかる暗号は、強い暗号といえます。

実際に使用されている、暗号化技術を利用したセキュリティの仕組みは複雑です。実用化されているものでは、平文を暗号文にするとき、および暗号文を平文に戻すときの両方で使用する、特別な使用許可者(許可を得たデバイス)が持っている**"鍵"**(**暗号鍵**)が重要な役割を持っています。

同じ暗号化アルゴリズムを使っているセキュリティ技術でも、"鍵"を複雑化することで"強い暗号"にすることもできます。強い鍵の目安は、鍵のデータサイズです。

サイズの大きな鍵は、暗号化や復号に計算時間がかかるので、鍵を持たない（鍵の内容を知らない）第三者が暗号によるセキュリティを破ろうとして、コンピュータで生成した鍵を1つずつ試すような攻撃をするときに膨大な時間がかかります。

現在、一般に使用されている“強い鍵”のサイズは256ビット*です。これは、2^{256}通り*の鍵が想定され、現時点でほぼ安全というわけです。

暗号化

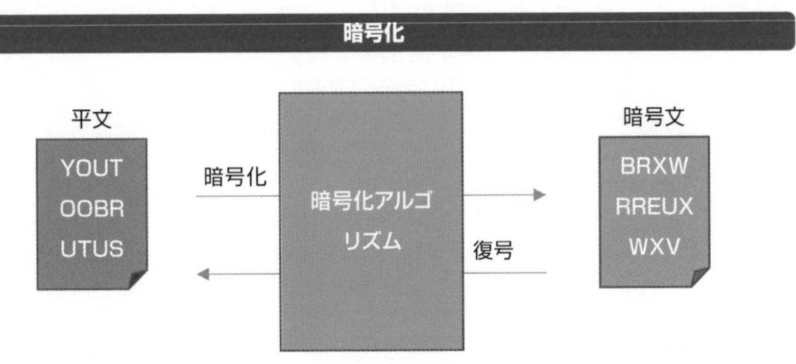

調達のために参照すべき暗号のリスト（CRYPTREC暗号リスト）

CRYPTREC LS-0001-2012R6

電子政府における調達のために参照すべき暗号のリスト
（CRYPTREC暗号リスト）

平成25年3月1日
総務省・経済産業省
（最終更新：令和3年4月1日）

電子政府推奨暗号リスト

暗号技術検討会[1]及び関連委員会（以下、「CRYPTREC」という。）により安全性及び実装性能が確認された暗号技術[2]について、市場における利用実績が十分であるか今後の普及が見込まれると判断され、当該技術の利用を推奨するもののリスト。

技術分類		暗号技術
公開鍵暗号	署名	DSA
		ECDSA
		RSA-PSS[注1]
		RSASSA-PKCS1-v1_5[注1]
	守秘	RSA-OAEP[注1]
	鍵共有	DH
		ECDH
共通鍵暗号	64ビットブロック暗号[注2]	該当なし
	128ビットブロック暗号	AES
		Camellia
	ストリーム暗号	KCipher-2
ハッシュ関数		SHA-256
		SHA-384
		SHA-512
暗号利用モード	秘匿モード	CBC
		CFB
		CTR
		OFB
	認証付き秘匿モード[注3]	CCM
		GCM[注4]
メッセージ認証コード		CMAC
		HMAC
認証暗号		該当なし
エンティティ認証		ISO/IEC 9798-2
		ISO/IEC 9798-3

1 総務省サイバーセキュリティ統括官及び経済産業省商務情報政策局長が有識者の参集を求め、暗号技術の普及による情報セキュリティ対策の推進を図る観点から、専門家による意見等を聴取することにより、総務省及び経済産業省における施策の検討に資することを目的として開催。

2 暗号利用モード、メッセージ認証コード、エンティティ認証は、他の技術分類の暗号技術と組み合わせて利用することとされているが、その場合、CRYPTREC暗号リストに掲載されたいずれかの暗号技術と組み合わせること。

総務省・経済産業省
サイバーセキュリティ
戦略本部より

＊…は256ビット　共通鍵暗号方式に使われている。

＊2^{256}通り　2^{256} ≒ 115792089237316000000000000000000000000000000000000000000000000000000000000000

3-7 共通鍵暗号

シーザー暗号では、暗号化や復号を行うには、共通の暗号表が必要でした。この暗号表は平文を暗号化するための「鍵」のイメージです。暗号化したのと同じ鍵を使えば、暗号は復号できます。暗号化と復号の「鍵」は同じもの、または複製である必要があります。

共通鍵暗号

これをコンピュータ用にしたのが**共通鍵暗号**です。あるアルゴリズムのプログラム（暗号化する鍵）によって暗号化されたデジタル文章を元に戻す（復号）には、暗号化に使われたプログラムのアルゴリズム（復号する鍵）が必要です。暗号化と復号の2つの“鍵”は共通のものです。

AとBが共通鍵暗号によって、暗号化されたデータをやり取りする場面を考えてみましょう。まず、Aは共通鍵を使って、送るデータを暗号化します（❶）。暗号化したデータはBに送ります（❷）。このままでは暗号化された文書の内容はわかりません。Bはデータが届いたことをAに伝えます。すると、Aは共通鍵をBに送ります（あらかじめ共通鍵を送っておくこともできます。あるいは、Bが作成した共通鍵をAに送って使ってもらう形でもかまいません）（❸）。Bは、届いた共通鍵を使って暗号を復号します（❹）。

共通鍵暗号

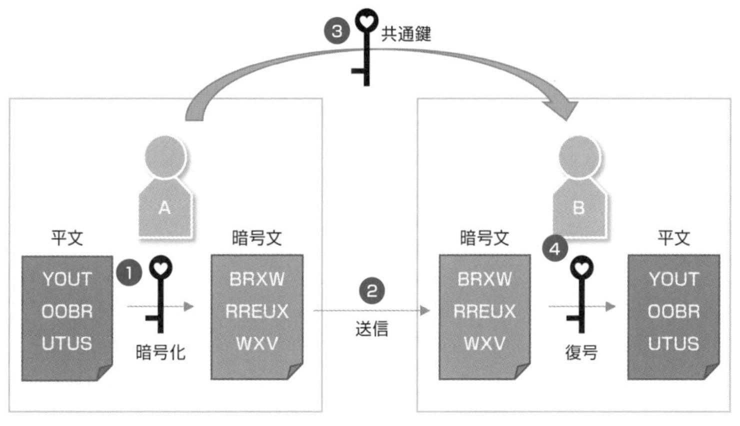

暗号の安全性

情報セキュリティとしての暗号の重要性は、暗号の鍵を持たない人に暗号が解読されるまでの時間です。アルファベットだけで作られたシーザー暗号であることがわかると、鍵は26種類しかありません。26種類の鍵を片っ端から使えば、暗号は解読されます。コンピュータを使えば、あっという間に解読されてしまいます。

生成される鍵の数の多さが暗号の安全性の大きな要素になるのは、共通鍵暗号に限ったことではありません。暗号化アルゴリズムが秘匿されない限り、暗号を解く鍵は簡単に作成できます。問題となるのは、暗号を解読するのに鍵を何通り作らなければならないかということです。「作った鍵を総当たりで試してみて、解読するのにどれほどの時間がかかるか」が暗号の安全性の重要な指標なのです。

シーザー暗号のように、すべての文字が同じ変換法（3つシフト）で暗号化されていると、これは安全性が低いといわざるを得ません。そこで、実用的な共通鍵暗号では、見破られない変換法が重要になります。

共通鍵の生成

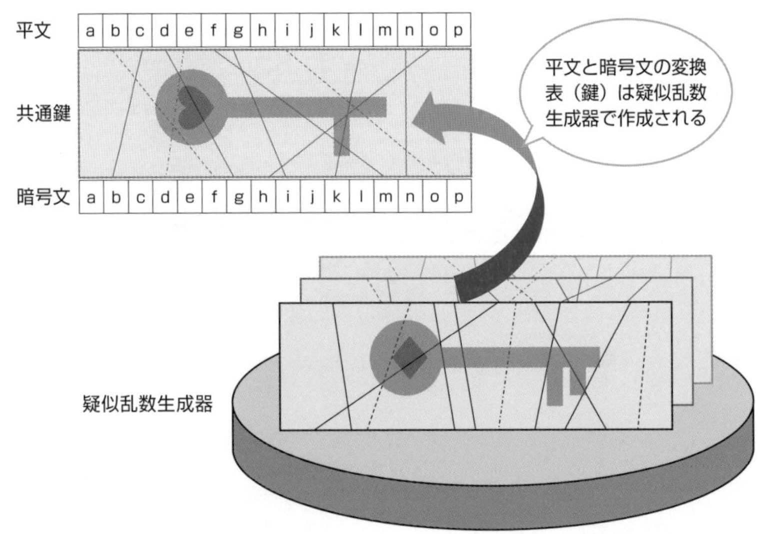

共通鍵暗号のメリットとデメリット

共通鍵暗号のメリットは、暗号化処理や復号処理が高速に行えるということです。これは、暗号化や復号のコストが低くなることを示しています。

さらに、十分に長い鍵を用いた共通鍵暗号は、その鍵を安全に管理する限りにおいて、非常に安全性が高いといえます。

共通鍵暗号のデメリットは、暗号文とは別に鍵を受け渡さなければならないことです。暗号文が途中で奪われたり、盗み見られたりしても、鍵がなければ内容はわかりません。このため**秘密鍵暗号**とも呼ばれます。この方式の暗号化では、鍵の受け渡しが重要なのです。

共通鍵暗号の最大のデメリットは、必要な鍵の数です。２人で暗号化するなら１個の共通鍵を持つだけでよいのですが、３人では３個の異なる鍵が必要です。４人では６個、５人では10個、…、10人では45個もの鍵が必要になります。このように、暗号化されたデータを大勢で共有しようとすると、非常に多くの鍵を管理しなければならなくなります。

また、鍵を紛失した場合、自分でも復号できなくなります。つまり、鍵の安全性こそがこの方式の安全を守る“鍵”となります。

共通鍵暗号

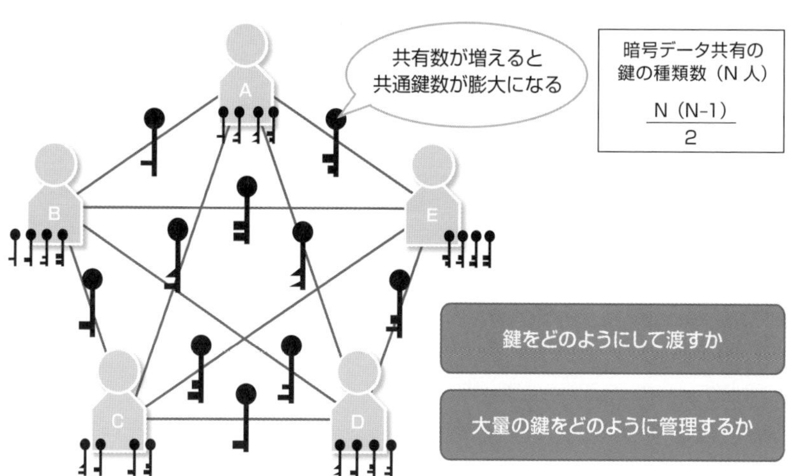

代表的な共通鍵暗号方式

種類	鍵長	説明
RC4	40 ～ 256 ビット (可変)	RSA 社が開発しました。無線ＬＡＮのＷＥＰによる暗号化や SSL3.0/TLS 1.0(128-bit RC4) に採用されています。ストリーム暗号。2015 年に解読法が公開されたため、現在は使用を控えたほうがよいでしょう。
DES*	56 ビット	1970 年代はじめに IBM が開発し、その後アメリカの標準暗号に採用されたブロック暗号です。この暗号は、56 ビットの鍵を使用し、64 ビットのブロックサイズを処理します。鍵の長さが十分に長いとはいえないため、現在は使用されません。
3DES	168 ビット	DES の安全性をさらに高めるために、DES を 3 回繰り返して処理する方式。ブロック暗号。
IDEA*	128 ビット	スイスの Ascom-Tech 社が開発しました。ブロック暗号。
AES*	128,160,192, 224,256 ビット (可変)	DES の後継の次世代暗号標準として公募され、世界中の応募から選ばれました。そのときの名前は「Rijndael」。米国政府も機密情報を暗号化するために使用しています。また、Google や Microsoft にも採用されています。ブロック暗号。
MISTY	64 ビット	三菱電機で開発された、安全性と実用性を併せ持つとされるブロック暗号。これを携帯電話用にカスタマイズしたのが「KASUMI」。

ランサムウェア対策特設ページ

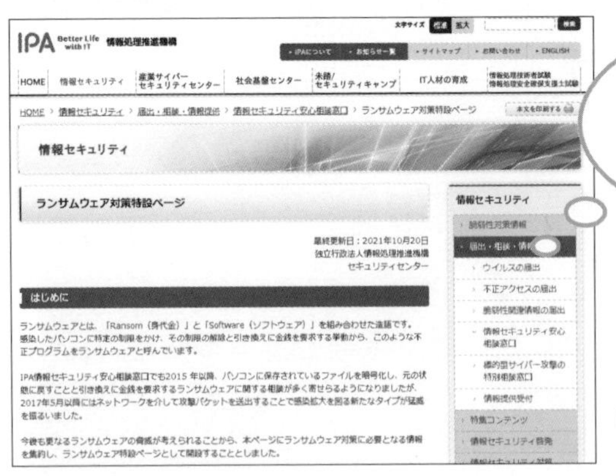

IPAでは、一部のランサムウェアの暗号化を解く復号ツールを「No More Ransom」のウェブサイトで公開している

URL　https://www.ipa.go.jp/security/anshin/ransom_tokusetsu.html

＊**DES**　Data Encryption Standard の略。
＊**IDEA**　International Data Encryption Algorithm の略。
＊**AES**　Advanced Encryption Standard の略。

3-8 ストリーム暗号とブロック暗号

世界中のコンピュータと簡単に通信できるインターネットは、多くのサーバコンピュータによるデータの受け渡しが基本構造になっています。したがって、途中での盗聴（傍受）が可能です。このため、データの秘匿のために暗号技術が発達しました。

暗号化と復号の過程

コンピュータのデジタルデータ（平文）を暗号化するときには、鍵となるデジタルデータと平文との排他的論理和（XOR）を計算します。排他的論理和による論理演算を2回繰り返すと、元の平文に戻ります。

暗号化するときには、まずデータを「0」「1」の2進数に変換します。ASCII変換が一般的です（❶）。

2進数になったデータと鍵（共通鍵）の2進数データをXOR論理演算します（❷）。

暗号化されたデータを文字変換することもできます（❸）。2進数データのままでももちろんかまいません。

暗号文を平文にするには、まず暗号文をASCII変換します（1）。

2進数データと鍵（共通鍵）をXOR論理演算します（2）。

演算結果の2進数を文字変換すれば平文が得られます（3）。

暗号化と復号

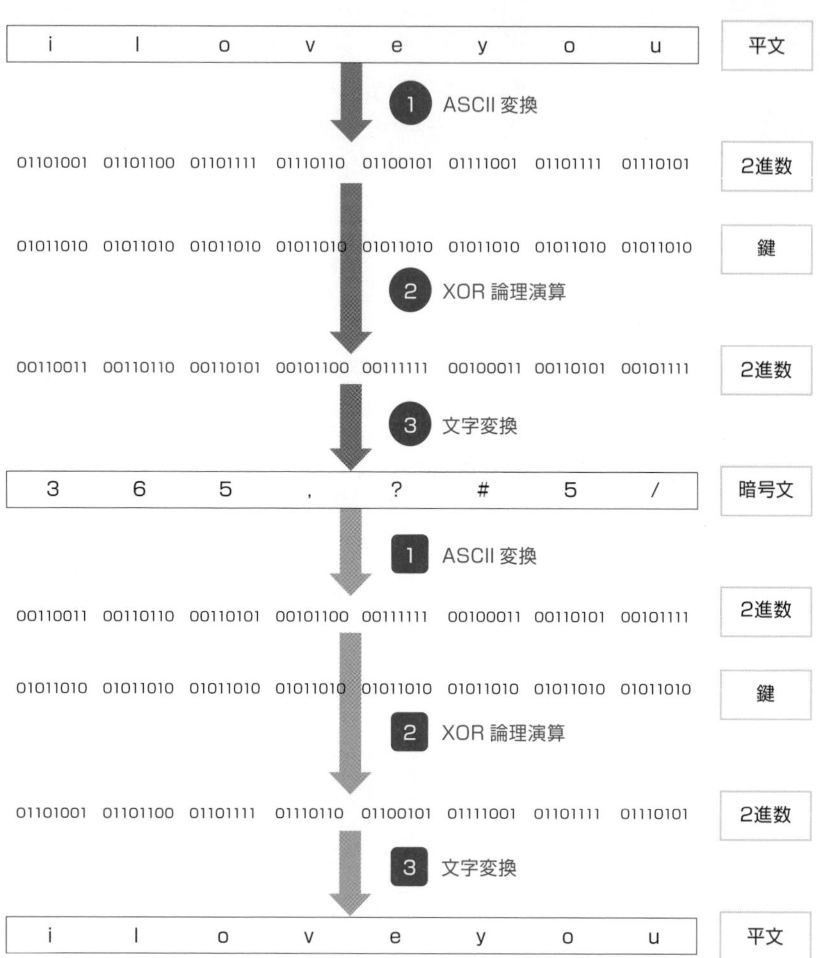
i l o v e y o u
平文
1 ASCII 変換
01101001 01101100 01101111 01110110 01100101 01111001 01101111 01110101
2進数
01011010 01011010 01011010 01011010 01011010 01011010 01011010 01011010
鍵
2 XOR 論理演算
00110011 00110110 00110101 00101100 00111111 00100011 00110101 00101111
2進数
3 文字変換
3 6 5 , ? # 5 /
暗号文
1 ASCII 変換
00110011 00110110 00110101 00101100 00111111 00100011 00110101 00101111
2進数
01011010 01011010 01011010 01011010 01011010 01011010 01011010 01011010
鍵
2 XOR 論理演算
01101001 01101100 01101111 01110110 01100101 01111001 01101111 01110101
2進数
3 文字変換
i l o v e y o u
平文

ストリーム暗号とブロック暗号

2進数変換したデータと鍵の2進数を論理演算するときに、1ビットまたは8ビット（1バイト）ごとに逐次変換方式で暗号化したものを**ストリーム暗号**といいます。半角の英数字・記号は1文字が8ビットで表されることから、ストリーム暗号は平文のテキストデータを1文字分ずつ変換することになります。

これに対して**ブロック暗号**は、平文の2進数データをあらかじめ同じサイズのブロックに分割しておき、64ビットや128ビットなどの固定長の鍵を使ってブロックごとに一括で暗号化する方式です。ブロック暗号は、ストリーム暗号よりも幅広く使われており、有名なDESや3DES、IDEA、AESなどもブロック暗号です。

例えば、ブロック暗号のCBCモードでは、平文のブロックを1つ前の暗号ブロックとXOR演算を行って暗号化します。なお、最初のブロックのXOR演算には初期ベクトルという乱数発生器が生成したダミーの暗号ブロックが使用されます。これを繰り返えすことで暗号化が行われます。

ストリーム暗号とブロック暗号の違いは、インターネットなどの通信の効率に関わることがあります。ブロック暗号では、決まったブロックサイズを受信するまで処理ができません。ストリーム暗号なら、ブロック暗号よりもずっと細かなデータサイズで処理を開始できます。このため、ストリーム暗号は無線LANのWEP、インターネットのSSLやTLSなどに広く採用されています。

ブロック暗号（CBCモード）

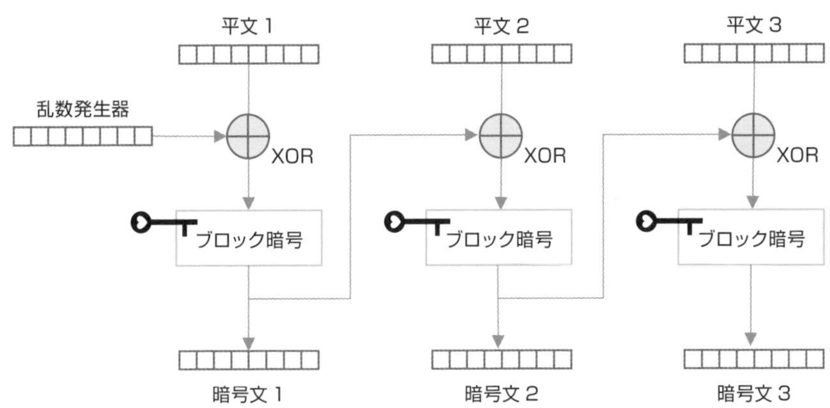

3-9 公開鍵暗号

公開鍵暗号は、共通鍵暗号の2つの課題である「鍵の受け渡し問題」と「鍵の大量管理問題」の2つを同時に解決します。

公開鍵暗号

公開鍵暗号では、暗号化する鍵と復号する鍵は別物です。暗号化するときの鍵は、例えば、誰かに奪われたり複製されたりしてもかまわない**公開鍵**です。しかし、この公開鍵で暗号化された暗号文を復号するときの復号鍵は**秘密鍵**です。

Aさんと Bさんが暗号化されたファイルをやり取りするとします。

Aさんは、暗号化のための公開鍵aと、公開鍵aと対になっている復号のための秘密鍵aを生成します（❶）。Aさんは、公開鍵aをインターネット上に公開します（❷）。

Bさんは、暗号化したファイルを安全にAさんに送るため、公開鍵aを入手し、その公開鍵aでファイルを暗号化します（❸）。

Aさんは、Bさんから公開鍵aで暗号化されたファイルを受け取り（❹）、自分しか持っていない秘密鍵aで復号します（❺）。

公開鍵暗号

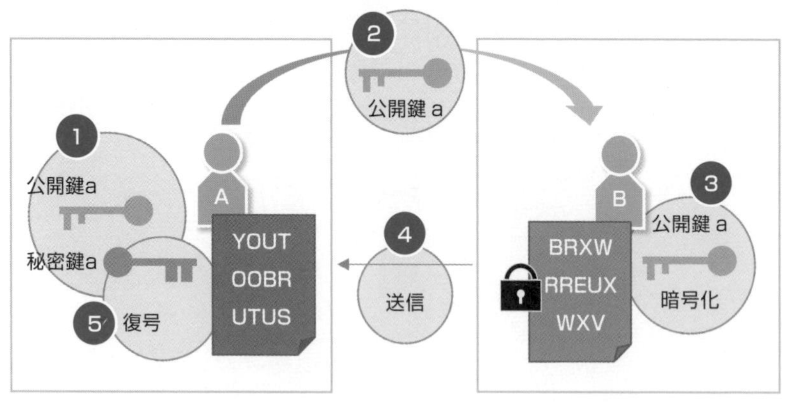

公開鍵暗号のメリットとデメリット

公開鍵暗号では、共通鍵暗号のデメリットであった鍵の受け渡しの手間、およびそれに伴うリスクは不要となります。公開鍵が奪われたとしても、秘密鍵さえしっかりと保管していれば、暗号ファイルは安全といえます。

さらに、公開鍵暗号では管理する鍵の数も大幅に減らすことができます。2人で公開鍵暗号によってファイルをやり取りする場合、必要な鍵は、公開鍵と秘密鍵の2個です。しかし、公開鍵は複製されてもよいので、他の人からの公開鍵暗号ファイルを受け取る場合、公開鍵を改めて用意する必要はありません。つまり、共有相手が増えても鍵は増えません。

5人でファイルを共有する場合、各自が秘密鍵を1個ずつ持ちます。そして、それらの鍵と対になる公開鍵を1つずつ生成し、それをネット上に公開します。このため全部で10個の鍵が必要になりますが、各自が管理する鍵は1個だけです。また、この5人の中で誰かが秘密鍵を盗まれたり紛失してしまったりしても、鍵の持ち主との通信には影響しますが、他の4人への実質的な影響はありません。

これが共通鍵暗号だったら、盗難・紛失した鍵と共通の鍵を使わないように、全員がその鍵を破棄しなければなりません。さらに、もし盗難・紛失した鍵と同じ鍵を全員が使っていたなら、全員に新しい共通鍵を配らなければならなくなります。もちろん、盗難・紛失した共通鍵で暗号化されているファイルの処置も考える必要が出てくるかもしれません。

とはいえ、公開鍵暗号は良いことばかりではありません。共通鍵暗号と比べて仕組みが複雑になるため、暗号化／復号のための計算に時間がかかります（共通鍵暗号処理の数百倍かかる場合もあります）。そのため、大きなサイズのファイルの暗号化には不向きです。

また、インターネット上に公開されている公開鍵が本当に本人のものなのかどうか証明する仕組みと手間が必要になります。これもデメリットといってよいでしょう。

公開鍵暗号

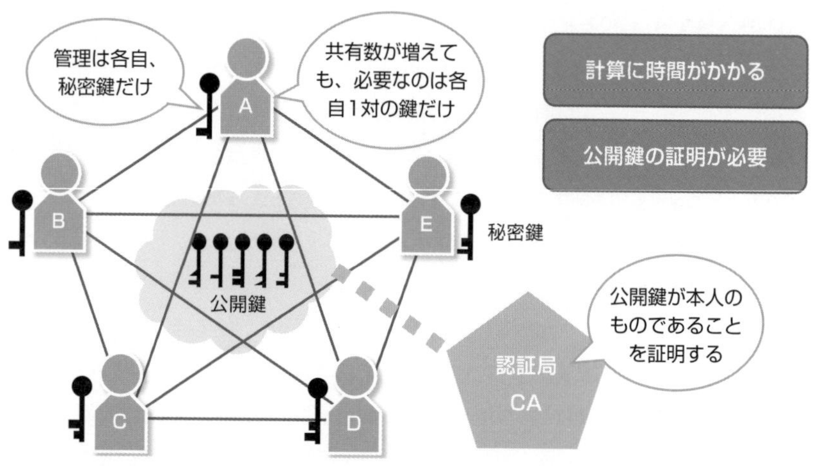

代表的な公開鍵暗号方式

種類	説明	目的
RSA	R. L. Rivest、A. Shamir、L. Adleman の 3 人が発明したアルゴリズム。素因数分解の数学的な困難さに基づいています。	暗号化、電子署名、鍵交換
DH*	1976 年に発表された、共通鍵暗号に使われる鍵配送のためのアルゴリズム。	鍵配送
DSA*	正の整数の演算による電子署名専用の公開鍵暗号方式。	電子署名
DSS*	1991 年、アメリカ国立標準技術研究所（NIST）が提唱したデジタル署名のための方式。アルゴリズムには DSA が使われています。	電子署名
ECDSA*	楕円曲線暗号（ECC）を DSA に適用させたものです。	電子署名

＊**DH** Diffie-Hellmanの略。
＊**DSA** Digital Signature Algorithmの略。
＊**DSS** Digital Signature Standardの略。
＊**ECDSA** Elliptic Curve Digital Signature Algorithmの略。

公開鍵の認証局

公開鍵暗号のポイントは、公開鍵の公的な認証システムです。

公開鍵は誰でも作成できます。その公開鍵と対になる秘密鍵も自由にできます。つまり、サイバー犯罪者も誰かになりすまして公開鍵を作れます。

役場や法務局が印鑑証明を行うように、本人が作成した公開鍵であることを公的な機関が証明する必要があります。このような機関のことを**認証局**（**CA***）といいます。認証局はチェーン化していますが、最も信頼できる認証局にチェーンがつながっていれば、そこに至る途中での認証局も信頼できるとされます。

セッション鍵

暗号化方式では、鍵の受け渡しを含めた管理に関するデメリットが共通鍵暗号の課題でした。これに対して、公開鍵暗号方式では、暗号化／復号にかかるコンピュータの計算時間が課題でした。そこで、互いのデメリットを補うようにして、共通鍵暗号と公開鍵暗号を組み合わせる方式が使われています。

ハイブリッド方式ともいえるこの方式は、次のようにして行われます。なお、ここではAからBへ暗号文が送信されます。

まず、Aは任意に共通鍵を作成します（❶）。共通鍵暗号のみの場合は、Bが共通鍵を作成する場合もありますが、ここでは送信側のみが共通鍵を作成します。なお、ここで作成した共通鍵を特に**セッション鍵**と呼びます。

セッション鍵を使って、平文を暗号化します（❷）。

次にBの公開鍵を使って、Aの共通鍵（セッション鍵）を暗号化します（❸）。

Aは、❷で暗号化したデータと、❸で暗号化した共通鍵をいっしょにBに送信します（❹）。

Bは、暗号化された文書と共通鍵を受け取り、Aが共通鍵を暗号化したときの秘密鍵を使って共通鍵を復号します（❺）。

Bは❺の共通鍵を使って、Aから送信された暗号化された文書を復号します（❻）。

* **CA**　Certification Authorityの略。

この過程では、計算時間がかかるのは、64ビットあるいは128ビット程度の共通鍵を暗号化／復号するところです。そして、大きなサイズのファイルの暗号化／復号には、計算が短時間でできる共通鍵暗号を使っています。

また、共通鍵の受け渡しの課題についても、共通鍵を公開鍵によって暗号化することで安全性が高まっています。送信する側が、その都度、共通鍵を作成するため、共通鍵の管理面での課題も解決されています。

共通鍵暗号と公開鍵暗号をミックスした方式

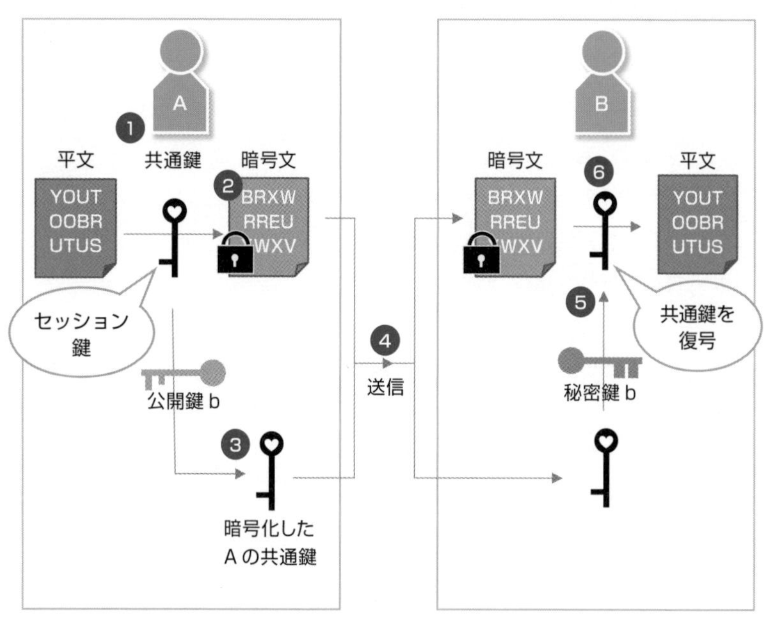

Webページの暗号化

Webページを閲覧するときに、ページのURLが「http://」から始まるサイトは、データのやり取りが暗号化されていません。これに対して、「https://」から始まるサイトは、**SSL**によって通信によるデータが暗号化されています。

SSLによって接続されたページでは、表示内容に加えて入力フォームから送信されるデータなども暗号化されるため、機密性が保たれます。

SSLは、インターネットのトランスポート層で機能する暗号化技術であるため、Webページの閲覧だけではなく、メール送信やファイル転送などでも使用可能です。

なお、SSLによるWebサイトが安全というわけではありません。中にはショッピングサイトや金融機関のサイトをまねた偽サイトもあります。SSLで通信を行うためには、暗号化されるデータとしての安全性を証明できるというSSL証明書が必要で、この証明書は認証局によって発行されます。これは、本物のサイト、安全に取引できるサイトということの証明書ではありません。

そこで、SSLサイトの内容の安全性もある程度は保証するという**EV SSL**(Extended Validation SSL)という証明書も発行されています。

RSA暗号方式

RSA暗号方式は、現在最も多く使用されている公開鍵暗号の方式です。

発明者3人の頭文字から名付けられた「RSA暗号方式」では、公開鍵暗号を次のようにして作成します。

桁数の大きな2つの素数であるpとqがあるのですが、その積のnだけがわかっていても、pとqを割り出すのは非常にたいへんです。スーパーコンピュータを使っても非常に時間がかかります。

---

①大きな素数p、qを生成する。
②n=pqとする。
③(p-1)(q-1)と互いに素な整数eを決める。
④ed≡1 (mod (p-1)(q-1))*となるdを決める。
⑤nとeを公開鍵とする。dを秘密鍵とする。

＊「a≡b (mod n)」は、aとbを共にnで割った余りが等しいことを示す合同式。

3-10 電子署名

紙媒体の重要な書類には、署名が書かれます。機密書類には、「マル秘」のはんこが押されることもあります。それでは、デジタル書類にはどのようにして署名をしたり、書類の重要性を示すはんこを押したりできるのでしょう。

電子署名

デジタル書類が原本であるか、改ざんされていないかを証明する技術が**電子署名**です。電子署名によって、署名をしたのが本人であること（**本人認証**）と、文書が改ざんされていないこと（**データの完全性**）の2つを確認することができます。

以下で解説するように、電子署名には暗号化の技術（公開鍵暗号）が使われています。ただし、デジタル署名によってデータの内容が暗号化されるわけではありません。したがって、データ自体を盗み見され、内容が漏えいする危険は残ります。

AからBへ電子署名付きの文書ファイルを送信します。

まず、Aは文書ファイルをハッシュ関数に入れて、ハッシュ値を計算します（❶）。これを**メッセージダイジェスト**といいます。

このハッシュ値をAの秘密鍵aで暗号化します。これが電子署名になります（❷）。

Aは元の文書ファイルに電子署名を添付し（❸）、Bに送信します（❹）。

Bは受け取った文書をハッシュ関数にかけ、ハッシュ値を計算します（❺）。添付されていた電子署名は、Aの公開鍵aで復号します（❻）。

❺のハッシュ値と❻の電子署名（Aが計算したハッシュ値）を比較し、同じならば文書の作成者はAであるといえます。なぜなら、秘密鍵aを持っているのはAだけだからです。

電子署名

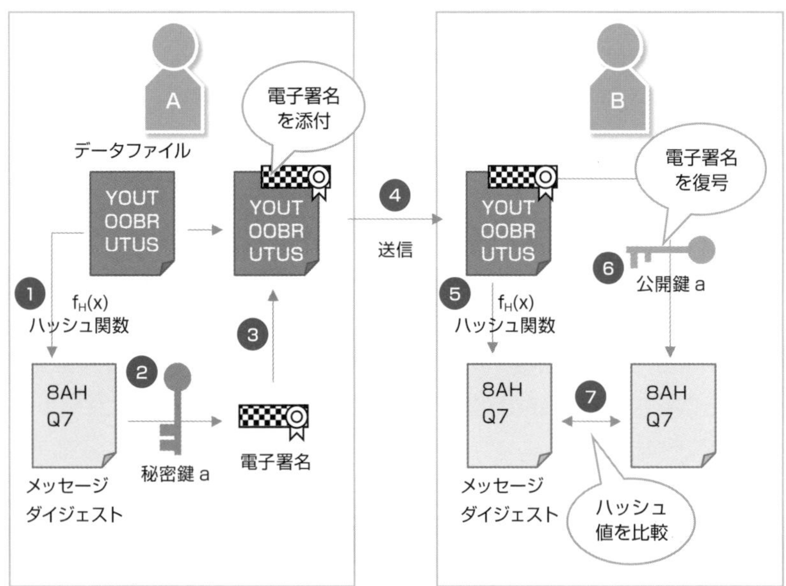

PKI

PKI*を訳すと、「公開鍵暗号基盤」となります。これは、公開鍵暗号技術に基づいて、電子署名などを実現するための技術基盤のことです。

公開鍵暗号方式は、対をなす秘密鍵と公開鍵をうまく使うことで、インターネット社会の様々な情報が本物か偽物かを見分けます。この公開鍵暗号の信用は、PKIによって保証されます。

公開鍵暗号方式の秘密鍵と公開鍵の対だけでは、公開鍵が本当の相手の鍵かどうかはわかりません。公開鍵と秘密鍵は誰にでも簡単に作成できます。したがって、本人になりすますこともできてしまいます。このため、信頼できる第三者機関による保証システム（PKI）が考え出されました。PKIでは、公開鍵と秘密鍵、そして秘密鍵を持つ本人の関係が本物であることを保証します。

＊ **PKI** Public Key Infrastructureの略。

電子証明書が必要なAは、CAに対して証明書の申請を行います（❶）。

実際に電子証明書の審査を行う登録局（**RA**＊）では、Aの秘密鍵と公開鍵を確認します。同時に申請者がA本人であるかどうかを確認します（❷）。

申請が正しければ、電子証明書の発行を発行局（**IA**＊）に指示します。また、登録局は有効期限が過ぎた電子証明書などの情報をレポジトリに保管します（❹）。

発行局は、電子証明書をAに発行します（❺）。

このあと、Aの公開鍵や電子署名には電子証明書が付くことになります。Aの電子署名が正しいかどうかをBが確認するときには、申請時のAの情報がCAに残っているので認証できるのです。

Bは、CAによって、公開鍵が本人の秘密鍵と対になっていることを確認できます。Aから送信された署名付きの文書が、本人のもので、改ざんなどされていないことも検証できます。

PKI

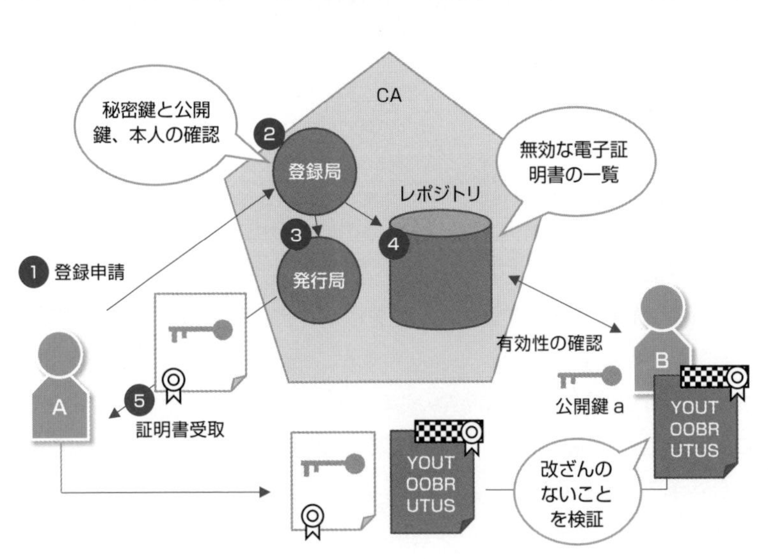

＊**RA**　Registration Authorityの略。
＊**IA**　Issuing Authorityの略。

電子署名法

2001年4月に施行された**電子署名法**は、電子署名および認証業者（CA業者）についての法律です。

インターネットによる安全な情報のやり取りをするためのインフラの整備や管理、運用を担う企業は7社しかありません。企業のICT化はもとより、デジタル政府の推進にあたっても、情報セキュリティの重要な分野を担うことが期待されています。

電子署名法による認定認証業務

認定認証業務の名称	業務を行う者の名称
株式会社日本電子公証機構認証サービス iPROVE	株式会社日本電子公証機構
セコムパスポート for G-ID	セコムトラストシステムズ株式会社
TOiNX 電子入札対応認証サービス	東北インフォメーション・システムズ株式会社
TDB 電子認証サービス TypeA	株式会社帝国データバンク
e-Probatio PS2 サービス	NTT ビジネスソリューションズ株式会社
DIACERT サービス	三菱電機インフォメーションネットワーク株式会社
AOSign サービス G2	日本電子認証株式会社
DIACERT-PLUS サービス	三菱電機インフォメーションネットワーク株式会社
e-Probatio PSA サービス	NTT ビジネスソリューションズ株式会社

総務省ホームページより（2021年8月現在）

3-11 ハッシュ関数

ハッシュ関数の“ハッシュ”は、SNSで使われる“ハッシュタグ”や、食品の“ハッシュドポテト”でも使われています。つまり、“細切れを寄せ集めるための関数”といったようなプログラムで、あるデータ（文字でも数値でもかまいません）をハッシュ関数に入れると、規格に沿ったサイズの、しかし中身はグチャグチャの文字列になって出力されます。

ハッシュ関数

ハッシュ関数とは、一般に次のような性質を持った関数です。

・ある入力値に対して生成する値は常に同じ。（決定性）
・入力長によらず出力は固定長。（固定長出力）
・出力範囲は全体に一様に分布する。（一様性）
・複数の入力に対して同一の値を出力する確率は低い。（衝突がない）
・出力値から入力値の推測は不可能。（不可逆性）

ハッシュ関数のアルゴリズムにはいくつかありますが、どれもほぼ同じ性質を持っています。例えば、ハッシュ関数は、入力値が同じならいつも同じハッシュ値を返します（決定性）。また、このハッシュ値は入力値のサイズによらずに一定の長さになります（固定長出力）。さらに、異なる入力値で同じハッシュ値になる（この現象を「**衝突**」と呼ぶ）ことがないのが良いハッシュ関数と考えられます（衝突がない）。

ハッシュ関数

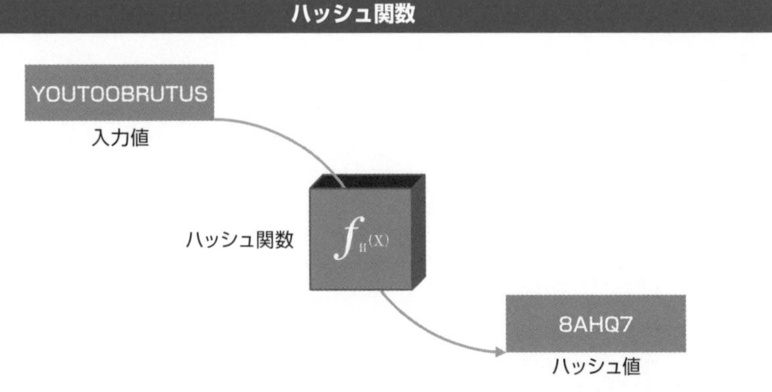

最後に、ハッシュ値が暗号化によく利用される理由としてのハッシュ関数の性質です。それは、ハッシュ値から入力値を推測できないことです。

電子署名ではデータをハッシュ関数にかけ、メッセージダイジェストとして送信しますが、これはハッシュ値から入力値に戻せないことを利用しています。

ハッシュ関数のアルゴリズム

現在、いくつかのハッシュ関数用のアルゴリズムが使われています。

アメリカ国防総省の情報機関であるアメリカ国家安全保障局（**NSA***）や、アメリカ国立標準技術研究所（NIST）による公募で選ばれたアルゴリズムが**SHA***です。SHAにはいくつかのバージョンが存在し、SHA-1、SHA-2、SHA-3に大別されます。

SHA-2はSHA-1の改良型で、出力長によってSHA-256、SHA-512などがあります。SHAアルゴリズムのうち、SHA-2は**MD5***と同じような構造をしています。MD5もハッシュアルゴリズムの1つですが、すでに、暗号にするには十分な安全性を備えていないことがわかっています。このため、SHA-2までのSHAの使用には注意が必要です。

主なハッシュアルゴリズム

アルゴリズム	説明
SHA-1	160ビット長のハッシュ値を返します。2017年に衝突攻撃による脆弱性が発見されています。
SHA-256	SHA-1を改良したSHA-2の出力長256ビット版です。
SHA-512	SHA-1を改良したSHA-2の出力長512ビット版です。
MD5	128ビットのハッシュ値を返します。もとは暗号用のハッシュアルゴリズムとして設計されましたが、セキュリティ上の重大な脆弱性が発見され、現在ではその使用を控えることが推奨されています。
xxHash	暗号化や復号の機構を省く省エネ設計のハッシュ関数。ファイルチェックサムへの利用を想定しています。
RIPEMD*-160	ベルギーの大学で作られたアルゴリズム。128、256、320ビット版もあります。

＊**NSA**　National Security Agencyの略。
＊**SHA**　Secure Hash Algorithmの略。
＊**MD5**　Message Digest algorithm 5の略。
＊**RIPEMD**　RACE Integrity Primitives Evaluation Message Digestの略。

衝突問題

ハッシュ関数の性質として、長いテキストでも決められた長さ（固定長）の文字の羅列テキストに変換します。つまり、入力データの広い空間（メッセージ空間）が、256文字程度の狭いデータ空間に投影されていることになります。

このため、どうしてもハッシュ値が重なるという**衝突**が懸念されます。まったく異なる入力データのハッシュ値が同じになる（衝突する）と、困ることが起きます。

例えば、ハッシュ値が同じになる、金額を変えた2枚の請求書のデータを作ったとします。もちろん2枚の請求書のダイジェストも同じになります。すると、本物の請求書に付いている電子署名を付け替えた偽物の請求書ができます。偽物なのにちゃんと電子署名付きです。

衝突が起きることが証明されているハッシュアルゴリズムは、暗号化に使用するには危険があるのです。

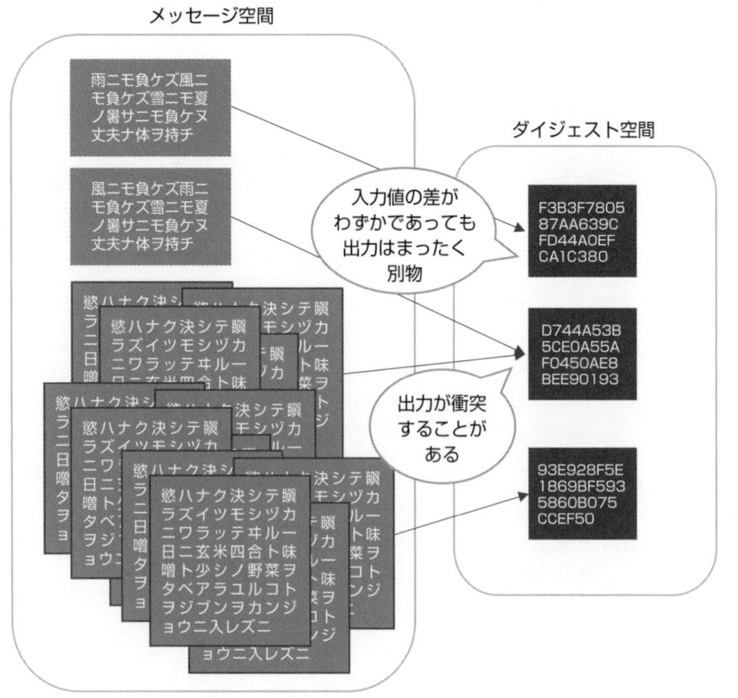

ハッシュ値の用途

ハッシュ関数の性質は、情報セキュリティに役立てることができます。

ハッシュ関数は入力値がほんの1文字違うだけでもまったく異なる**ハッシュ値**を出力します。この性質を利用すると、データの改ざんを確認することができます。本物の文書のハッシュ値をとり、そのハッシュ値を暗号化して文書と一緒に送信します。受信者は文書をハッシュ関数にかけてハッシュ値を得ます。その値と送信者からのハッシュ値を比較すれば、改ざんの有無は簡単にわかります。

ハッシュ関数を使うと、長いデータでも256ビット程度の比較的短い文字列に変換されるため、データの照合にも利用されます。その場合の利用法を**チェックサム**ということがあります。

ハッシュ関数は、ビットコインなどの**ブロックチェーン技術**にも大きく関係しています。デジタルコインによる1つの取引は1つのデータの集合（ブロック）にまとめられます。そのブロックには、1つ前のブロックのハッシュ値も含まれます。この1ブロックのまとまりのハッシュは、次のブロックに受け渡されます。

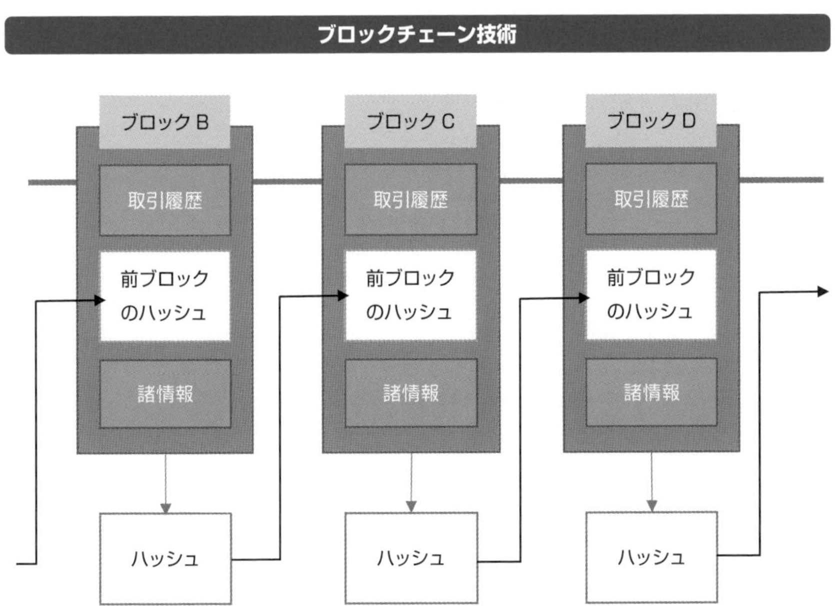

3-12 暗号へのアタック

暗号化の方式は秘匿されなくても、暗号に使用する鍵に十分な安全性があれば、セキュリティは保たれると判断できます。暗号を破るためには高性能なコンピュータを使って鍵を片っ端から試す（**全数探索**）、または鍵を推定しながら暗号を解読する（**鍵推定**）といった方法が使用されます。

ブルートフォースアタック

全数探索で暗号を破ろうとする試みを**ブルートフォースアタック**、全数探索よりも少ない計算量で鍵を推定する方法を**ショートカットアタック**と呼びます。

例えば、128ビットの鍵で守られている暗号を単純なブルートフォースアタックで破ろうとすれば、最大で2^{128}回の試行が必要とされます。この計算を1ナノ秒（10^{-9}秒）で1回行うことのできるコンピュータを100万台使った場合でも、1京年（10^{16}年）以上かかります。

ブルートフォースアタックの例には**辞書攻撃**があります。パスワードを決めるときに、辞書に載っている語句が選ばれる傾向を利用して、解読の時間を短縮しようとする手法です。

パスワードに使われるすべての文字や数字、記号のすべての組み合わせを試す全数探索によって破られた場合、それは"解読された"とはいいません。全数探索よりも少ない推測回数でパスワードが破られることを「**解読**」といいます。ただし、解読方法が見つかったとしても現実的な時間内で破られなければ、そのパスワードの安全性は高いと判定されます。

ブルートフォースアタック

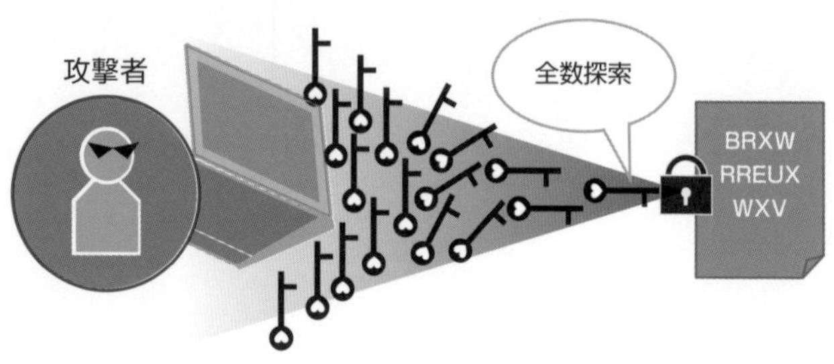

ショートカットアタック

ショートカットアタックとは、パスワード作成のアルゴリズムの脆弱性を突き、現実的な時間内でパスワードを解読しようとする攻撃法です。

差分解読法では、次のようにしてアルゴリズムを推測します。

まず、平文から暗号化された暗号文をいくつか手に入れます。このとき、平文の差が暗号文の差にどのように影響するか、差分の相関はどの程度か、などを調べてアルゴリズムを推測し、解読します。

攻撃者にとって操作できる平文を暗号化させ、その結果に対して差分解読法を使用できるのが理想的ですが、これは難しいでしょう。実際には、平文と暗号文とのネット上のやり取りを盗聴して、暗号化のパターンを解読することが行われます。

線形解読法は、差分解読法と同様に平文と暗号文が対になっているサンプルを集め、その解析方法として線形近似法を用います。

少ない試行での解読

共通鍵暗号へのアタック

暗号文への攻撃者の目的は、次のように3段階あると考えられます。

1. 暗号文の一部分を解読する。
2. 暗号文の全体を解読する。
3. 暗号化や復号に用いた鍵を特定する。

アラン・ポーの「黄金虫」（ネタばれ注意！）

推理小説の祖とされるアメリカのエドガー・アラン・ポーが1843年に発表した短編「黄金虫」の中には、財宝の在り処を示した暗号文が登場します。

この暗号は英語を暗号にしたもので、換字式、つまりシーザー暗号と同じように文字を1文字ずつ変換して作られています。

暗号文

53‡‡†305))6*;4826)4‡.)4‡);806*;48†8¶60))85;
1‡(;:‡*8†83(88)5*†;46(;88*96*?;8)*‡(;485);5*†2:*‡(;4
956*2(5*—4)8¶8*;4069285);)6†8)4‡‡;1(‡9;48081;8:8‡1;48†85;4)485†
528806*81(‡9;48;(88;4(‡?34;48)4‡;161;:188;‡?;

例えば、暗号文で最も登場頻度の高い文字「8」は「e」だろう、と推測するのです。また、英語の単語で最もよく使われる3文字の単語といえば「the」。このことから、「;48」が「the」の候補となり、「;」は「t」、「4」は「h」と推測できます。探偵役たちは、この暗号を**頻度分析法**を用いて解き明かします。

平文

A good glass in the bishop's hostel in the devil's seat
forty-one degrees and thirteen minutes northeast and by north
main branch seventh limb east side shoot from the left eye of the death's-head
a bee line from the tree through the shot fifty feet out.

3-13 ワンタイムパスワード

ネットバンキングなどでは、セキュリティの向上が期待できるワンタイムパスワードの利用が多くなっています。ワンタイムパスワードは、認証操作から認証終了までの短い時間内でだけ使用できるパスワードであるため、利用者には面倒でも高いセキュリティを保つことができます。

ワンタイムパスワード

IDとパスワードの対の正否によって認証を行うこのシステムは、IDが知られていてもパスワードがわからなければ認証が行われません。このようなシンプルなシステムであっても、セキュリティをある程度保つことができます。

シンプルなパスワードシステムのメリットは、そのままデメリットにもなります。つまり、使用者側にはパスワードの複雑性、秘匿性が要求され、システムのセキュリティには復号耐性が必要です。このため、パスワード認証を強化する目的で考え出されたものの1つが**ワンタイムパスワード**です。文字どおり、1回限りのパスワードです。そのため、「使い捨てパスワード」ともいわれます。

ワンタイムパスワードでは、ログインするたびにパスワードが変更されるため、インターネットの途中、職場での盗み見、パスワードメモ帳の盗難などがあってパスワードが漏えいしたとしても、セキュリティを保つことができます。

ワンタイムパスワード

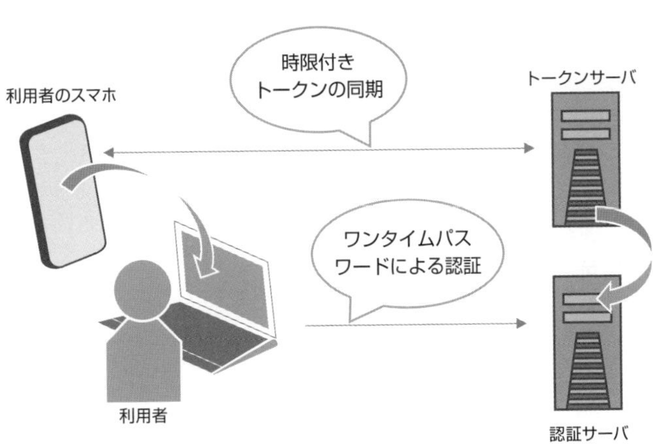

2段階認証

銀行口座ページの認証などに用いられている**2段階認証**は、2種類の異なる認証方法を組み合わせます。例えば、一般的なIDとパスワードによる認証を通過したのちに、さらにワンタイムパスワードによる認証が必須となっているような場合です。この場合、1段階目の認証に続いて、スマホやSMS、電話など、最初の認証を行ったPCとは異なるデバイスによる2回目の認証が要求されることもあり、第三者による不正ログインやなりすましを防止する効果があります。

この認証コードも1分ほどの時限付きになっているものがほとんどで、利用する側としては面倒な手順ですが、セキュリティは格段に上がります。

2段階認証

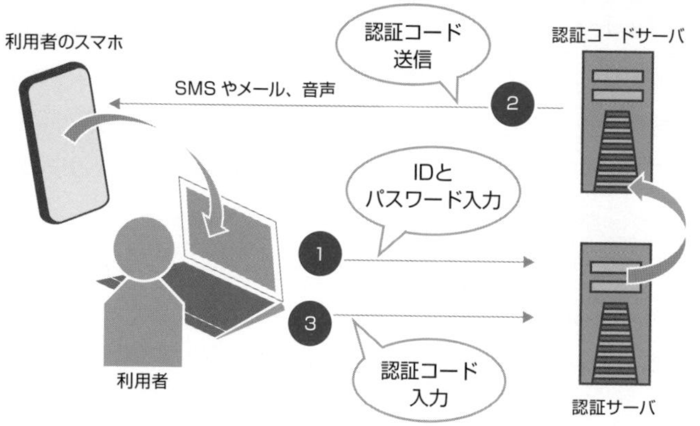

多要素認証

2段階認証の認証コードは、スマホへのSMSや固定電話への音声通話として送信される場合が多くあります。スマホや固定電話は、デバイスを所有したり、電話機による通話やデータ通信の契約をしたりするとき、すでに本人であることの認証が済んでいます。このような認証の要素のことを**所有要素**と呼びます。

このほか、生体認証（バイオメトリクス認証）で使われる身体的特徴（**生体要素**）も、本人であることを証明する特性が高いものです。

これら2つの認証の要素に、**コンピュータ**でよく利用されているパスワードや秘密の質問などの**知識要素**を加えたものを「**認証の3要素**」といいます。

　認証の3要素は、異なる要素を組み合わせて使うことで、より強固な認証になります。例えば、銀行の口座から預金を引き出すときのATMでは、銀行のキャッシュカード（所有要素）に暗証番号（知識要素）が組み合わされています。このような、性質の異なる複数の認証要素を組み合わせた認証方式を**多要素認証**と呼びます。

多要素認証

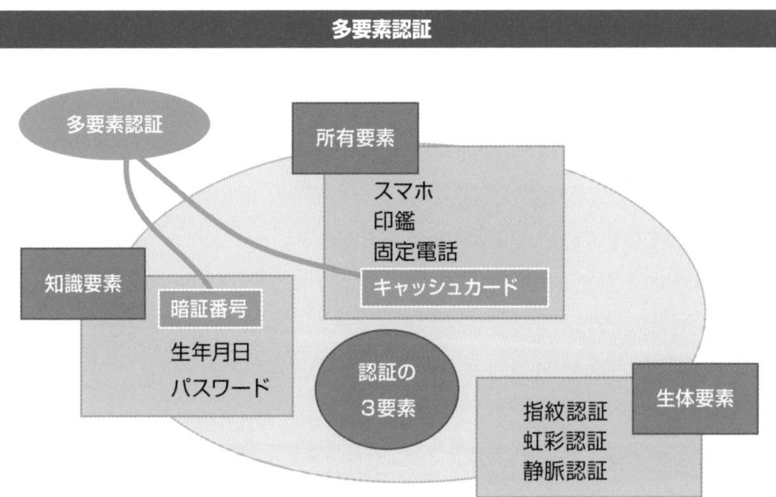

CAPTCHA

　CAPTCHAは、人間かロボットかを見分けるための仕組みです。

　いくつかの手法がありますが、よく見かけるのは、歪（ひず）ませたり、大きさや幅を変えたりして、わざと読みにくくした画像文字を表示し、それを入力させるシステムです。

　ほかに、「わたしはロボットではありません」にチェックを入れさせたり、いくつかの写真から特定の物体が写っているものを選ばせたりするものがあります。

　どれも、コンピュータの画像認識が人間には及ばないことを利用したものです。しかし、Googleなどの開発しているAIでは、すでにCAPTCHAを突破しているロボットもあります。今後は別のタイプのCAPTCHA認証が必要になるでしょう。

CAPTCHA

あちえせ
上に表示された文字を入力してください。
あちえせ
ログイン状態を保存する　ログイン

3-14 量子コンピュータと電子鍵

スーパーコンピュータをはるかにしのぐ性能とされる量子コンピュータなら、公開鍵暗号を現実的な時間内に解くと予測されています。情報セキュリティの基盤技術の1つが危うくなっています。

公開鍵暗号の安全性

鍵暗号は、現在、デジタルセキュリティの重要な基盤技術の1つになっています。特に、復号に使う公開鍵暗号が破られると安全は保障されません。

公開鍵の技術として使用されるRSA暗号が安全であるための目安は、鍵暗号の安全性で、わかりやすくいえば鍵の長さになります。

RSA暗号は、「大きな数の素因数分解は、コンピュータを使っても非常に長い時間がかかる」ということを安全のよりどころとしています。素因数分解に時間をかけさせる暗号化が高いセキュリティを持っているということです。

共通鍵暗号方式の鍵のビット長と計算にかかる時間

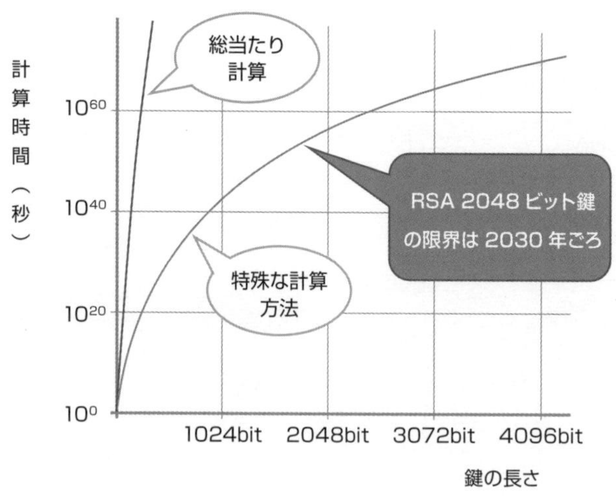

現在、SSL 3.0(TLS 1.0)や電子証明書などに使われている2048ビット鍵は、スーパーコンピュータで現在知られている最も効率のよい解法を使っても、解読には1億年以上かかると試算されています。

スーパーコンピュータによる解読テストでは、少し前ですが、2010年にNTTがヨーロッパの4つの研究所と共同で行ったものがあります。これによると、768ビットの素因数分解に成功しています。スーパーコンピュータの性能の進化によって、RSA暗号を使った現在の共通鍵(2048ビット長)の安全性も2030年ごろまでには限界が来るといわれています。

次世代の暗号化方式についての議論が始まっています。

量子コンピュータ

現在のスーパーコンピュータでは、2048ビット長またはそれより長い3072ビット長の鍵を解読し、暗号化された機密文書を読むまでに膨大な時間がかかるため、現実的にはこの暗号は安全といわれています。

しかし、暗号の基になっている素因数分解の高速な解法が見つかれば話は別です。暗号が安全である期間は短縮されます。

同じように、現在のスーパーコンピュータよりはるかに高速なコンピュータが出現すれば、やはり暗号の安全期間は短縮されます。このような新しいタイプのコンピュータはすでに誕生しています。そのコンピュータとは、**量子コンピュータ**です。

量子コンピュータは、量子の状態を使って計算を行います。

量子とは、極小の世界を支配する科学です。例えば、電子は量子的な振る舞いをします。電子の振る舞いは人間のスケールの科学からすると非常に奇妙です。電子の状態を表す物理量に**スピン**がありますが、このスピンがまさに量子的な振る舞いをします。

電子のスピンは、「↑」と「↓」のどちらかの値をとります。「↑」を「0」、「↓」を「1」とすると、これは現在主流のコンピュータ(ここでは**古典コンピュータ**と呼びます)で使われるビットと同じです(スピンで表されるビットを**量子ビット**といいます)。

量子コンピュータ

スーパーコンピュータの
性能を遥かに超える
量子コンピュータの計算力は、
現在の暗号化技術にも
待ったなしの変革を突きつける

例えば、8つの電子スピンを使った量子コンピュータがあるとします。古典コンピュータでは、これは2^8で256通りの情報量です。古典コンピュータでは、一度に256通りの情報の中の1通りを選択して扱うことができます。256通りの情報を扱うことはできますが、一度に処理できるのは1通りです。256通りの情報を扱うには、256通りの処理を順次行うことになります。

ところが量子コンピュータでは、1つのスピン（1つの量子ビット）が「0」なのか「1」なのか、計算結果を見るまでわからないことになっています。これが量子の奇妙な振る舞いです。別の言い方では、量子ビットは計算の途中では、「0」でもあり「1」でもある、ということになります。

8量子ビットコンピュータでは、このような量子ビットが8つあります。さらに量子コンピュータは、量子ビットを掛け合わせることで、掛け合わせの状態を保存することができます。256通りの情報をまとめて扱うことができるのです。これを「**量子の重ね合わせ**」と呼びます。

量子コンピュータは演算の方法もユニークです。量子の重ね合わせの状態で保存されている式を、量子ゲートと呼ばれる演算回路に入れて計算します。膨大な演算を並列して行うため、古典コンピュータに比べてはるかに短い時間で計算できますが、量子の性質上、計算結果を見るまでは結果がうまくできているのかわかりません。量子という非常に微小なものを扱うため、**エラー**（演算の誤り）も多く発生します。このため、ある決まった値を求めるために演算を何度も繰り返す問題には向かず、組み合わせ問題のように、膨大な計算結果から条件に合う結果をいくつか選び出し、それらを比べるといった使い方に向いているといわれています。

量子超越性

量子超越性とは、“これまで達成できなかった計算を量子技術で達成すること”です。つまり、古典コンピュータを量子コンピュータが超越したことを指します。

2019年、Googleの開発した53量子ビットの量子コンピュータ、Sycamoreが量子超越に成功しました。その課題自体、量子コンピュータの得意な組み合わせ問題だったとはいえ、スーパーコンピュータで1万年かかる問題をSycamoreは200秒で解いたというのです。

Google以外にも、世界中で量子コンピュータの開発が進められています。現実的に完全な量子コンピュータ（古典コンピュータと同じ問題が同じような確かさで解けるコンピュータ）が目標とされています。Googleの計画では、2029年に完成を目指している量子コンピュータは100万量子ビットです。

多くの科学者は、現在一般的に使用されている共通鍵暗号を、量子コンピュータで破るには、数千量子ビットが必要だといっています。量子コンピュータの開発が進めば、近い将来、現在の暗号化技術は非常に危険な状況に陥ります。数分、数秒で暗号が破られるようになるとすると、そのような“簡単に破られる暗号”は、とても使う気になりません。

3-15 量子暗号通信

量子鍵配送は、秘匿情報を共有することを目的として、2者が量子力学によって盗聴の有無が検知できる暗号鍵を持ち、この量子鍵を使って情報を安全に送受信する仕組みです。この仕組みを利用した暗号通信を**量子暗号通信**といいます。

量子暗号通信

この方式では、暗号化と復号に使われる“鍵”が光子に乗せて送られます。鍵は「0」「1」によるランダムなビット列でできていて、光子に乗せて送られ、鍵を受信したら暗号文を復号します。

この方式では光の性質が使えるため、偏光板などを使って性質を任意に変えられます。例えば、偏光板を使って縦の波と横の波を作ります。光を極限にまで弱くしてパルスにすると、光子1個ずつに「0」「1」の情報を乗せた量子鍵ができます。

量子暗号通信では、**量子もつれ**状態にした量子鍵を受信者に送信します。送信者の偏光方法と受信者の偏光方法は、いずれかが観察した瞬間に決定します。この量子的な性質を利用すると、送受信者間で同じ鍵を持つことができます。また、通信の途中で盗聴されると、量子の性質上、盗聴された瞬間に量子の状態が決定してしまいます。この情報は、送信者に瞬時にわかり、受信者が見る前に量子の状態が決定されたことによって、盗聴が発覚します。盗聴されているデータは、送信がストップされます。つまり、重要なデータは送られずに秘密は保たれます。

量子を用いた通信で課題となっているのが、通信距離です。量子はほかからの影響によって状態を変える非常に神経質な物理量です。このため、現在の量子通信では通信距離がせいぜい200km程度です。ただしこの課題には、量子中継という方法で対処できそうです。

量子通信の４つの偏光

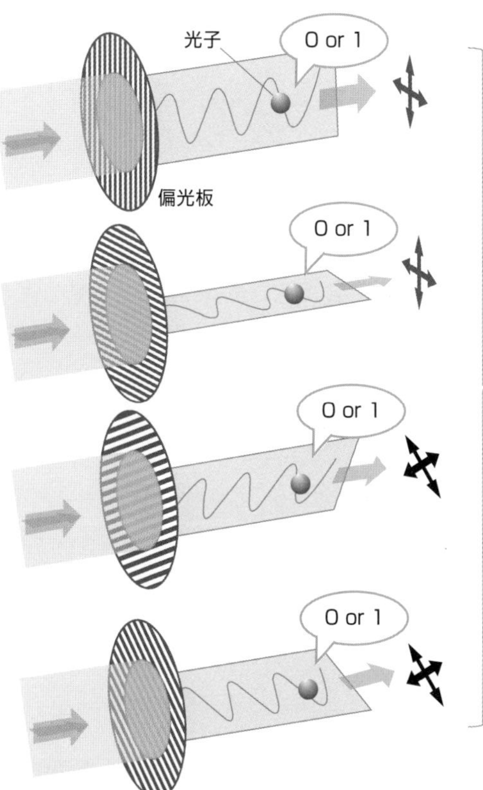

量子鍵配送（BB84プロトコル）

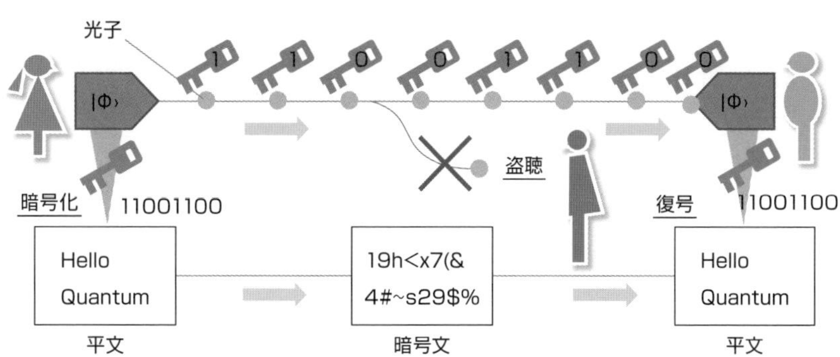

3-16 生体認証

スマホなどでは指紋認証が利用できる機器が増えています。手のひらの静脈パターンを認証に利用するATMもあります。これらの生体認証（バイオメトリクス認証）は、手軽で安全性の高い本人認証として注目されます。

生体認証

生体認証（**バイオメトリクス認証**）には、本人の身体的特徴や行動の特徴が使われます。

生体認証に使われる身体的特徴

- 指紋
- 声紋
- 掌紋
- 虹彩
- 手のひらや網膜の静脈パターン　など

生体認証に使われる行動の特徴

- 筆跡
- キーストローク
- ジェスチャー
- 歩行　など

生体認証は、すでに銀行ATMやスマホに組み込まれているなど、一般的な認証システムとして広く利用されています。

認証システムをだますことは困難です。何より、長くて複雑なパスワードを記憶しておく必要がありません（パスワードと併用するシステムは多いです）。

生体認証の問題点

スマホの指紋認証がなぜかうまくいかず、結局、パスワード認証を促された経験があります。読み取りの精度の問題なのか、指の汚れや傷が原因なのか、どうすればよいのか途方に暮れます。

生体認証でログインできないときには、別の生体認証が使えるシステムもあるようですが、結局、最後の手段がパスワードというのは真に便利なシステムではありません。

行動の特徴による認証では、歩く姿勢などを動画として解析し、認証を行います。歩行認識のある技術では、歩行の動画や複数枚の写真から、対象となる人物の身長を計算します。また、一歩に要する時間（歩行周期）、歩行速度を計算します。これらを、画像ベースの歩容特徴抽出や顔認識と組み合わせることによって、人物を特定します。

また、歩行時の腕の振りや歩幅の違い、姿勢の違い、動きの左右非対称性などの特徴をデータベース化した歩容鑑定システムとして進められている研究もあります。

生体認証装置

3-17 ペネトレーションテスト

ペネトレーションテストとは、侵入テストと呼ばれることがあるように、外部から疑似的に侵入や攻撃を試みる検査です。また、組織内部からも組織内の機密文書やユーザのPCなどへの侵入や攻撃を試みます。

ペネトレーションテスト

ペネトレーションテストは、疑似的攻撃であっても組織への攻撃として認識されるため、実施に際してはあらかじめ組織のセキュリティ担当者やネットワーク管理者と打ち合わせをしておく必要があります。

ペネトレーションテスト

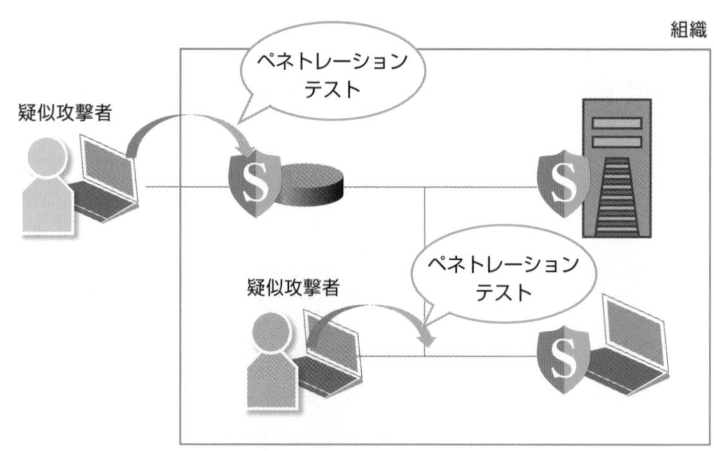

具体的なテストの内容ですが、疑似攻撃者は組織内のネットワークやサーバに対して実際にいくつかの攻撃手段を試します。組織外からはファイアウォールへの疑似攻撃、ポートスキャン、ブルートフォースなど、認証関連の診断から、インジェクション攻撃やクロスサイト攻撃などまでを疑似的に行うこともします。

また、組織内からはネットワークやサーバ、クライアントPCのそれぞれのファームウェアの更新状況、OSやアプリケーションの更新状況、脆弱性の有無など、攻撃への耐性も診断されます。

実際のペネトレーションテストは、専門の業者に依頼するのが賢明です。費用は数万～数千万円と検査規模によってまったく異なります。

日立ソリューションズのホームページによると、同社のペネトレーションテストは次のような作業工程で行われます。

ペネトレーションテストの作業工程

1. テストの脅威想定
(1) 目的の設定
(2) 攻撃範囲や対象の設定
(3) 連絡体制
(4) システム環境の準備
(5) 関係者への周知・調整
2. テスト実施
(1) 疑似攻撃の実施
(2) 実施内容・結果記録
(3) 各種ログの取得
（2.の(1)～(3)：ペネトレーションテスト（1～2カ月ほど））
3. 報告
(1) 報告書作成
(2) 結果報告

ペネトレーションテストの利用フェーズ

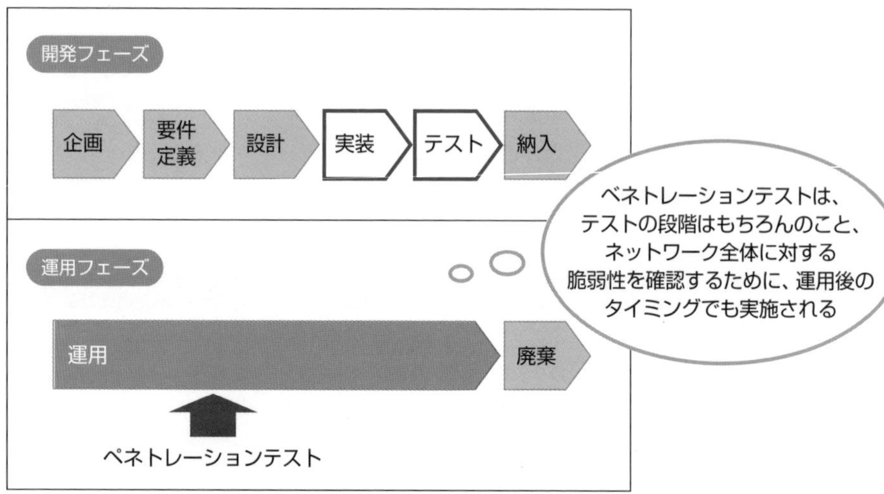

IPA（独立行政法人 情報処理推進機構）「脆弱性検査と脆弱性対策に関するレポート」より

COLUMN 無料のペネトレーションテストツール

無料のテストツールをネットで探すこともできます。

Kali Linux	Linux ディストリビューションですが、ペネトレーションテストツールが多数付属しています。
Armitage	簡単なテスト用。
Tsunami	Google 製のセキュリティスキャナー。
Metasploit Framework	ペネトレーションテストツールとして最も多く使用されています。
MyJVN	IPA が無料で公開している家庭向けの脆弱性対策ソフト。「https://jvndb.jvn.jp/apis/myjvn/」からダウンロード可。

第4章

セキュリティを高める具体策

どのようにして、情報セキュリティを高いレベルで維持し続ければよいのか、具体的には何をしていけばよいのかを見ていきます。

サイバー犯罪者は、いつ攻撃してくるかわかりません。そのため、情報セキュリティを保つためには、組織全体で繰り返し確認することが重要とされます。

企業や組織のネットワークに接続された、いずれか1台の端末を乗っ取ったサイバー犯罪者は、そこを基点としてネットワーク内の重要な情報に迫ります。

4-1 今日から始めるセキュリティ対策

毎年度版の「情報セキュリティ白書」を刊行しているIPA（情報処理推進機構）では、様々なレベルにおける情報セキュリティ対策マニュアルを出すなど、情報セキュリティの普及にも努めています。

IPAの情報セキュリティの啓蒙活動

IPAのホームページには、様々なレベルにおける具体的な情報セキュリティ対策がまとめられています。情報セキュリティ管理者はもちろんのこと、経営者、システム管理者、一般社員に向けた内容、家庭で取り組む内容についても記載されています。また、子供向けには「子ブタと学ぼう！情報セキュリティ対策のキホン」として15秒程度のアニメーションのシリーズも掲載されています。

ここでは、「日常における情報セキュリティ対策」（https://www.ipa.go.jp/security/measures/everyday.html）の内容を紹介します。

子供向け情報セキュリティページ（IPA）

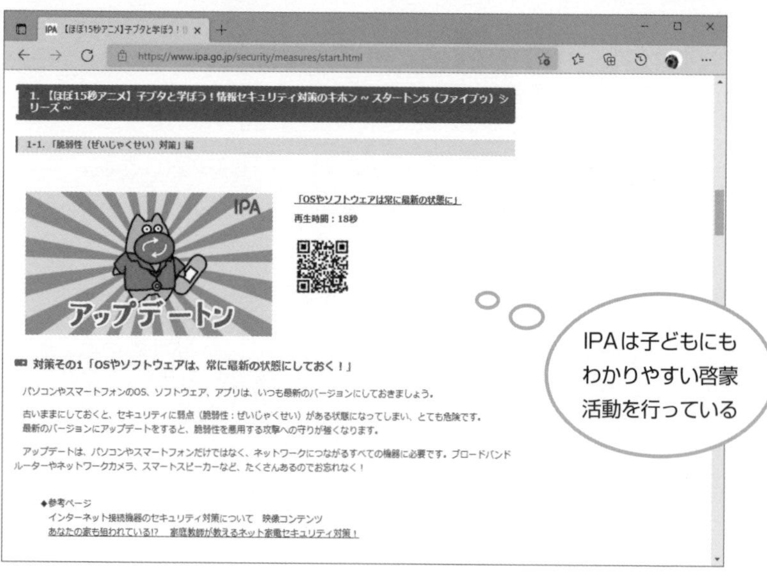

● 家庭編

IPAは、ホームページなどで情報セキュリティ対策を公開しています。このセキュリティ対策は、組織のシステム管理者向け、組織の利用者向け、家庭の利用者向けに分かれています。

家庭の利用者向けの情報セキュリティ対策は、8項目あります。

1. 修正プログラムの適用
パソコンやスマホのOSの更新（アップデート）作業の推奨です。現実的には、通常利用しない時間帯に自動更新されるように設定するのがよいでしょう。盲点となるのが、無線ルータやWebカメラなどのIoTデバイスのファームウェアの更新です。自動更新できない場合は、手動で更新するようにしましょう。
2. セキュリティソフトの導入および定義ファイルの最新化
一般にウイルス対策ソフトなどと呼ばれるセキュリティソフトの導入とその定義ファイルの更新の重要性です。
3. 定期的なバックアップの実施
ウイルスやワームによってコンピュータ内のファイルが改ざんされたり削除されたりするリスクのほか、不慮の事故などでコンピュータが使えなくなることを想定し、重要なファイルはクラウドなどにバックアップしておきましょう。
4. パスワードの適切な設定と管理
面倒でも、パスワードは複雑化した十分に長い文字数のものにしましょう。パスワードが増えたら、パスワード専用のメモ帳を用意して管理する方法もあります。
5. メールやショートメッセージ（SMS）、SNSでの不審なファイルやURLに注意
フィッシング目的のメールやSMSなどへの注意です。不審なメールの添付ファイルは開かないようにしましょう。
6. 偽のセキュリティ警告に注意
Web閲覧中に突然表示されるアラートメッセージにだまされないようにしよう、という注意です。これは、閲覧者を慌てさせ、冷静に判断できないような状況で不正な操作をさせることが目的です。偽サイトへ誘導され、そのWebページのボタンをクリックすると、不正なソフトがダウンロードされたりします。

7. スマートデバイスのアプリや構成プロファイル導入時の注意
   スマホも安全ではありません。子供たちにスマホを使わせる場合には、フィルタをかけたり、アプリを制限したりしましょう。
8. スマートフォンなどの画面ロック機能の設定
   ロック画面は必ず設定するようにし、解除のパスワードをある程度複雑にして、他人に知られないように注意しましょう。

●組織のシステム管理者編

現在、多くの企業の情報セキュリティが狙われています。企業だけではなく、最近の傾向として、国や自治体、学校などを狙ったサイバー犯罪が増えています。企業のシステム管理者だけでなく、これらの組織のシステム管理者や組織の代表者、経営者団も知っておく必要があります。

システム管理者向けの情報セキュリティ対策は、7項目です。

1. 情報持ち出しルールの徹底
   業務用PCを組織外に持ち出したときの情報漏えい件数が最も多くなっています。このため、会社や組織、学校などから情報デバイスを持ち出す場合のルールを明確にする必要があります。
2. 社内ネットワークへの機器接続ルールの徹底
   企業や組織内にウイルスを持ち込まないルール作りが必要です。そのためには、家庭で使用しているPCを組織内に持ち込み、ネットワークに接続することを基本的に禁止するなどの注意が必要になります。
3. 修正プログラムの適用
   OSやアプリケーションの脆弱性を修正するため、ソフトウェアを更新する必要があります。
4. セキュリティソフトの導入および定義ファイルの最新化
   セキュリティソフトをすべてのPC、サーバに導入し、それらの定義ファイルを常に最新にするように自動設定をオンにします。
5. 定期的なバックアップの実施
   企業や組織には、組織の存続につながるような重要なデータが存在します。ウイルスやワーム、ランサムウェアによってこれらのデータファイルが改ざんされたり、削除されたりしたりすると、組織の信頼や信用も失われます。システム管理者にとって、これらの重要なファイルを組織的にバックアップすることが非常に重要です。

6. パスワードの適切な設定と管理
   システム管理者は、組織内での情報セキュリティ教育を適正に行う必要があります。特にパスワード管理は、多くが個々に任されるため、意識付けとポリシー設定が重要になります。
7. 不要なサービスやアカウントの停止または削除
   情報セキュリティ担当者は、サーバやネットワークの知識や経験をある程度持っている必要があります。システムのどこをどのように設定すればよいのかを知るには、これらの基本知識が必要になります。組織に不要なサービス、アカウントなどは削除しなければなりません。

● 組織の利用者編

企業の一般社員など、組織の利用者には、情報セキュリティについての基本的な知識とポリシーを理解させなければ、組織として強固なセキュリティを確保できません。社員が100人いる企業で、99人がしっかりとセキュリティを守っていても、1人が情報ポリシーを正しく理解しないでいると、攻撃者はそこを突いて防衛線を越えてきます。

1. 修正プログラムの適用
   OSや業務用アプリケーションを最新バージョンに更新します。
2. セキュリティソフトの導入および定義ファイルの最新化
   セキュリティソフトを適切に使用します。
3. パスワードの適切な設定と管理
   パスワードポリシーに照らして適切なパスワード運用をします。
4. 不審なメールに注意
   多くの組織でサイバー攻撃の端緒となっているのが、社員などへのメールの添付ファイルやダウンロードリンクからの不正ファイルの実行です。組織内の情報セキュリティ教育でこの脅威をしっかりと伝え、対処方法について徹底させます。

5. USBメモリなどの取り扱いの注意
   USBメモリを使っている組織では、その使い方をルール化しましょう。USBメモリの持ち出しや使用は、情報セキュリティに対するリスクとなる頻度が高いことがわかっています。できれば、クラウドなど別の方法によるデータファイルの共有を考えましょう。
6. 社内ネットワークへの機器接続ルールの遵守
   個人所有のPCを安易に組織内ネットワークに接続しないようにします。
7. ソフトウェアをインストールする際の注意
   組織内で個々が使用しているPCにソフトウェアをインストールする場合は、システム管理者の承諾を得るようにします。ドメインネットワークを使用している場合は、セキュリティポリシーを使用して、ソフトのインストールや使用に関して制限を設定することも必要です。
8. パソコンなどの画面ロック機能の設定
   組織内であっても、ちょっと席を離れている時間に情報が抜き取られることがあります。画面ロック機能を使用したり、同僚であってもパスワードをむやみに教えたりしないようにしましょう。また、スマホを机上に置いたまま席を離れることもやめましょう。

情報セキュリティマネジメント試験

情報処理技術者試験の1つに「**情報セキュリティマネジメント試験（SG）**」があります。情報セキュリティマネジメントの計画・運用・評価・改善を通して組織の情報セキュリティ確保に貢献し、脅威から継続的に組織を守るための基本的スキルを認定する国家試験（経済産業省認定）です。

試験内容は、情報セキュリティ全般、管理、対策、関連法規の重点分野に加え、ネットワークなどのテクノロジ、マネジメント、ストラテジなどの関連分野からも広く出題されます。

試験は年2回。午前は四肢択一の50問（90分）、午後は多肢選択の3問（90分）で、午前、午後の得点がすべての基準点以上で合格となります。

4-2 情報セキュリティ○か条

明治政府の基本方針を示した「五箇条の御誓文」、薩長同盟は6か条、ポツダム宣言は13か条などなど。昔から箇条書きにしてまとめた文書が数多くあります。情報セキュリティを人に徹底するためにも、このような箇条書きが役立つでしょう。

情報セキュリティ5か条

IPA（情報処理推進機構）は、経済産業省所管の独立行政法人です。IPAの事業の1つの柱が「情報セキュリティ対策の実現」です（IPAの情報セキュリティページ*）。

IPAが中小企業向けに示している「**情報セキュリティ5か条**」には、一般的な項目に加えて、ファイル共有に関するものが含まれます。

情報セキュリティ5か条（IPA）	
1	OSやソフトウェアは常に最新の状態にしよう。
2	ウイルス対策ソフトを導入しよう。
3	パスワードを強化しよう。
4	共有設定を見直そう。
5	脅威や攻撃の手口を知ろう。

情報セキュリティ対策9か条

内閣サイバーセキュリティセンター（**NISC***）は、2014年に成立した「サイバーセキュリティ基本法」に基づいて設置された、国のサイバーセキュリティ戦略を担う機関です（NISCのサイバーセキュリティのページ*）。

NISCでは、国民に対して情報セキュリティの注意喚起をするため、わかりやすい実行目標9項目を設定しています。

＊**IPAの情報セキュリティページ**　https://www.ipa.go.jp/security/
＊**NISC**　National center of Incident readiness and Strategy for Cybersecurityの略。
＊**NISCのサイバーセキュリティのページ**　https://www.nisc.go.jp/security-site/

これは「**情報セキュリティ対策9か条**」と呼ばれ、一般の人たちに向けた項目、例えばオンラインショッピングでの注意やパスワードの盗難などが特徴的です。

情報セキュリティ対策9か条（NISC）

1	OSやソフトウェアは常に最新の状態にしておこう。
2	パスワードは貴重品のように管理しよう。
3	ログインIDとパスワードは絶対教えない用心深さ。
4	見覚えのない添付ファイルは開かない。
5	ウイルス対策ソフトを導入しよう。
6	オンラインショッピングでは信頼できるお店を選ぼう。
7	大切な情報は失う前に複製しよう。
8	外出先では紛失・盗難に注意しよう（紛失に備えてパスワードを保護しよう）。
9	困ったら相談窓口に連絡を。

NISCに紹介されている各種相談窓口

相談窓口	電話番号	内容
IPA情報セキュリティ安心相談窓口	03-5978-7509（平日 10:00-12:00、13:30-17:00）	ウイルスに感染したと疑われるとき。
一般財団法人日本データ通信協会迷惑メール相談センター	03-5974-0068（平日 10:00-12:00、13:00-17:00）	迷惑メールに困ったとき。
各都道府県警察のサイバー犯罪相談窓口	（各都道府県に問い合わせてください）	サイバー犯罪に関する相談や情報提供。

セキュリティの基礎8項目

NISCは中小企業向けに「**情報セキュリティハンドブック**」を作成しています(PDFファイルとしても無料ダウンロードできます)。前述した個人向けの「情報セキュリティ対策9か条」と重なる項目も多いのですが、「人間にもセキュリティホールがあることを知ろう」という項目が特徴的です。

情報セキュリティの基礎8項目(NISC)

1	OSやソフトウェアは常に最新にしよう。
2	ウイルス対策ソフトを導入しよう。
3	パスワードを強化しよう。
4	共有設定を見直そう。
5	脅威や攻撃の手口を知ろう。
6	常にバックアップをとろう。
7	人間にもセキュリティホールがあることを知ろう。
8	困ったら各種相談窓口にすぐ相談しよう。

※NISC「情報セキュリティハンドブック」より

NISCホームページ

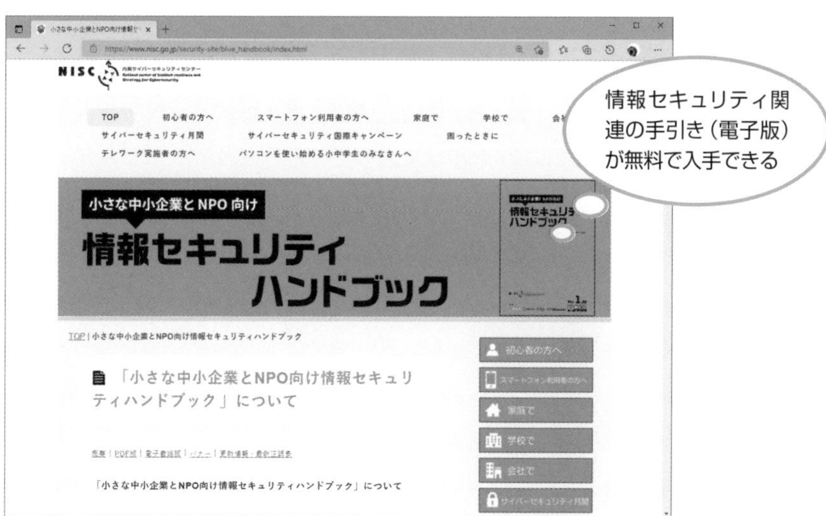

情報セキュリティ8つの習慣

カリフォルニア大学では、大学の学生向けに、情報セキュリティを意識して習慣化すべき８項目を作っています。

玄関のドアをロックしたり、自動車に乗るときシートベルトをしたりすることが、自身を守るための良い行動であるのと同じように、サイバーセキュリティについても、良い習慣を続けるようにと書かれています。

日本の個人向けの情報セキュリティ対策とよく似ていますが、個人情報については一層徹底しているように感じます。例えば、重要な情報はバックアップをとるようにしようという呼びかけは日本と変わらないのですが、カリフォルニア大学ではこれに加えて、本当に重要な情報はセキュリティが心配なデバイスには保存しないようにと呼びかけています。また、学生のほとんどが持っているスマホなどの携帯デバイスにおけるセキュリティ対策の重要性が記載されています。

情報セキュリティ8つの習慣

1	リンクをクリックする前、添付ファイルを開く前に安全を確認しよう。
2	本人確認を徹底しよう。
3	パスワードを強化しよう。
4	少しだけその場を離れるときもデバイスにはロックをかけよう。
5	デバイスのOSやアプリ、ウイルス対策ソフトは更新して最新にしておこう。
6	重要なファイルはバックアップしよう。
7	本当に重要な情報はコンピュータなどには保存しないようにしよう。
8	困ったら各種相談窓口にすぐ相談しよう。

4-3 脆弱性への対策

コンピュータシステムはプログラムで動きます。システムが複雑で大きくなればなるほど、セキュリティ的に完璧なプログラムではなくなります。サイバー攻撃では、このような脆弱性が狙われます。この攻撃を防ぐ方法は、プログラムの脆弱性を修正することです。

OSやアプリのアップデート

OSやアプリケーションソフトなどのコンピュータのソフトウェアに、セキュリティ上、危険な部分（セキュリティホールまたは脆弱性）が見つかった場合、そのままにしておくことは非常に危険です。

悪意あるソフトは、システムの脆弱性を突いてきます。脆弱性が発見されたという情報は公開されていて、ユーザだけではなく、コンピュータウイルスを操る犯罪者集団も簡単に知る*ことができます。もちろん、このような犯罪者集団が先に脆弱性を見つけていて、秘密裏に行っていた犯行が表に出て、脆弱性が一般に知られることもあります。

どちらにしても、公開された脆弱性は修正して、セキュリティ上の危険箇所でないようにしなければなりません。この作業は、OSやアプリケーションの開発元が責任を持って行うのが一般的です。そして、脆弱性を改善するための修正プログラム（パッチ）が配布されます。利用者は、このパッチをいち早く入手して、脆弱性を修正しなければなりません。この作業は通常、ソフトのアップデートまたは更新作業と呼ばれます。

***…に知る** 日本では、IPAとJPCERTコーディネーションセンターによって運営されているJVN（Japan Vulnerability Notes）に公開されている。

JVNにで公開される脆弱性情報

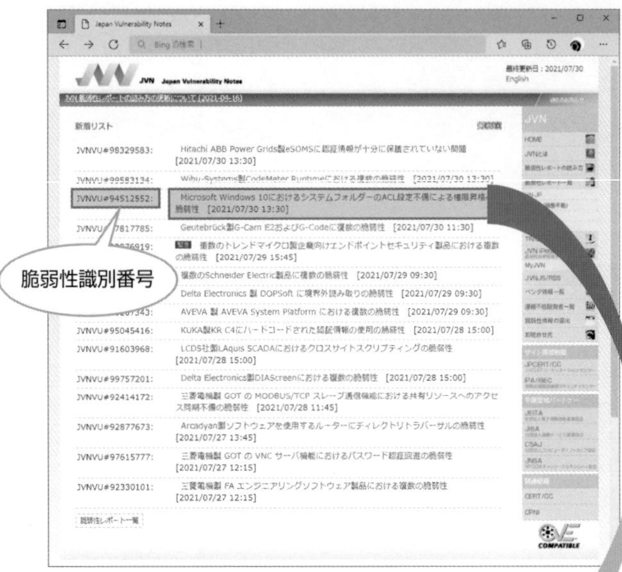

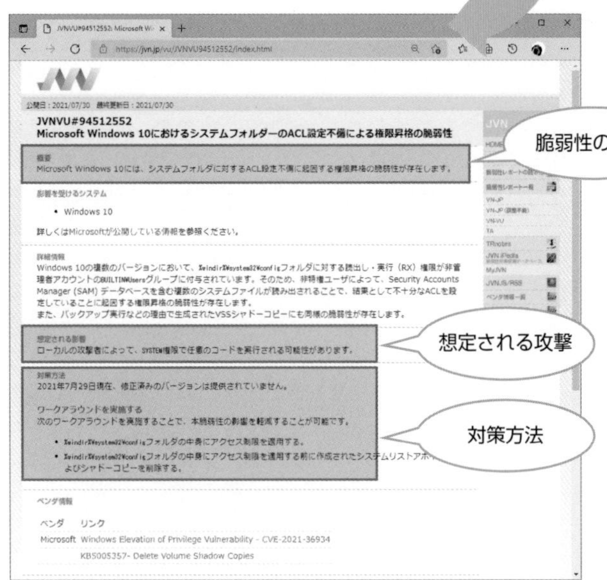

● 脆弱性を数値化する

脆弱性がその修正、対策に緊急を要するものかどうか、その客観的な指標があれば、脅威に関しての共通理解が進み、情報セキュリティに役立ちます。

JVNの運用にも携わるIPAでは、情報システムの脆弱性に対するオープンで包括的および汎用的な評価手法として、**共通脆弱性評価システムCVSS**＊を作成しました。CVSSを使うと、同一の基準の下での脆弱性の深刻度を定量的に比較できるようになります。

CVSSの評価基準は以下のようになっています。

(1) 基本評価基準 (Base Metrics)

ネットワークから攻撃可能かどうかといった基準で、「機密性 (Confidentiality)」、「完全性 (Integrity)」、「可用性 (Availability)」に対する評価を算出します。なお、この基準による評価結果は固定されます。

(2) 現状評価基準 (Temporal Metrics)

脆弱性の現在の深刻度を評価する基準で、攻撃コードの出現有無や対策情報が利用可能であるかといった基準から算出します。なお、この基準による評価結果は、脆弱性への対応状況に応じ、時間により変化します。

(3) 環境評価基準 (Environmental Metrics)

ユーザの利用環境も含め、最終的な脆弱性の深刻度を評価する基準で、脆弱性の対処状況から算出します。なお、この基準による評価結果は、ユーザごとに変化します。

＊**CVSS**　Common Vulnerability Scoring Systemの略。

4-4
ウイルスへの対策

人に感染するウイルスへの対策と同じように、コンピュータウイルスの感染への備えも確実に行う必要があります。一般には、これまでの感染例を基にして、感染経路ごとに対策を講じることになります。

侵入経路の備え

コンピュータウイルスの進入路は、大きく分けると次の5つがあります。

1. メールの添付ファイルから感染
2. ダウンロードファイルから感染
3. Webページを開いただけで感染
4. LANから感染
5. USBメモリから感染

「1. メールの添付ファイルから感染」「2. ダウンロードファイルから感染」「3. Webページを開いただけで感染」の3つは、インターネット経由によるウイルス感染です。

「1. メールの添付ファイルから感染」への対策

4半期程度の期間で見ると、メールに添付されているファイルからウイルスが検出されたという報告*が割合として最も多いのです。

基本的な対策は、「知らない人や組織から送られたメールの添付ファイルは絶対に開かない」です。IPAの「メールの添付ファイルの取り扱い 5つの心得」にも、最初の項目として注意喚起がなされています。

＊…**という報告**　「コンピュータウイルス・不正アクセスの届出状況および相談状況」(https://www.ipa.go.jp/security/outline/todokede-j.html) より。

メールにWordやExcelなどのドキュメントファイルが添付されている場合には、簡単に開かないように留意していても、重要な文章としてインターネット上でやり取りされることの多いPDF形式のドキュメントが添付されていると、うっかり開いてしまうことがあるようです。PDFファイルにウイルスが仕込まれている場合もあるので、注意が必要です。

攻撃側では有名企業の名を騙ったりして巧妙に偽装したメールを送り付けるため、ついうっかり添付メールを開いてしまう場合があるようです。少し前までの偽メールでは、日本語の文章としては明らかに間違った言い回しや単語の使われ方をしたメール本文が多く見られましたが、巧妙に作成された信憑性(しんぴょうせい)の高い文章が記述されるようになっています。このようなだましのテクニックを**ソーシャルエンジニアリング**といいます。3つの目の心得は、そのことを注意しています。

メールの添付ファイルの取り扱い　5つの心得

1. 添付ファイル付きのメールは厳重注意する。
2. 添付ファイルの見た目に惑わされない。
3. 知り合い・実在の組織から届いたものこそ添付ファイル付きのメールは疑ってかかる。
4. メールの本文でまかなえる情報はファイルにして添付しない。
5. 各メーラー特有の添付ファイルの取り扱いに注意する。

※https://www.ipa.go.jp/security/antivirus/attach5.html (IPA)

2019年末から広まりを見せたウイルスのEmotetは、メールによって被害が拡散しました。このとき、受信者に届いたメールの送信元が過去にメールのやり取りをしたことのある実名やメールアドレス、さらにはメールの内容の一部までが日本語で巧妙に偽装されていたため、添付ファイルを開いてしまったのでした。つまり、「怪しいメールは開かない」という対策だけでは限界があるのです。

メールウイルスチェック機能のあるウイルス対策ソフトを使うことで、メールに添付されているファイルの危険度を知ることができるようになります。
メールは、メールサーバを経由してやり取りされるため、メールサーバにおいてウイルスなどのチェックを行うサービスもあります。

アメリカのmxHeroが開発した「Mail2Cloud」では、送信メールにファイルを添付すると、添付ファイルは指定したクラウドに自動で保存され、メールの受信者は添付ではなくクラウドからファイルをダウンロードする、という形にできます。クラウドではウイルスチェックが行われるため、セキュリティが保たれます。

「2. ダウンロードファイルから感染」への対策

ダウンロードしたファイルにウイルスが仕込まれていた場合、そのファイルを開いたり実行したりすることでコンピュータが感染します。メール添付ファイルによってウイルス感染するのと似ています。

優良なダウンロードサイト（例えば、MicrosoftやGoogle、Appleなどが運営している専用のアプリサイトなど）では、保存されているファイルにウイルスが紛れ込んでいないかなどのチェックが済んでいて、安全にダウンロードができます。スマホアプリの流通サービスからダウンロードしたファイルは安全に使用できます。

問題は、安全なダウンロードサイトだと思って、偽のダウンロードサイトに誘導され、そのことに気付かないままファイルをダウンロードしてしまうことです。このような偽装ダウンロードサイトは多くの場合、データベース化されていて、OSやウイルス対策ソフトのセキュリティ機能によってダウンロードしようとした時点でアラート表示され、ダウンロードがブロックされます。

もちろん、ダウンロードしようとしているサイトが、偽サイトとしてデータベース化されていない場合もあります。また、取引先、学校などの信用度の高い相手から、ダウンロードサイトのURLがメールで送られてくることもあります。さらには、正式なダウンロードサイトなのに、サイバー攻撃によってすでにWebサイトのコンテンツが改ざんされて、ダウンロード用のファイルなどにウイルスが仕掛けられていることもあります。

有名企業や名前の通った組織のWebサイトであれば、多くのユーザは簡単に信用してしまいます。このようなWebサイトからのダウンロードファイルであっても、実行する前に、本当に安全かどうかを確認するようにしましょう。

Windowsの場合には、特別なウイルス対策ソフトが入っていなくても、OSに付いている「Microsoft Defender」を使って、安全かどうかを確認できます。AndroidやiOSにも同様の機能があります。

WindowsでのMicrosoft Defenderによるファイルスキャン

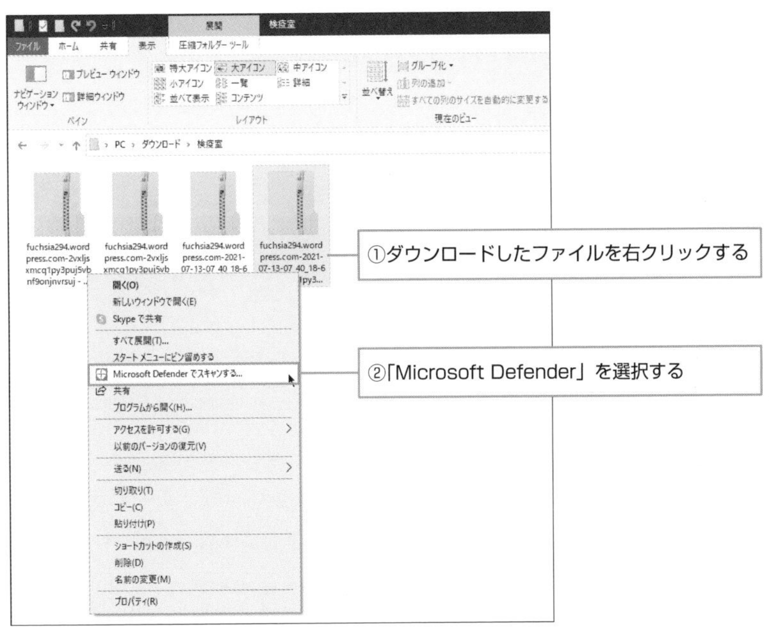

「3. Webページを開いただけで感染」への対策

Webページが表示される仕組みは、次のようになっています。Webブラウザからのリクエストに従って、Webサイトからテキストや画像などのコンテンツが送信され、Webブラウザがそれらをページに組み立てて表示します。一般的なWebシステムでは、Webサーバから閲覧者のコンピュータにコンテンツが送信されるとき、コンテンツにスクリプト形式の実行ファイルを埋め込むことができます。つまり、悪意ある実行ファイルを埋め込まれたWebページは、閲覧しただけでウイルスに感染することがあります。

Webページが危険なだけではありません。多くのメールはHTML形式で送受信されています。こういったメールは、Webページと同じ仕組みで表示されます。つまり、メールを開いただけでウイルスに感染する危険があります。

現在では、Webページに埋め込まれるスクリプトの実行を制限するようになっているため、Webページを開いただけでウイルスに感染することは少なくなりました。とはいえ、このようなリスクを軽減するためには、OSやWebブラウザを最新に保ったり、ウイルス対策ソフトを導入したりすることが重要です。

「4. LANから感染」への対策

多くの場合、ウイルスはインターネットを経由して侵入します。このため、インターネットの入り口を警戒することは非常に重要です。しかしながら、ウイルスがいったん侵入してしまうと、今度はネットワーク全体が危険にさらされることになります。NAS(Network Attached Storage)などのLAN上の共有ディスクを利用している組織では、そこを介して感染が拡大します。なお、LANケーブルによるネットワークからの感染だけではなく、Wi-Fiなどによる無線LANからの感染にも警戒が必要です。

2017年に流行したランサムウェアの「WannaCry」はワーム型のウイルスであり、LAN経由で被害を拡大させました。当時、インターネットに接続していないコンピュータは安全だといわれていましたが、インターネットの入り口を警戒するだけではセキュリティとして十分でないことがわかりました。

LANによる大規模感染を食い止めるには、ネットワーク上の共有ディスクへのアクセスを制限します。やむを得ない場合は、LANエリアの区切りを切断します。業務に支障が出ますが、その間にウイルスの駆除などを進めなければなりません。それでも、いったん広がってしまったこの形態のウイルスを完全の駆除するのは難しいといわれています。

「5. USBメモリから感染」への対策

インターネットやLANから完全に切り離されていても、ファイルのやり取りをしなければならないときにUSBメモリなどの外部記憶装置が使われることがあります。これらの機器の中には、コンピュータに接続されると、ファイルを自動で起動できる設定が可能なものもあります。この機能を利用して、USBに仕込まれていたウイルスを実行します。

さらに、USBケーブルにウイルスを仕込ませ、ケーブルを接続すると自動でウイルスに感染させることも可能です。

このようなUSB経由でのウイルス侵入を食い止めるには、USBメモリやUSBケーブルのウイルスチェックが必要です。また、ウイルスチェックがなされていないこれらの機器をむやみに使用しないようにしなければなりません。最初からウイルスチェック機能の付いたUSBメモリも、各社から販売されています。

▼ウイルスチェック機能付きUSBメモリ

※BUFFALO RUF3-KV

4-5 不正アクセスへの対策

コンピュータへの不正な侵入や働きかけが、**不正アクセス**です。通常は不正アクセスをされても気付きません。不正アクセスによってコンピュータが乗っ取られると、他のコンピュータを攻撃する踏み台とされることもあります。知らない間にサイバー犯罪の加害者となってしまうかもしれません。

不正アクセスとは

不正アクセス行為とは、「不正アクセス行為の禁止等に関する法律」（通称「**不正アクセス禁止法**」）を解説した警視庁の資料よると、次のように定義されています。なお、**識別符号**とは、一般にはアクセスアカウント、つまりIDとパスワードのことです。また、**プログラムの不備**とは、セキュリティホールまたは脆弱性のことです。

● 不正アクセス

⑴他人の識別符号を悪用する行為（第２条第４項第１号）

他人の識別符号を悪用することにより、本来アクセスする権限のないコンピュータを利用する行為、すなわち、正規の利用権者等である他人の識別符号を無断で入力することによって利用権限を解除し、特定利用ができる状態にする行為です

⑵「コンピュータプログラムの不備を衝く行為」（第２条第４項第２号、第３号）

いわゆるセキュリティーホール（アクセス制御機能のプログラム瑕疵（かし）、アクセス管理者の設計上のミス等のコンピューターシステムにおける安全対策上の不備）を攻撃する行為

警察庁「不正アクセス行為の禁止等に関する法律の解説」

http://www.npa.go.jp/cyber/legislation/pdf/1_kaisetsu.pdf　より

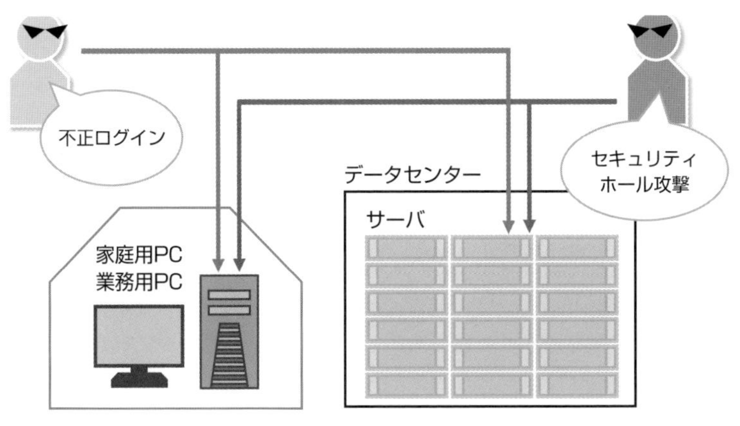

● 不正アクセスによる被害

攻撃者が不正アクセスに成功すると、そのアクセス権限が与えられている操作がすべてできてしまいます。管理者権限で不正アクセスすれば、管理者として非常に多くのことができることになります。

例えば、次のような被害が想定されます。

・ホームページの改ざん
・ファイルの改ざんや消去
・サーバ保存データの窃取
・サーバシステムの破壊
・サービスの停止
・迷惑メールの送信や中継
・他を攻撃するための踏み台

どの被害も甚大なものになる可能性があり、重要度は高いのですが、最後の「他を攻撃するための踏み台」にされる場合の説明を加えておきます。

攻撃者は、あるシステムへの不正アクセスに成功すると、そのシステムに保存されている価値ある情報を探します。もし情報に大した価値がないと判断しても、多くの場合、せっかくアクセスできたコンピュータを簡単に捨てるわけではありません。不正アクセスしたアカウントが変更される可能性もあるため、侵入者はいつでも侵入できるような抜け道を密かに作っておきます。これを**バックドア**と呼びます。

バックドアが作られると、攻撃者の都合のいいタイミングでそのコンピュータを操れるようになります。その例が「他を攻撃するための踏み台」です。そのコンピュータに保存されている情報に価値がなくても、他のコンピュータを攻撃するために使われるのです。

攻撃者に不正アクセスされ被害者側だったはずのコンピュータが、他のシステムを攻撃する加害者側になるのです。真の攻撃者からすると、いくつもの踏み台を経由することで、誰が攻撃したのかを隠すことができます。また、何台もの踏み台コンピュータを攻撃用に一斉に動かすことで、大規模な攻撃を仕掛けることもできてしまいます。

踏み台攻撃

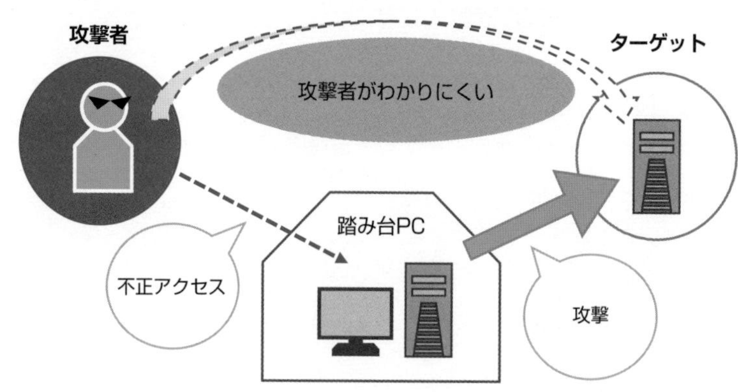

●不正アクセスの防止策

不正アクセスを防ぐには、いくつかの対策を重ねて行うようにします。

パスワード管理は最も初歩的なアクセス管理法ですが、それだけに最も重要です。企業の場合には、職員一人ひとりに「情報セキュリティ教育」の第一歩としてパスワード管理を徹底させることが必要です。パスワードについては、次の「4-6 パスワード管理」を参照してください。

組織の情報セキュリティ担当者としては、システムにアカウントのある全職員に対して、パスワードの適切な管理方法、メール添付ファイルやダウンロードファイルに関する適切なセキュリティポリシーの処理方法といった情報セキュリティ教育を定期的に行い、個々に情報管理を徹底させることが必要になります。

情報セキュリティ担当者は、情報セキュリティ教育以外に技術的対策も担うため、セキュリティに関する専門知識と技術力が要求されます。その上で、次のような技術的対策を講じることが求められてきます。

・ユーザ権限とユーザ認証の管理
・ソフトウェアのアップデート
・ウイルス対策ソフトの導入と管理
・ネットワークの防御の構築
・ネットワークサービスの精選
・パーミッションの適切な設定
・SQLインジェクションへの対応
・アプリのインストールや機器使用のユーザ制限の変更
・ログの取得と管理
・Wi-Fiなどの無線データ通信利用の管理
・脆弱性情報の収集と確認

情報セキュリティ担当者の役割

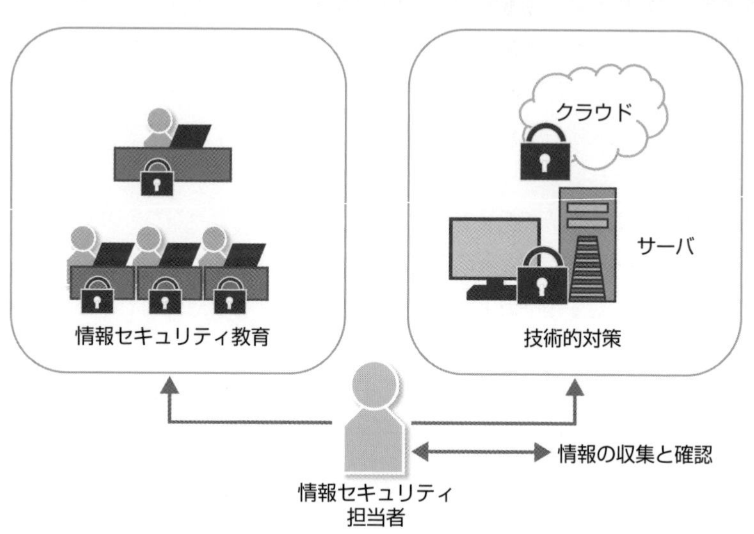

アカウント管理

企業や組織の情報セキュリティ担当者には、一般の社員や職員に対し、アカウントが漏えいしたりパスワードが見破られたりすることについて注意喚起し、その対策を立てるという重要な作業があります。

このほかに、不正アクセスに使われる可能性のある、現在使われていないアカウントをできる限り削除する必要もあります。退社などの理由で現在使われなくなっているアカウント、しばらく使う予定のないアカウントは、使用停止にするか削除するかしましょう。

また、作業グループ用に一時的に作成した共有アカウントも見落としがちです。共有アカウントは、複数人が使用し、また使用頻度も高いことから、パスワードに複雑性が足りないことがあります。さらに、共有フォルダのアクセス権限も必要最低限に設定するなど、管理・運営には細心の注意が必要になります。

4-6 パスワード管理

コンピュータシステムでは、本人を確認する手段としてIDとパスワード（ログインパスワード）を対にしたアカウント認証が一般的に行われています。

危険なパスワード

IDは、ユーザに割り当てられる、任意の組織やグループ内で使われる一意の記号列です。したがって、同じ組織やグループで使われているIDをいくつか知れば、ほかのIDの記号列を推測することは比較的容易にできます。このため、アカウントのセキュリティ管理においてカギとなるのは文字どおり、**パスワード**だということになります。IDを知られたとしても*、パスワードさえ破られなければ、アカウント認証は安全なのですから。

しかし実際には、容易に推定できる安易なパスワードを使い続けていたユーザの認証が突破されたというインシデントはあとを絶ちません。過去のインシデントに基づいて、総務省がホームページで掲示している「危険なパスワード」とは、次のようなものです。

● 危険なパスワード

- 人や組織、グループなどの名前（自身、家族、ペット、ひいきのチーム名など）
- 個人情報（生年月日、住所、車のナンバー、電話番号、郵便番号、社員コードなど）
- 辞書にある一般的な英単語および日本語のローマ字表記
- 同じ語句の繰り返し
- わかりやすい文字の並び
- 短すぎる文字列

*…としても　実際の情報セキュリティでは、不要なIDや使われなくなったIDの削除などのID管理も重要な課題の1つ。

攻撃者がアカウント認証を突破しようとする際に、専用に作られたプログラムを使うことが多いようです。パスワードを自動で生成して、総当たりでパスワードを試していくわけです。このようなパスワード生成プログラムには、辞書に載っている単語が使われることもあります。知っている単語をパスワードの一部にしたほうが覚えやすいからでしょう。このため、英単語や日本語のアルファベットなどをパスワードに使うのは危険だとされています。

パスワードの総当たり攻撃

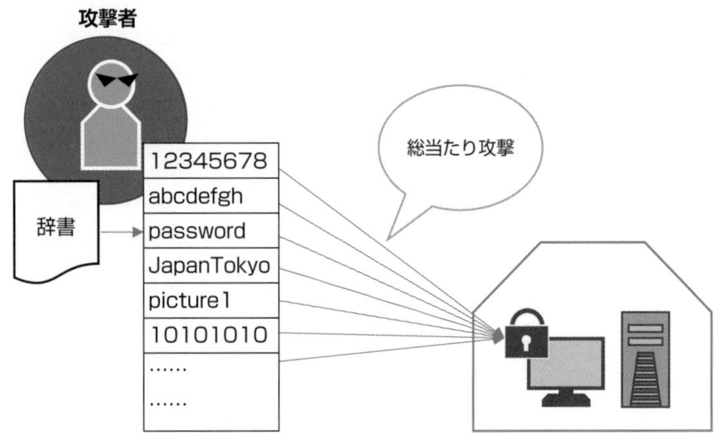

パスワードになっていない！

パスワード運用などのサービスを提供するNordPassは、2020年にインターネット上で使われたパスワードの分析結果を発表しました*。この結果は、データ漏えい調査をしている第三者機関の協力によって得られたものだそうです。全体で約2億7570万件のパスワードを調査した結果、その約0.9パーセントが「123456」という数列を使っていました。このような誰にでも簡単に思いつくパスワード（例えば、「123456789」「picture1」「password」「111111」など）が上位を占めていました。

*…を発表しました　Top 200 most common passwords of the year 2020（https://nordpass.com/most-common-passwords-list/）

安全性の高いパスワード

比較的、安全性の高いパスワードは、危険なパスワードの反対を行けばよいということになります。システムによっては、安全なパスワードの条件を満たしているかどうか自動的に判定するものもあります。例えば、「大文字と小文字、それに数字を組み合わせ、最低限8文字以上（NISCでは10桁以上を推奨）になっているか」などです。

● 安全性の高いパスワード

・個人情報からは推測できない
・英単語および日本語のローマ字表記をそのまま使わないこと
・アルファベットと数字、記号を組み合わせるなどで複雑になっていること
・適切な長さの文字列であること

パスワード管理

十分に複雑で長いパスワードも、管理がきちんとできていなければ、安全とはいえません。企業や組織の場合、安直なパスワードを使い続けたユーザのアカウントで不正ログインが行われ、それを契機としてすべてのパスワードが盗まれることもあります。情報セキュリティ担当者としては、パスワードの重要性を組織内に徹底させ、一人残らずすべての職員のパスワードがあるレベル以上の複雑さと長さを保持するように啓蒙する必要があります。

実際、情報社会では個人が非常に多くのパスワードを管理することになります。会社のPCにログインするためのパスワードのほかにも、情報サイトのログイン用、メールアドレス用、ファイル共有サイト用などです。このほかに、個人でもパスワードを使用する場面が数多くあります。「パスワードを使い回さないようにしましょう」というのはそのとおりです。ではどのようにして、増えすぎたパスワードを管理すればよいのでしょう。

一般に安全で管理しやすいのは、手帳などに書いておくというアナログ的な方法です。この方法は、例えば、Excelファイルなどに保存する方法、専用のパスワードアプリを使う方法に比べ、手早く知ることができ、コンピュータやスマホに保存しないことからセキュリティ面で安全性が高いといえます。ただし、パスワードを記録した手帳は、パスワードを利用するPCの近くに保管しておかないにしましょう。

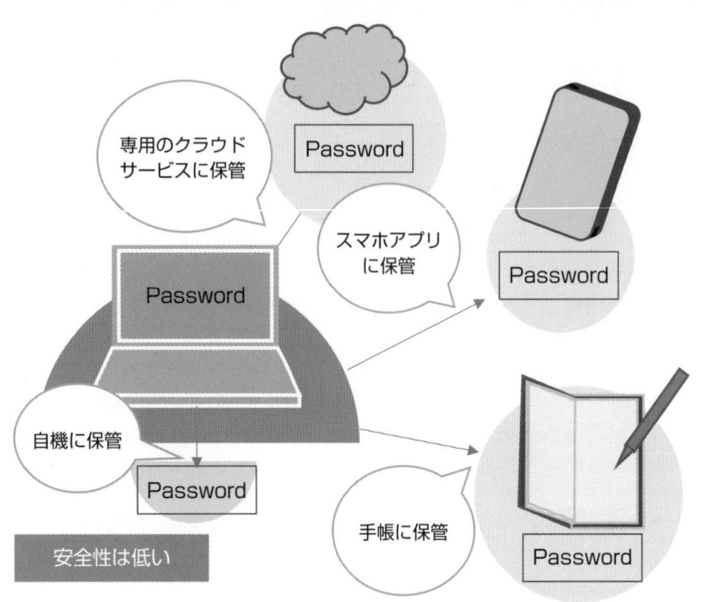

パスワードは定期的に変更しなければならない？

かつて、パスワードは定期的に変更するべきだといわれ、OSやアプリのパスワードがしばらく変更されていないと変更を促すメッセージが表示されました。現在、重要な情報のセキュリティについての考え方では、定期的なパスワード変更よりも、PINや2段階認証、さらには生体認証などに移行する流れになっています。

定期的に変更する必要がないとされる情報に加え、それでなくても管理しなければならないパスワードが多くなりすぎていること、定期的に変更しても結局パスワードの複雑さは変わらないことなどの理由があります。

4-7 初期設定のままにしない

PCやスマホを購入したときの状態（初期状態）では、初心者にも使いやすいようにとの配慮から、面倒な設定や操作はできる限り省かれる傾向にあります。そのせいもあって、初期状態では、セキュリティが十分とは言い切れないこともあります。

初期設定ではセキュリティ不十分

PCやスマホの販売者によっては、セキュリティ設定をオプションサービスとしている場合もあります。すべての初期設定がセキュリティ上脆弱なわけではありませんが、セキュリティ設定が別料金という価格設定の中で、セキュリティオプションを追加するユーザはまだ少ないと思われます。

初期設定プラスアルファのセキュリティ設定とは次のようなものです。

・ログインアカウントの設定（変更）
・ウイルス対策ソフトのインストール
・画面ロックの設定
・PINや生体認証によるログイン設定

スマホのセキュリティ設定

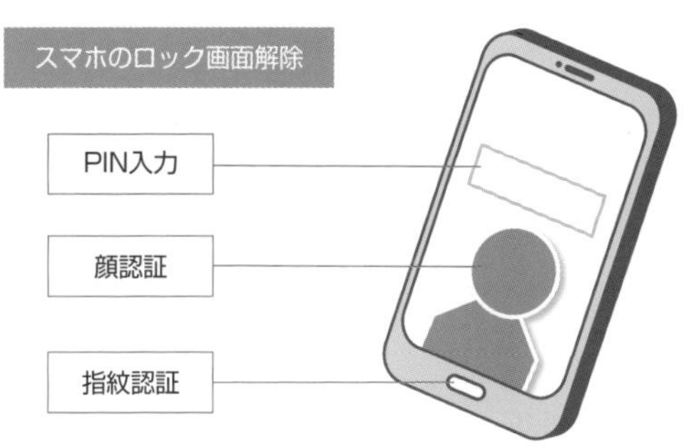

●ルータなどの初期設定

インターネットルータやWi-Fiルータなどの通信機器（IoTデバイス）の多くは、初期設定のままでは、設定用アカウントが非常に簡単なものになっています。例えば、あるメーカーのインターネットルータの設定に使用するアカウントは、ID「root」、パスワード「password」といった具合です。

もちろん、これらのデバイスの取扱説明書をしっかりと読めば、最初のログイン後すぐに管理者用アカウントを変更するように、との注意書きがあります。しかし、多くのユーザは、ルータやWebカメラなどインターネットに接続されるデバイスの管理設定用アカウントを初期設定のままにしているのが現状です。

2016年10月にアメリカで起きた大規模なインターネット攻撃は、初期設定が変更されず、セキュリティレベルが最低のルータや監視カメラを乗っ取り、送り込んだボットが一斉に攻撃を仕掛けたものでした。

攻撃に使われた初期設定アカウント

ID	パスワード
admin	admin
admin1	password
root	user
root	default
supervisor	supervisor

※NOTICE（https://notice.go.jp/）によるポートスキャン結果より

4-8 IoTのセキュリティ

「モノのインターネット」と訳されるのが**IoT**＊です。

簡単にいえば、モノがインターネットに接続されている状態ということになりますが、セキュリティを考える上で、IoTをもう少し詳細に見てみることにしましょう。

IoTとは

モノは、「センサー」「プロセッサー」「アクチュエーター」の集合体と捉えることができます。センサーは、モノが置かれた状態を測定します。センサーが取得したデータは、プロセッサーが受け取ってデータ処理をします。プロセッサーによるデータ処理の手順はプログラムに記述されています。通常は、「処理した結果がどうなった場合に何をするか」を示したプログラムによって、アクチュエーターを動作させます。

IoT

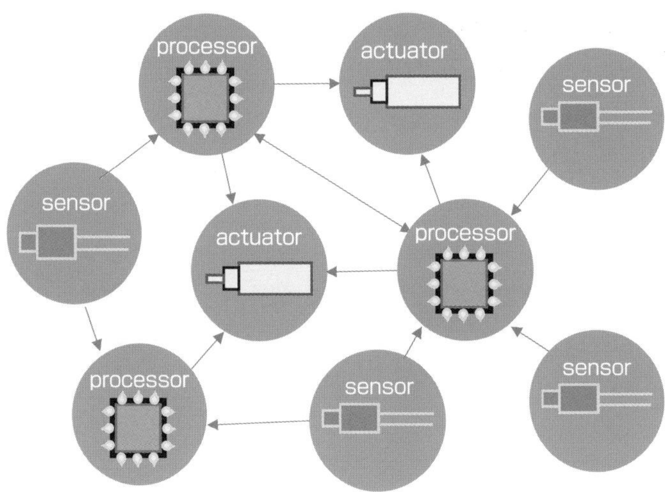

＊**IoT**　Internet of Thingsの略。

このようなプロセッサーによって制御されているモノをインターネットに接続するのは、難しいことではありません。任意のモノ系を構成しているプロセッサーをインターネットに接続すれば、インターネット経由でモノを制御できるようになります。センサーやアクチュエーターも、インターネットやLANなどで接続することができます。つまり、センサー、プロセッサー、アクチュエーターは1つの筐体(きょうたい)にまとまっている必要はなく、ネットワーク中に散在していてかまわないのです。プロセッサーは、インターネット(ネットワーク)につながっている複数のセンサーから届くデータを処理し、処理結果を基に適切な実行指示をインターネット(ネットワーク)につながる任意のアクチュエーターに送って動作させることができます。

IoTでは、プロセッサーはインターネットおよびネットワーク上の複数のセンサーやアクチュエーターを組み合わせて制御することが可能なのです。

IoTの例

モノがインターネットに接続される1つの例に、IoT電化機器が配備された**IoTハウス**があります。IoTハウスでは、IoT化されたエアコンや照明のほか、電動カーテンやドアのスマートロックなどがあります。スマホなどからIoT機器のセンサーで家の中の状態を確認して動作を指令したり、AIが自動判断したりするほか、IoT機器同士が連携することもできます。例えば、エアコンの温度・湿度センサーのデータを使って、電動カーテンの開閉、天窓の開閉をAIの判断で行うといった具合です。IoT化された電化製品と太陽光発電を組み合わせて、家単位で電力を効率よく利用しようというスマートハウスへの取り組みも進んでいます。

さらに、電力の需要をリアルタイムに収集し、そのデータを使って電力供給の効率を上げる仕組みに、IoTが使われます。**スマートグリッド**と呼ばれる、インテリジェンスな電力網を構築する重要な要素としても、IoTが期待されています。例えば、風力発電に設置されたセンサーを使い、非常に細かく発電量を調整することができます。また、IoT化されたスマートグリッドでは、メンテナンスコストを削減したり、再生可能エネルギーの効率的な発電を行ったりすることで、二酸化炭素排出量に関する法規制義務を果たすこともできるでしょう。

IoTのセキュリティ

近い将来には、家電や自動車などの交通機関、そして社会インフラに関するものまで、ありとあらゆるモノにIoTが浸透する時代が到来すると予想されます。もちろん、インターネットに接続するIoT機器にはセキュリティの問題が生じます。

センサーやWebカメラなどのIoT機器は、機能が限定されている上に管理も簡便なことから、サイバー攻撃を受けやすいといわれています。それらの中には、管理用に初期パスワードとして非常に単純な文字列が割り当てられ、それが変更されずにそのまま使い続けられているものも多くあります。総務省、情報通信研究機構（NICT）および一般社団法人ICT-ISACでは、このようなIoT機器のセキュリティ情報を調べた結果を発表*しています。IPアドレスを持つ約9000万件の機器について調べた結果、IDとパスワードが入力可能だったものが3万1000〜4万2000件、さらにログインができたものが約150件ありました。

NICTでは、このようなセキュリティ対策に不備のあるIoT機器がマルウェアに感染し、サイバー攻撃に悪用される恐れがある、と注意喚起しています。

セキュリティが低いままのIoTデバイスを使った攻撃

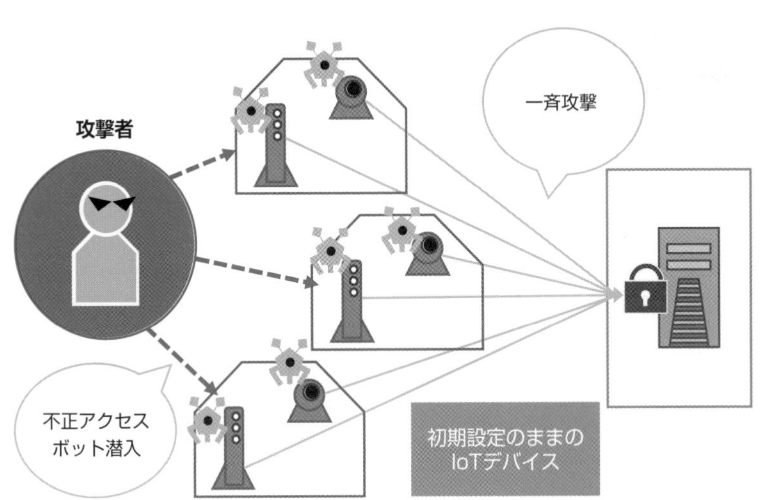

＊…を発表　「IoT機器調査及び利用者への注意喚起の取組『NOTICE』の実施」（2019年2月1日）など。

4-9 中小企業の情報セキュリティ

IPAによって示されている「中小企業の情報セキュリティ対策ガイドライン」の内容を紹介します。

中小企業の情報セキュリティ対策ガイドライン

IPAは、中小企業向けに情報セキュリティ対策の考え方やその実現に向けた方策を紹介する冊子として、「**中小企業の情報セキュリティ対策ガイドライン**」を作成しています。

特に中小企業の経営者に向けて、情報セキュリティ対策の重要性を説いています。

このガイドラインは、次のように本編２部と付録から構成されています。

ガイドラインの構成

第１部　経営者編
第２部　実践編
付録１　情報セキュリティ５か条
付録２　情報セキュリティ基本方針（サンプル）
付録３　５分でできる！情報セキュリティ自社診断
付録４　情報セキュリティハンドブック（ひな形）
付録５　情報セキュリティ関連規程（サンプル）
付録６　中小企業のためのクラウドサービス安全利用の手引き
付録７　リスク分析シート

このガイドラインの活用の一歩（Step1）は、とにかくまず始めようです。できるところから始めます。Step2では、自社診断の結果、できていないところを認識します。Step3からは本格的に情報セキュリティに取り組みます。

ガイドラインに沿ったアクション

Step1	・「情報セキュリティ5か条」を社内で配布。
Step2	・「情報セキュリティ基本方針」作成。 ・「5分でできる！情報セキュリティ自社診断」で状況把握。 ・「情報セキュリティハンドブック」に具体的な対策を定め、従業員全員に周知する。
Step3	・情報セキュリティ管理の体制を構築する。そのための予算を確保する。 ・情報セキュリティ関連規程を作成する。
Step4	・自社に必要な対策を追加実施する。

中小企業自らがセキュリティ対策に取り組むことを宣言する制度

大企業のように、人や資金といった経営資源を割いて情報セキュリティ対策に取り組むのが難しいのが中小企業です。ISO/IEC 27000の認証取得を専用のコンサルタント会社に依頼すると、取得までの1年間におよそ300万円程度かかるといわれています（審査費用だけで約100万円）。そこで、中小企業や小規模事業者の情報セキュリティへの取り組みを推進させる方策として、注目されているのが、IPAによって策定された**セキュリティアクション**です。

セキュリティアクションは、中小企業（小規模事業者）自らが情報セキュリティ対策に取り組み、それを自己申告の形で公表するというものです。

IPAが取り組み方についての詳細なパンフレットを作成しているので、ホームページからダウンロードし、自社に合わせて変えるだけです。料金もかかりません。

セキュリティアクションのロゴマーク

取り組んでいる段階を申請すると、セキュリティアクションのロゴマークの使用が許可されます。このロゴマークは、自社の会社案内やWebサイト、ポスターや名刺などに使用できます。

取り組みは2段階あり、1段階目は「中小企業の情報セキュリティ対策ガイドライン」にもある「情報セキュリティ5か条」を宣言して、取り組んでいる段階です。この段階では、セキュリティアクションの1つ星のロゴマークの使用が許可されます。IPAによる「5分でできる！情報セキュリティ自社診断」を行い、その結果を受けて、情報セキュリティ基本方針を定め、それを外部に公表します。この段階では、2つ星のロゴマークの使用が許可されます。

5分でできる！情報セキュリティ自社診断

IPAのセキュリティアクションで使われている「5分でできる！情報セキュリティ自社診断」は、IPAサイトからPDFファイル形式のものをダウンロードすることができます（オンライン診断もあります）。

自社診断は、Part1（基本的対策）、Part2（従業員としての対策）、Part3（組織としての対策）に分かれ、全部で25項目あります。それぞれについて、「実施している」（4点）から「わからない」（−1点）までで採点し、25項目の点数を合計します。

25項目は、どれも「実施している」になることが望ましいものです。「実施している」に達していない項目については課題があることになります。同ファイルにある「対策例」を参考にして、改善に取り組みます。

5分でできる！情報セキュリティ自社診断（一部抜粋）

診断項目	No	診断内容	チェック			
			実施している	一部実施している	実施していない	わからない
Part1 基本的対策	1	パソコンやスマホなどの情報機器のOSやソフトウェアは常に最新の状態にしていますか？	4	2	0	−1
	2	パソコンやスマホなどにはウイルス対策ソフトを導入し、ウイルス定義ファイルは最新の状態にしていますか？	4	2	0	−1
Part2 従業員としての対策	6	電子メールの添付ファイルや本文中のURLリンクを介したウイルス感染に気を付けていますか？	4	2	0	−1
	7	電子メールやFAXの宛先の送信ミスを防ぐ取り組みを実施していますか？	4	2	0	−1
Part3 組織としての対策	19	従業員に守秘義務を理解してもらい、業務上知り得た情報を外部に漏らさないなどのルールを守らせていますか？	4	2	0	−1
	20	従業員にセキュリティに関する教育や注意喚起を行っていますか？	4	2	0	−1

※https://www.ipa.go.jp/files/000055848.pdf

デジタル監

2021年秋に発足したデジタル庁では、2013年以来、民間から登用してきた政府CIOのポストが廃止されました。

これに代わり、デジタル庁ではIT化にもっと強い権限を持つ**デジタル監**が新設されました。デジタル監は、民間からの採用ですが、非常に強い権限を持ちます。

デジタル監の実質的な役割としては、企業のCIOやCISOなどと同様に業務の統括を行うものと思われます。高い専門知識と豊富な経験が必要になります。

4-10 情報セキュリティポリシー

企業や組織が情報セキュリティを具体的に推進しようとするときは、自社の規模、ビジネス環境に合った規程（ポリシー）を作成するようにします。

情報セキュリティ担当部のタスクフロー

具体的にどのようにして情報セキュリティ対策を社内（組織内）で行っていくかについては、IPA「中小企業の情報セキュリティ対策ガイドライン」の「付録5　情報セキュリティ関連規定（サンプル）」が参考になります。

組織内情報セキュリティ対策のタスクフロー

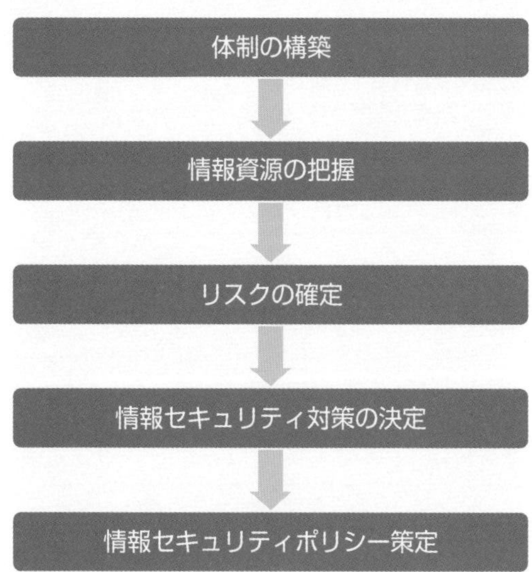

● 情報セキュリティ委員会

最初のタスクは、「体制の構築」です。情報セキュリティを推進する中心となる組織を作ることです。

具体的な提案は、**情報セキュリティ委員会**です。この委員会は、企業内の情報セキュリティを推進するための計画を立案し、予算を立て、実行してその反省を次に活かします。

委員会は、企業の社員全体に適切な情報セキュリティ対策の方法を知らせ、遂行を促して、企業全体の情報セキュリティ能力を目標に近付けます。

また、情報セキュリティに関してインシデントが発生した場合、報告から対策への流れが迅速に進むように、あらかじめ策定した処理に沿って確実に実行します。

情報セキュリティ対策は、企業や組織がある限りずっと行う、終わりのない作業です。ところが、情報セキュリティ対策ができていればいるほど、インシデントは発生しにくく、その重要性が従業員の意識から薄れます。このため、情報セキュリティ対策を推進するグループには、面倒な作業に伴って従業員が抱く抵抗感を小さくし、企業の目的と合致した情報セキュリティ対策の重要性を繰り返し説きながら継続するというリーダーシップが求められます。

情報セキュリティ委員会

情報セキュリティ管理のための企業内の役割例

役職名	説明
経営責任者	最高経営責任者。
情報責任者	経営目標を推進するために必要な情報を収集、分析、管理する責任者。
情報セキュリティ責任者	情報セキュリティに関する責任者。
情報システム管理者	コンピュータやインターネット機器、それらに必要なソフトウェアなどを管理する責任者。
情報教育責任者	組織全体で情報セキュリティ対策を推進するための情報教育を企画・実施する。
インシデント責任者	リスクに対する予測を行い、インシデントに備える責任者。
個人情報責任者	個人情報の管理に関する責任者。個人情報に対する様々なクレームにも対応する。
点検責任者	情報関連の仕事が予定どおり行われているか、予算の執行具合はどうか、情報セキュリティは進んでいるかなどを点検するための責任者。

● 情報資源の把握

情報セキュリティ委員会が最初に行うのは、企業内の情報資源を把握することです。具体的には、情報機器やソフトウェアの台帳を整備することです。その際、情報機器の機密性を評価して、重要度を算定します。

情報セキュリティ対策の1つに「ソフトウェアを最新に保つ」ことがあります。コンピュータや通信機器、それらに入っているOSやソフトウェアの状態を把握し、更新時期を知って、適切に更新していくことが重要です。同時に、管理者用パスワードの管理も行います。

● リスクの確定

企業内外のリスクの内容は、事業内容や扱う情報の種類・量によって異なります。そこで情報セキュリティ委員会では、企業にとって避けるべきリスクを洗い出し、その優先順位を決定します。

情報セキュリティリスク

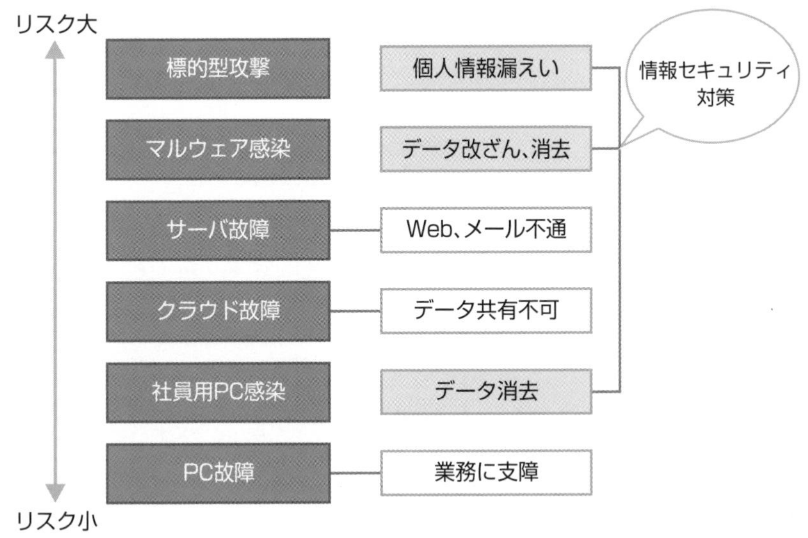

●情報セキュリティ対策

情報セキュリティリスクの大きさに対応して、対策を決定します。あまり大きくないリスクについては、現実的な対応として「そのままにする」などの場合もあります。

●情報セキュリティポリシー

実際に企業内の全社員に情報セキュリティを徹底させるための指針に当たるのが、**情報セキュリティ規程(ポリシー)**です。

IPA「中小企業の情報セキュリティ対策ガイドライン」には、「付録5　情報セキュリティ関連規程(サンプル)」として、Wordファイル形式のサンプル*が付いています。

このサンプルを自社に合うように書き換えれば、情報セキュリティポリシーができあがります。

＊…のサンプル　IPAのWebサイトよりダウンロードできる。
https://www.ipa.go.jp/security/keihatsu/sme/guideline/

情報セキュリティポリシーの例

	名称	概要
1	組織的対策	情報セキュリティ委員会の構成や役割、仕事の内容について定めます。
2	人的対策	従業員の情報セキュリティに関する責務、教育、人材育成について定めます。
3	情報資産管理	情報資産の管理方法を定めます。
4	アクセス制御及び認証	情報資産へのアクセス制御方法、パスワード要件などについて定めます。
5	物理的対策	社内のセキュリティ領域の区別、およびその利用と制限について定めます。
6	IT機器利用	IT機器やソフトの利用について定めます。ウイルス感染の防止についても細かく定めています。
7	IT基盤運用管理	サーバやクラウド、ネットワークなどのITインフラについて定めます。
8	システム開発及び保守	システムの脆弱性への対処、情報システムの保守管理について定めます。
9	委託管理	情報セキュリティについての業務を外部に委託する場合の要件などについて定めます。
10	情報セキュリティインシデント対応ならびに事業継続管理	インシデント発生時やウイルス感染時、個人情報漏えい時の対応について定めます。
11	個人番号及び特定個人情報の取り扱い	マイナンバーの扱いについて定めます。

セキュリティ・バイ・デザイン

セキュリティ・バイ・デザインとは、NISCによって「情報セキュリティを企画・設計段階から確保するための方策」として定義されている考え方で、製品の企画・設計の段階からセキュリティ対策を確保しておくというものです。

製品を開発する際、早い段階からセキュリティ対策を考慮して実装することで、セキュリティ対策に必要なトータルコストの削減が期待できます。また、セキュリティ保守のしやすい製品を提供できるともいわれています。

4-11 経営者の情報セキュリティ

経済産業省から、経営者の情報セキュリティに関して**サイバーセキュリティ経営ガイドライン**が出されています。大企業や中堅企業の経営者向けですが、中小企業の経営者や情報セキュリティ担当者にも参考になります。

サイバーセキュリティ経営ガイドライン

経済産業省がIPAにまとめさせた「サイバーセキュリティ経営ガイドライン Ver 2.0*」は、企業や組織の経営者（代表者）や取締役、管理職のための、情報セキュリティに関するガイドラインとなっています。

● 経営者が認識すべき3原則

1. 経営者は、サイバーセキュリティリスクを認識し、リーダーシップによって対策を進めることが必要
2. 自社はもちろんのこと、ビジネスパートナーや委託先も含めたサプライチェーンに対するセキュリティ対策が必要
3. 平時及び緊急時のいずれにおいても、サイバーセキュリティリスクや対策に係る情報開示など、関係者との適切なコミュニケーションが必要

経営者が認識すべき3原則

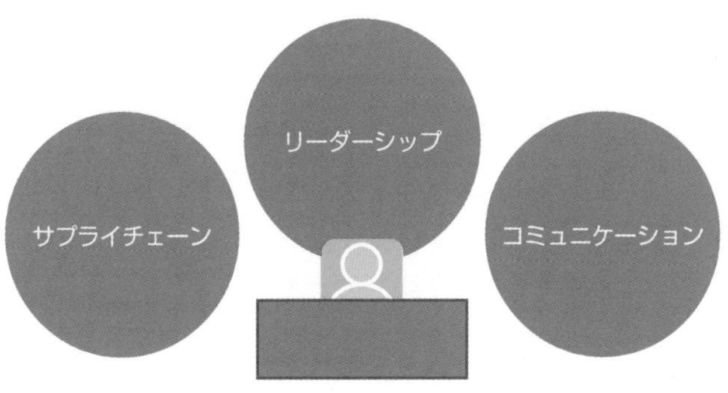

＊ **Ver 2.0**　最初のバージョン（Ver 1.0）は2015年12月に策定され、2016年12月にVer 1.1、2017年11月にVer 2.0が出された（https://www.meti.go.jp/policy/netsecurity/downloadfiles/guide2.0.pdf）。

● 経営者が指示すべき10項目

経営者は、認識すべき3原則に沿って具体的に情報管理を行っていく部門（CISOなど）に具体的な指示を出します。

10項目の指示は上記3原則ごとに分類されています。

● サイバーセキュリティ経営の重要10項目

◆サイバーセキュリティリスクの管理体制構築

指示1：サイバーセキュリティリスクの認識、組織全体での対応方針の策定

指示2：サイバーセキュリティリスク管理体制の構築

指示3：サイバーセキュリティ対策のための資源（予算、人材等）確保

指示4：サイバーセキュリティリスクの把握とリスク対応に関する計画の策定

指示5：サイバーセキュリティリスクに対応するための仕組みの構築

指示6：サイバーセキュリティ対策におけるPDCAサイクルの実施

指示7：インシデント発生時の緊急対応体制の整備

指示8：インシデントによる被害に備えた復旧体制の整備

◆サプライチェーンセキュリティ対策の推進

指示9：ビジネスパートナーや委託先などを含めたサプライチェーン全体の対策および状況把握

◆ステークホルダーを含めた関係者とのコミュニケーションの推進

指示10：情報共有活動への参加を通じた攻撃情報の入手とその有効活用および提供

● リーダーシップ

IT社会の高度化が進む中で、多くの企業はITの活用を考えなければならない状況にあります。このことは同時に、サイバー攻撃や情報漏えいによって企業が大きなダメージを受けるリスクが高まることを意味します。

このため、IT化の推進をするのであれば、同時に情報セキュリティのリスクを考慮した経営資源の配分を適切に行うリーダーシップが求められます。これは、情報セキュリティ対策をコストではなく、投資として位置付けることです。

●サプライチェーン

Ver 2.0の改訂内容で最も重要なのは、サプライチェーンの情報セキュリティです。現実問題として、委託先企業などでの情報漏えいやサイバー攻撃によるトラブルが増えていることを反映しています。

もし委託先企業のコンピュータが乗っ取られた場合、それを踏み台として自社のコンピュータやサーバへのサイバー攻撃が行われるかもしれません。

なお、これから大企業と取引を始めようとする場合には、情報セキュリティ対策がしっかりしていれば、それを自社の強みとして提示することができます。このように、現代では情報セキュリティが新たなビジネスチャンスを生むことにもなっています。

【対策例】

・系列企業、サプライチェーンのビジネスパートナーやシステム管理の委託先などとは、情報セキュリティ対策の内容を明確にした上で契約する。
・系列企業、サプライチェーンのビジネスパートナーやシステム管理の委託先などから、情報セキュリティ対策状況の報告を受ける。
・個人情報などの重要な情報を委託先に預ける場合は、情報の安全性を確保できるかどうか確認する。
・系列企業、サプライチェーンのビジネスパートナーやシステム管理を委託先などがセキュリティアクションに取り組んでいることを確認する。

●コミュニケーション

「サイバーセキュリティ経営の重要10項目」の指示10にあるように、自社が受けたサイバー攻撃に関する情報を社会全体で共有するように努めることで、新しく起きるサイバー攻撃への対応コストを減らすことが見込めます。

外部的には、顧客や株主などに対して、自社が情報セキュリティへの対策を行っていることを公表することが、コミュニケーションの内容です。

内部的なコミュニケーションでは、情報セキュリティの責任者や担当者などから活動スケジュールや成果を定期的に聴取したり、サイバー攻撃の被害に遭った場合に円滑に行動できるような体制を維持するためのコミュニケーション作りを行います。

サイバーセキュリティ経営チェックシート

「サイバーセキュリティ経営ガイドライン」の付録として、次のようなチェックシートが載っています。これらの項目は基本的なものなので、すべての企業に合致する内容かどうかはわかりませんが、経営者が情報セキュリティ対策を行うときの1つの目安にすることはできます。

指示1：サイバーセキュリティリスクの認識、組織全体での対応方針の策定

□経営者がサイバーセキュリティリスクを経営リスクの1つとして認識している。
□経営者が、組織全体としてのサイバーセキュリティリスクを考慮した対応方針（セキュリティポリシー）を策定し、宣言している。
□法律や業界のガイドラインなどの要求事項を把握している。

指示2：サイバーセキュリティリスク管理体制の構築

□組織の対応方針（セキュリティポリシー）に基づき、CISOなどからなるサイバーセキュリティリスク管理体制を構築している。
□サイバーセキュリティリスク管理体制において、各関係者の役割と責任を明確にしている。
□組織内のリスク管理体制とサイバーセキュリティリスク管理体制の関係を明確に規定している。

指示3：サイバーセキュリティ対策のための資源（予算、人材等）確保

□必要なサイバーセキュリティ対策を明確にし、経営会議などで対策の内容に見合った適切な費用かどうかを評価し、必要な予算を確保している。
□サイバーセキュリティ対策を実施できる人材を確保し、各担当者が自身の役割を理解している（組織の内外問わず）。
□組織内でサイバーセキュリティ人材を育成している。
□組織内のサイバーセキュリティ人材のキャリアパスの設計を検討、および適正な処遇をしている。
□セキュリティ担当者以外も含めた従業員向けセキュリティ研修などを継続的に実施している。

指示4：サイバーセキュリティリスクの把握とリスク対応に関する計画の策定

□守るべき情報を特定し、当該情報の保管場所やビジネス上の価値などに基づいて優先順位付けを行っている。

□特定した守るべき情報に対するサイバー攻撃の脅威、脆弱性を識別し、経営戦略を踏まえたサイバーセキュリティリスクとして把握している。

□サイバーセキュリティリスクが事業にいかなる影響があるかを推定している。

□サイバーセキュリティリスクの影響の度合いに従って、リスク低減、リスク回避、リスク移転のためのリスク対応計画を策定している。

□サイバーセキュリティリスクの影響の度合いに従って対策をとらないと判断したものを残留リスクとして識別している。

指示5：サイバーセキュリティリスクに対応するための仕組みの構築

□重要業務を行う端末、ネットワーク、システム、またはサービスにおいて、ネットワークセグメントの分離、アクセス制御、暗号化などの多層防御を実施している。

□システムなどに対して脆弱性診断を実施し、検出された脆弱性に対処している。

□検知すべきイベント（意図していないアクセスや通信）を特定し、当該イベントを迅速に検知するためのシステム・手順・体制（ログ収集や分析のための手順書策定）を構築している。

□意図していないアクセスや通信を検知した場合の対応計画（検知したイベントによる影響、対応者などの責任分担など）を策定している。

□サイバー攻撃の動向などを踏まえて、サイバーセキュリティリスクへの対応内容（検知すべきイベント、技術的対策の強化など）を適宜見直している。

□従業員に対して、サイバーセキュリティに関する教育（防御の基本となる対策実施（ソフトウェアの更新の徹底、マルウェア対策ソフトの導入など）の周知、標的型攻撃メール訓練など）を実施している。

指示6：サイバーセキュリティ対策におけるPDCAサイクルの実施

□経営者が定期的に、サイバーセキュリティ対策状況の報告を受け、把握している。

□サイバーセキュリティにかかる外部監査を実施している。

指示7：インシデント発生時の緊急対応体制の整備

□サイバーセキュリティリスクや脅威を適時見直し、環境変化に応じた取組体制（PDCA）を整備・維持している。

□サイバーセキュリティリスクや取組状況を外部に公開している。

□組織の内外における緊急連絡先・伝達ルートを整備している（緊急連絡先には、システム運用、Webサイト保守・運用、契約しているセキュリティベンダの連絡先含む）。

□サイバー攻撃の初動対応マニュアルを整備している。
□インシデント対応の専門チーム（CSIRTなど）を設置している。
□経営者が責任を持って組織の内外へ説明ができるように、経営者への報告ルート、公表すべき内容やタイミングなどを定めている。
□インシデント対応の課題も踏まえて、初動対応マニュアルを見直している。
□インシデント収束後の再発防止策の策定も含めて、定期的に対応訓練や演習を行っている。

指示8：インシデントによる被害に備えた復旧体制の整備
□被害が発生した場合に備えた業務の復旧計画を策定している。
□復旧作業の課題を踏まえて、復旧計画を見直している。
□組織の内外における緊急連絡先・伝達ルートを整備している。
□定期的に復旧対応訓練や演習を行っている。

指示9：ビジネスパートナーや委託先などを含めたサプライチェーン全体の対策および状況把握
□システム管理などについて、自組織のスキルや各種機能の重要性などを考慮して、自組織で対応できる部分と外部に委託する部分を適切に切り分けている。
□委託先が実施すべきサイバーセキュリティ対策について、契約書などにより明確にしている。
□系列企業、サプライチェーンのビジネスパートナーやシステム管理の運用委託先などのサイバーセキュリティ対策状況（監査を含む）の報告を受け、把握している。

指示10：情報共有活動への参加を通じた攻撃情報の入手とその有効活用および提供
□各種団体が提供するサイバーセキュリティに関する注意喚起情報やコミュニティへの参加などを通じて情報共有（情報提供と入手）を行い、自社の対策に活かしている。
□マルウェア情報、不正アクセス情報、インシデントがあった場合に、IPAへの届出や一般社団法人JPCERTコーディネーションセンターへの情報提供、その他民間企業などが推進している情報共有の仕組みへの情報提供を実施している。

4-12 セキュリティリスク管理体制

情報の機密性、完全性、可用性の3つを維持し、リスクをマネジメント（管理）する枠組みが情報セキュリティマネジメントシステム（ISMS）として標準化されています（ISO/IEC 27001など）。この中では、情報セキュリティの体制作りにおいて、経営者や担当責任者の統括管理機能が重要視されています。

情報セキュリティリスクの管理体制

「サイバーセキュリティ経営ガイドライン Ver 2.0」の付録Fは「サイバーセキュリティ体制構築・人材確保の手引き」となっています。この手引きの対象規模としては、従業員数300人以上の大企業・中堅企業となっていますが、中小企業にも参考になるとことが多くあります。

情報セキュリティリスク管理体制を構築する主体は経営者です。ただし、実際には専門的な知識や経験が必要なため、**CISO**＊（最高セキュリティ責任者）などへ指示することになります。

CISOは、経営者の意向を受け、**セキュリティ統括機能**の検討に入ります。「セキュリティ統括機能」とは、“企業におけるリスクマネジメント活動の一部として、セキュリティ対策およびセキュリティインシデント対応について、CISOや経営層を補佐してセキュリティ対策を組織横断的に統括する機能”と説明されています。このセキュリティ統括機能をどのように構築するかは、企業を取り巻く状況に応じて異なります。

セキュリティ統括機能が構築されたら、次に、実際にセキュリティ対策を行う部門や組織を決定し、その権限と責任を明確にします。

＊**CISO**　Chief Information Security Officerの略。

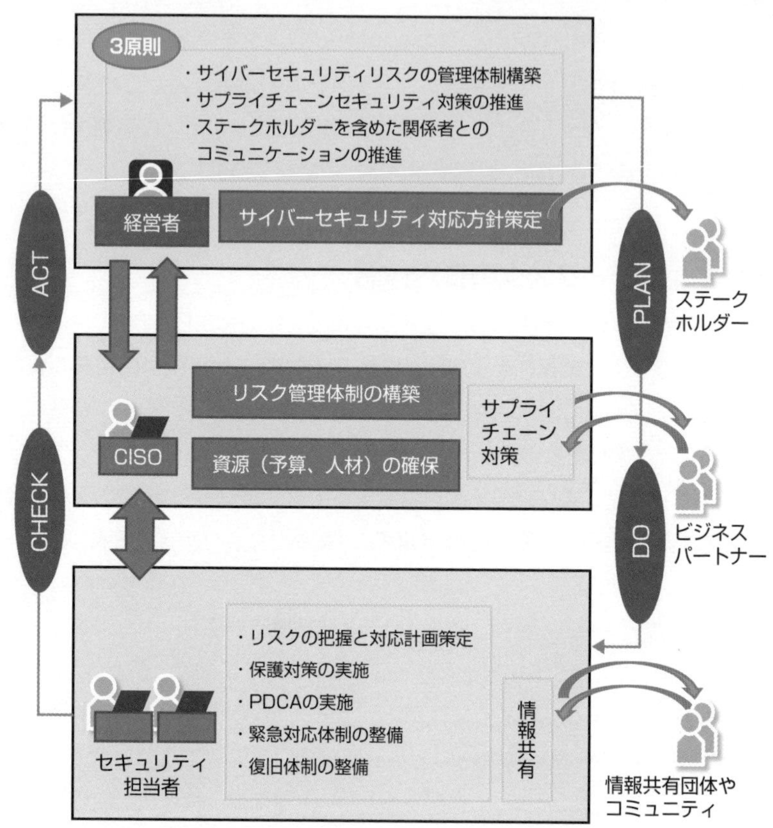

● セキュリティ統括機能

セキュリティ統括機能は、企業のセキュリティ対策を一手に引き受ける機能ではありません。その役割はあくまでも、経営層が意思決定できるように、情報セキュリティに関連した知見を示し、必要に応じて具体的な実行策を進言することにあります。

具体的なセキュリティ統括機能の例については、一般社団法人サイバーリスク情報センターの産業横断サイバーセキュリティ検討会（CRIC CSF）による「ユーザ企業のためのセキュリティ統括室 構築・運用キット（統括室キット）」に示されています。

なお、実際のセキュリティ統括機能の組織や実務内容、形態は、会社や組織によって様々に変わります。例えば形態については、セキュリティ専門組織が担う「専門組織型」、およびセキュリティ委員会と情報システム部門で担う「委員会型」が提案されています。

セキュリティ統括機能の例

方針策定				
セキュリティ戦略		法令対応		
		セキュリティポリシー策定		
		リスクマネジメント・事業統括管理		
		組織体制・業務分掌・業務権限の策定		
		セキュリティ基準・政府等ガイドライン対応		
実務				
セキュリティ実務		規程・社則・技術的ガイドラインの策定		
		構成管理指針策定・アセスメント実施		
		情報共有・情報連携		
		インシデント管理・CSIRT活動		
支援				
セキュリティ対応		新技術・サービス導入		
		データ管理		
実務支援				
事業分野別セキュリティ対策		IoT	IT	OT
	企画	セキュリティ戦略／予算措置		
	設計	セキュリティ・バイ・デザイン		
	調達	選定基準（機器・サービス）		
	運用	運用保守基準／品質管理		
	監査	アセスメント／監査		
	調達先管理	サプライチェーンリスク管理		
	委託先管理			

CRIC CSF資料（https://cyber-risk.or.jp/contents/Security-Supervisor_Toolkit_Part1_v1.0.pdf）より

CIOとCISO

CIO *は「最高情報責任者」と訳され、前述の**CISO**は「最高セキュリティ責任者」と訳されます。

CIOは、情報に関する最高責任者であることから、CIOにCISOの職務を兼務させている企業も多いようです。

一方、CIOとCISOの職務を分ける企業では、CIOの職務の一部分をCISOが担うという考え方から、CIOがより重要であり、情報に関する全責任はCIOにあるとして、CIOをCISOよりも上位職に位置付けているようです。

このようにCIOとCISOを明確に分けている企業では、"情報"を経営戦略上重要な要素と考え、CIOに対して、企業をIT化して前に進める戦略の実践を期待しています。データサイエンティストに要求されるような情報分析や、情報資源の収集・管理に関する業務全般を指揮することになります。

これに対して、CISOに期待されるのは情報管理です。情報漏えいなど、情報に関する企業のリスクを管理・評価・対応するためのマネジメントの指揮を執ることになります。さらに現代では、サプライチェーン全体を見て、セキュリティを安全水準以上に保つためのコミュニケーション能力も必要とされます。

●CIOとCISOの協力

CIOとCISOを1つにした場合、対立した意見が出にくくなり、経営会議で正しく判断することが難しいという意見もあります。

CIOは企業のエンジンとしての役割があり、CISOはブレーキのような役割を任されることがあります。エンジンとブレーキとでは互いに相いれないように見えます。経営会議で意見が対立するかもしれません。逆にいえば、CIOとCISOは、互いに補い合って企業を安全に前進させる役割を担っています。

すでに現代でも、企業は"情報"を無視して成長できません。しかし、そこにあるリスクや脅威を考慮したとき、CIO的視点とCISO的視点を持ち、それぞれが相手の視点を共有し、優先事項を理解した上でビジネス目標の達成に向けて前進することが必要なのです。

* **CIO**　Chief Information Officerの略。

CIOとCISO

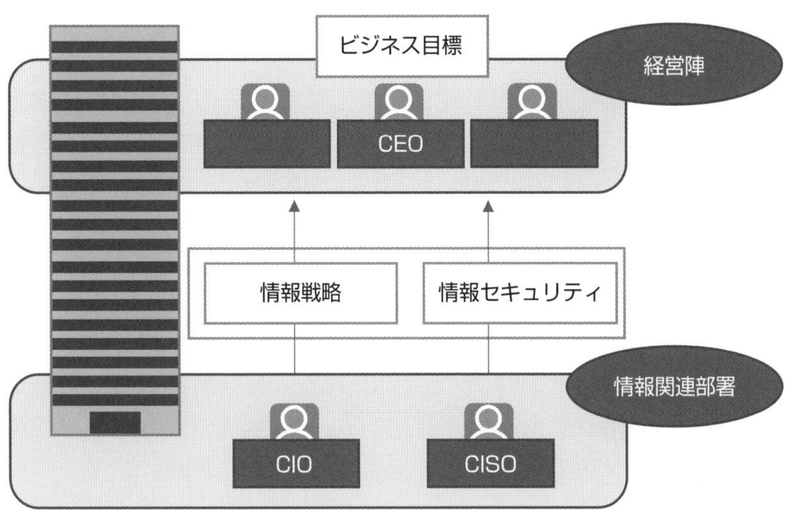

CSIRT

実際に情報セキュリティに関するインシデントが発生したときには、セキュリティ統括機能のような悠長な行動をとっているわけにはいきません。突然のインシデント発生時の対応機能を別に規定する場合があります。これを**CSIRT**＊と呼びます。

企業におけるインシデント対策では、ITインフラにおける情報セキュリティだけではなく、製品の開発や製造、サービス提供に関わるインシデント対策のための統括機能（**PSIRT**＊）、顧客が利用するデジタルサービスに関わるインシデント対策のための統括機能（**DSIRT**＊）などと組織を分ける場合もあります。

＊**CSIRT**　Computer Security Incident Response Teamの略。
＊**PSIRT**　Product Security Incident Response Teamの略。
＊**DSIRT**　Digital Service Security Incident Response Teamの略。

4-13 情報セキュリティ経営

企業の規模を問わず、情報セキュリティへの無関心や無防備は、ユーザの信頼を失わせ、業績悪化の原因となります。また、機密情報やユーザの個人情報が漏えいした場合は、経営を揺るがしかねない賠償請求を受けたり、道義的責任を問われたりするだけではなく、法的措置を課されることもあります。

経営者の責任

企業として取り組むべきセキュリティ対策については、前述の「サイバーセキュリティ経営ガイドライン」が参考になります。ここには、「経営者が認識すべき3原則」と、それに沿って情報セキュリティ担当者（CIOなど）に指示すべき重要10項目が示されました（「4-11　経営者の情報セキュリティ」参照）。

経営に関わる不利益

現在、情報セキュリティ対策が十分でない企業は、不利益を被る可能性が高まっています。高度なIT化が進む社会では、IT技術を利用する企業や店舗は、その規模の大小を問わず、顧客の情報の漏えいや、それに伴う金銭的な被害、ライバル会社への機密情報の漏えいなどの情報リスクを抱えています。

情報セキュリティ対策が不十分なために起こると考えられる、企業が被る不利益としては、次の４点が想定されています。

・金銭の損失
・顧客の喪失
・業務停止
・従業員への影響

経営者に問われる法的責任

情報セキュリティの管理や、その対策を適切に実行していなかった場合に、被害を被った人や組織が存在し、それらの人が被害（損害）を届け出ると、経営者や担当者が法的あるいは社会的な制裁を受けることがあります。

情報管理が不適切な場合の処罰などに関する法令には、下表ようなものがあります。

なお、このほかに不正競争防止法があります。企業の競争力に直結するような情報が漏えいした場合、企業にとって多大な損害となることを想定し、差し止め請求、損害賠償請求、信頼回復措置請求などの権利が認められています。

情報管理が不適切な場合に関係した法律と罰則（一般）

法令	条項	罰則など
個人情報保護法	第40条（報告及び立入検査） 個人情報保護委員会は、（中略）個人情報取扱事業者等に対し、個人情報等の取扱いに関し、必要な報告若しくは資料の提出を求め、又はその職員に、当該個人情報取扱事業者等の事務所その他必要な場所に立ち入らせ、個人情報等の取扱いに関し質問させ、若しくは帳簿書類その他の物件を検査させることができる。	委員会による立入検査、帳簿書類等の物件検査及び質問。
	第84条 個人情報取扱事業者、若しくはその従業者又はこれらであった者が、その業務に関して取り扱った個人情報データベース等を自己若しくは第三者の不正な利益を図る目的で提供し、又は盗用したとき。	1年以下の懲役又は50万円以下の罰金。
	第85条 第40条第1項の規定による報告若しくは資料の提出をせず、若しくは虚偽の報告をし、若しくは虚偽の資料を提出し、又は当該職員の質問に対して答弁をせず、若しくは虚偽の答弁をし、若しくは検査を拒み、妨げ、若しくは忌避したとき。	50万円以下の罰金。
	第87条 法人の代表者又は法人若しくは人の代理人、使用人その他の従業者が、その法人又は人の業務に関して、（第83条及び第84条、第85条の）違反行為をしたときは、行為者を罰するほか、その法人に対して当該各号に定める罰金刑を、その人に対して各本条の罰金刑を科する。	1億円以下の罰金刑。
マイナンバー法	第48条 個人番号利用事務等（中略）機構保存本人確認情報の提供に関する事務に従事する者又は従事していた者が、正当な理由がないのに、その業務に関して取り扱った個人の秘密に属する事項が記録された特定個人情報ファイルを提供したとき。	4年以下の懲役若しくは200万円以下の罰金。
	第49条 （第48条）に規定する者が、その業務に関して知り得た個人番号を自己若しくは第三者の不正な利益を図る目的で提供し、又は盗用したとき。	3年以下の懲役若しくは150万円以下の罰金。
	第50条 情報照会者が情報提供者に対し、特定個人情報の提供を求めた場合において、当該情報提供者が情報提供ネットワークシステムを使用して当該特定個人情報を提供するとき。	3年以下の懲役若しくは150万円以下の罰金。

	第51条 人を欺き、人に暴行を加え、若しくは人を脅迫する行為により、又は財物の窃取、施設への侵入、不正アクセス行為、その他の個人番号を保有する者の管理を害する行為により、個人番号を取得した者。	3年以下の懲役又は150万円以下の罰金。
	第55条 偽りその他不正の手段により個人番号カードの交付を受けた者。	6月以下の懲役又は50万円以下の罰金。
	第57条 法人の代表者又は法人若しくは人の代理人、使用人その他の従業者が、その法人又は人の業務に関して、（第48条、第49及び第53条の）違反行為をしたときは、その行為者を罰するほか、その法人に対して当該各号に定める罰金刑を、その人に対して各本条の罰金刑を科する。	1億円以下の罰金刑。
民法	第709条 数人が共同の不法行為によって他人に損害を加えたときは、各自が連帯してその損害を賠償する責任を負う。共同行為者のうちいずれの者がその損害を加えたかを知ることができないときも、同様とする。	故意又は過失によって他人の権利又は法律上保護される利益を侵害した者は、これによって生じた損害を賠償。

情報管理が不適切な場合に関係した法律と罰則（関連会社）

法令	条項	罰則など
サイバーセキュリティ基本法	第17条4　（サイバーセキュリティ協議会） 協議会の事務に従事する者又は従事していた者は、正当な理由がなく、当該事務に関して知り得た秘密を漏らし、又は盗用してはならない。	1年以下の懲役又は50万円以下の罰金。
電気通信事業法	第4条2　（秘密の保護） 電気通信事業に従事する者は、在職中電気通信事業者の取扱中に係る通信に関して知り得た他人の秘密を守らなければならない。その職を退いた後においても、同様とする。	3年以下の懲役又は200万円以下の罰金。
有線電気通信法	第9条　（有線電気通信の秘密の保護） 有線電気通信の秘密は、侵してはならない。	3年以下の懲役又は100万円以下の罰金。
	第15条 営利を目的とする事業を営む者が、当該事業に関し、通話を行うことを目的とせずに多数の相手方に電話をかけて符号のみを受信させることを目的として、他人が設置した有線電気通信設備の使用を開始した後通話を行わずに直ちに当該有線電気通信設備の使用を終了する動作を自動的に連続して行う機能を有する電気通信を行う装置を用いて、当該機能により符号を送信したとき。	1年以下の懲役又は100万円以下の罰金。

4-14 個人情報

個人情報保護法の2017年の改正によって、個人情報を取り扱うすべての事業者に個人情報保護法が適用されることになりました。

個人情報の定義

2017年5月に施行された「改正個人情報保護法」では、「個人情報の定義」が明確化され、「個人識別符号」も個人情報であるとされました。

また、個人情報保護条例において、指紋データ、旅券番号などの個人識別符号が個人情報に該当することも明確化されました。

● 個人情報の定義（個人情報保護法）

第2条

1　この法律において「個人情報」とは、生存する個人に関する情報であって、次の各号のいずれかに該当するものをいう。

（1）　当該情報に含まれる氏名、生年月日その他の記述等により特定の個人を識別することができるもの。

（2）　個人識別符号が含まれるもの。

個人情報保護法における「個人情報」に該当するものとして、「個人情報保護委員会」発行の「個人情報の保護に関する法律についてのガイドライン」には、いくつかの例が載っています。それによると、本人の氏名はもちろんのこと、本人の氏名と組み合わされた生年月日、住所、電話番号なども個人情報です。さらに、「wakasa_naomichi@example.com」など、特定の個人が識別できるメールアドレスも個人情報です。

個人情報の例

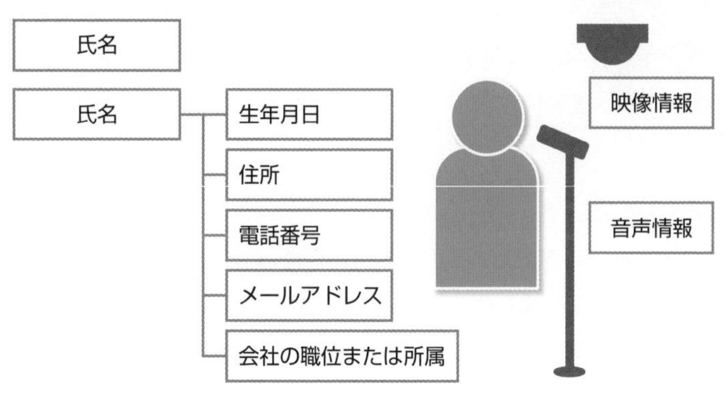

個人情報として定められる**個人識別符号**は、文字や番号、記号などの符号のうち、政令などで、個人情報と定められたものです。

「特定の個人の身体の一部の特徴を電子計算機の用に供するために変換した文字、番号、記号その他の符号であって、当該特定の個人を識別することができるもの」には例えば、DNA情報、容貌、虹彩の模様、発声の振動、歩行の際の姿勢、手の甲の静脈の様子、指紋などが含まれます。

個人識別符号

DNA情報
歩行時の姿勢
指紋
容貌
虹彩の模様
発声の振動
手の甲の静脈

パスポート番号
基礎年金番号
免許証番号
住民票コード
マイナンバー
健康保険の保険者番号および被保険者等記号・番号
雇用保険の被保険者番号
など

個人情報データベースなど

個人情報保護法にある「個人情報データベースなど」とは、個人データをデータベース化して検索できるようにしたものです。会社で社員への連絡用に作成した住所録などもこれに当たります。

「個人情報データベースなど」を事業に使っている場合、この者を「個人情報取扱事業者」と呼びます。個人情報取扱事業者は、個人情報保護法の対象となります。

個人情報の範囲

一般に使用される「個人情報」よりも、行政機関が持つ「個人情報」の範囲のほうが広いと考えられます。

行政機関は、一般企業に比べて多くの個人情報を保持していています。中には、心身の機能の障害等に関わる情報などもあります*。

個人情報の範囲が最も広い「**行政機関個人情報保護法**」（正式名称は「行政機関の保有する個人情報の保護に関する法律」）は、2003年に改正されています。

個人情報の法的な範囲

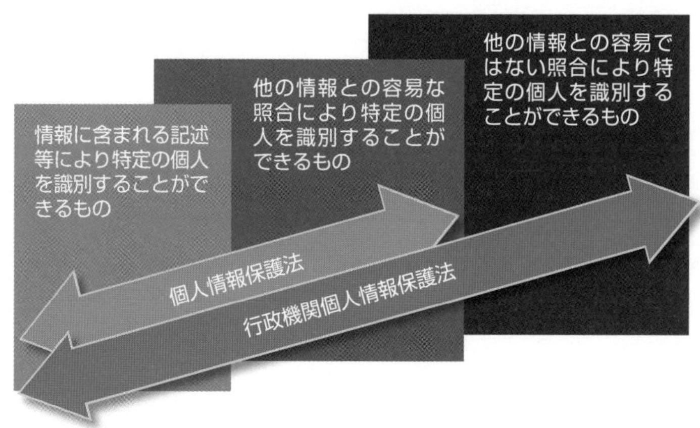

*…**もあります**　総務省令で定められている心身の障害に関する情報は「要配慮個人情報」と記されている。

● 行政機関の保有する個人情報の保護に関する法律

第二条

2 この法律において「個人情報」とは、生存する個人に関する情報であって、次の各号のいずれかに該当するものをいう。

一 当該情報に含まれる氏名、生年月日その他の記述等に記載され、若しくは記録され、又は音声、動作その他の方法を用いて表された一切の事項により特定の個人を識別することができるもの

二 個人識別符号が含まれるもの

3 この法律において「個人識別符号」とは、次の各号のいずれかに該当する文字、番号、記号その他の符号のうち、政令で定めるものをいう。

一 特定の個人の身体の一部の特徴を電子計算機の用に供するために変換した文字、番号、記号その他の符号であって、当該特定の個人を識別することができるもの

二 個人に提供される役務の利用若しくは個人に販売される商品の購入に関し割り当てられ、又は個人に発行されるカードその他の書類に記載され、若しくは電磁的方式により記録された文字、番号、記号その他の符号であって、その利用者若しくは購入者又は発行を受ける者ごとに異なるものとなるように割り当てられ、又は記載され、若しくは記録されることにより、特定の利用者若しくは購入者又は発行を受ける者を識別することができるもの

4 この法律において「要配慮個人情報」とは、本人の人種、信条、社会的身分、病歴、犯罪の経歴、犯罪により害を被った事実その他本人に対する不当な差別、偏見その他の不利益が生じないようにその取扱いに特に配慮を要するものとして政令で定める記述等が含まれる個人情報をいう。

5 この法律において「保有個人情報」とは、行政機関の職員が職務上作成し、又は取得した個人情報であって、当該行政機関の職員が組織的に利用するものとして、当該行政機関が保有しているものをいう。ただし、行政文書に記録されているものに限る。

●行政機関の保有する個人情報の保護に関する法律施行令

（個人識別符号）

第三条　法第二条第三項の政令で定める文字、番号、記号その他の符号は、次に掲げるものとする。

一　次に掲げる身体の特徴のいずれかを電子計算機の用に供するために変換した文字、番号、記号その他の符号であって、特定の個人を識別するに足りるものとして総務省令で定める基準に適合するもの

イ　細胞から採取されたデオキシリボ核酸（別名DNA）を構成する塩基の配列

ロ　顔の骨格及び皮膚の色並びに目、鼻、口その他の顔の部位の位置及び形状によって定まる容貌

ハ　虹彩の表面の起伏により形成される線状の模様

ニ　発声の際の声帯の振動、声門の開閉並びに声道の形状及びその変化

ホ　歩行の際の姿勢及び両腕の動作、歩幅その他の歩行の態様

ヘ　手のひら又は手の甲若しくは指の皮下の静脈の分岐及び端点によって定まるその静脈の形状

ト　指紋又は掌紋

二　旅券法第六条第一項第一号の旅券の番号

三　国民年金法第十四条に規定する基礎年金番号

四　道路交通法第九十三条第一項第一号の免許証の番号

五　住民基本台帳法第七条第十三号に規定する住民票コード

六　行政手続における特定の個人を識別するための番号の利用等に関する法律第二条第五項に規定する個人番号

七　次に掲げる証明書にその発行を受ける者ごとに異なるものとなるように記載された総務省令で定める文字、番号、記号その他の符号

イ　国民健康保険法第九条第二項の被保険者証

ロ　高齢者の医療の確保に関する法律第五十四条第三項の被保険者証

ハ　介護保険法第十二条第三項の被保険者証

八　その他前各号に準ずるものとして総務省令で定める文字、番号、記号その他の符号

4-15 個人情報の漏えい

一般の人々にとって、個人情報の漏えいに関するニュースは大きな関心ごとです。漏えいした個人情報がどのように悪用されるのかはっきりしない、というのがその理由だと思われます。実被害がなかったとしても、ユーザの不安感は、漏えいを起こした企業や組織への不信感にもつながります。

個人情報漏えい

東京商工リサーチによると、2019年、上場企業とその子会社で、個人情報漏えいまたは個人情報の紛失が発覚したのは86件、その個人情報の数はのべ900万人分以上になります*。

主な個人情報漏えいおよび紛失件数（国内）

年	社名	漏えいおよび紛失件数	理由
2013	ヤフー	2200万件	不正アクセス
2013	NTTコミュニケーションズ	400万件	不正アクセス
2014	ベネッセコーポレーション	3504万人	盗難
2017	ジンズホールディングス	118万1000件	不正アクセス
2019	大阪ガス（宅ふぁいる便）	481万5000件	不正アクセス
2019	トヨタ自動車	310万件	不正アクセス
2020	PayPay	2000件	不正アクセス
2020	楽天	148万6000件	不正アクセス
2020	東建コーポレーション	65万7000件	不正アクセス
2020	カプコン	39万件	不正アクセス
2020	任天堂	30万件	不正アクセス

＊…になります　東京商工リサーチ「上場企業の個人情報漏えい・紛失事故」調査（https://www.tsr-net.co.jp/news/analysis/20200123_01.html）

● 個人情報漏えいおよび紛失へのペナルティ

個人情報の漏えいや紛失が公表されると、企業には様々な形でダメージが加わります。個人情報保護法違反による刑事罰はもちろんのこと、民事責任が問われて多額の賠償金を支払わなければならないこともあります。

まとめると、次のような損害や対応費用が生じる可能性があります。

・刑事罰の罰金
・被害者への損害賠償金・謝罪金
・裁判や調停にかかる弁護士費用
・業務停止期間の損失
・事故原因究明や再発防止にかかる費用
・企業・商品イメージの低下
・風評被害

企業経営にのしかかる損害・対応費用

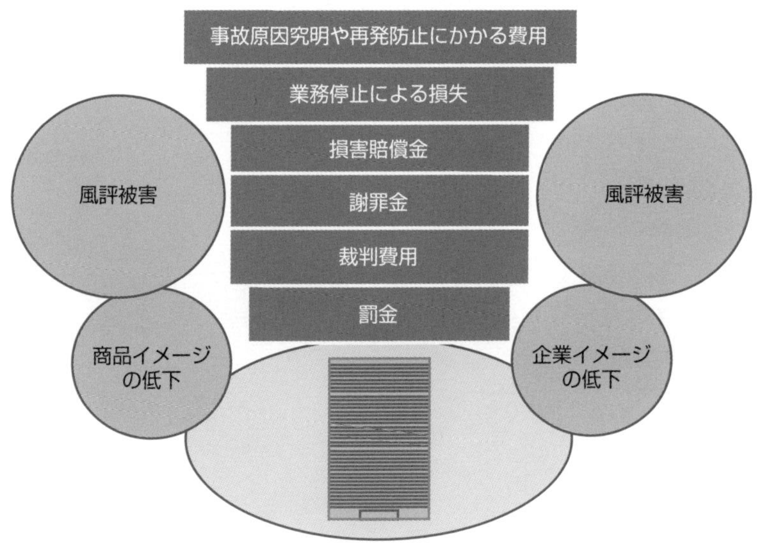

過去に日本で起きた個人情報漏えい事件では、2014年に委託先の社員が顧客情報を不正に取得した事件において、損害賠償として1人に500円が支払われ、それだけで約200億円を要したといわれています。

●刑事罰

改正個人情報保護法では、個人情報の漏えいが発生して、個人の権利利益が害される恐れがある場合には、「個人情報保護委員会」への報告が義務付けられています。この内容を偽った場合には、企業に対して50万円以下の罰金が科せられます。

個人に対しては30万円以下の罰金または6カ月以下の懲役です。なお、不正利益を得る目的で個人情報を漏えいした場合は、50万円以下の罰金または1年以下の懲役となります。

また、個人情報の利用を明示していないなど、企業が個人情報保護法に違反していて、これに対して行われる個人情報保護委員会の改善命令に違反した場合には、1年以下の懲役または100万円以下の罰金が科せられます。

個人情報漏えい発生による処罰

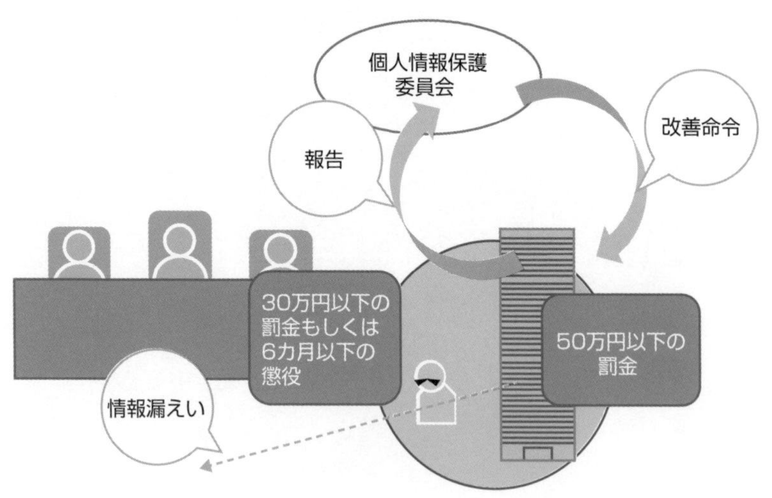

法定刑

		懲罰系	罰金刑
個人情報保護委員会からの命令への違反	行為者	1年以下	100万円以下
	法人等	—	1億円以下
個人情報データベース等の不正提供等	行為者	1年以下	50万円以下
	法人等	—	1億円以下
個人情報保護委員会への虚偽報告等	行為者	—	50万円以下
	法人等	—	50万円以下

● 民事責任

被害者がいる場合には、刑事責任とは別に損害賠償が生じる場合があります。

これまでの個人情報漏えい事件では、1人当たりの損害賠償額は様々ですが、情報漏えいでは一般に被害者数が非常に多くなるため、企業が負担する損害賠償金の額も非常に高額になる場合がありました。

要配慮個人情報

要配慮個人情報とは、行政機関個人情報保護法に「本人の人種、信条、社会的身分、病歴、犯罪の経歴、犯罪により害を被った事実その他本人に対する不当な差別、偏見その他の不利益が生じないようにその取扱いに特に配慮を要するものとして政令で定める記述等が含まれる個人情報をいう」とあるように、取得や扱いに十分に注意する必要がある個人情報のことです。

健康診断などの結果、診療や調剤情報、逮捕歴、非行歴および実施された保護事件の手続きなども要配慮個人情報に該当します。このような要配慮個人情報を取得する場合には、本人の同意が必要です。

4-16 個人情報の扱い

改正個人情報保護法に照らして、個人情報取扱事業者は個人情報をどのように扱うべきかを説明します。

個人情報の取得と利用

個人情報取扱事業者が個人情報を扱う場合には、利用目的をできる限り特定して、公表するか本人に通知しなければなりません。ただし、個人情報の取得の状況から見て、その利用目的が明確な場合は、この必要はありません。

取得した個人情報を先に示した範囲外で使用するようになる場合は、本人の同意が再び必要になります。

取得した個人情報が不要になった場合は、そのデータはすぐに消去するようにしなければなりません。

個人情報の扱い

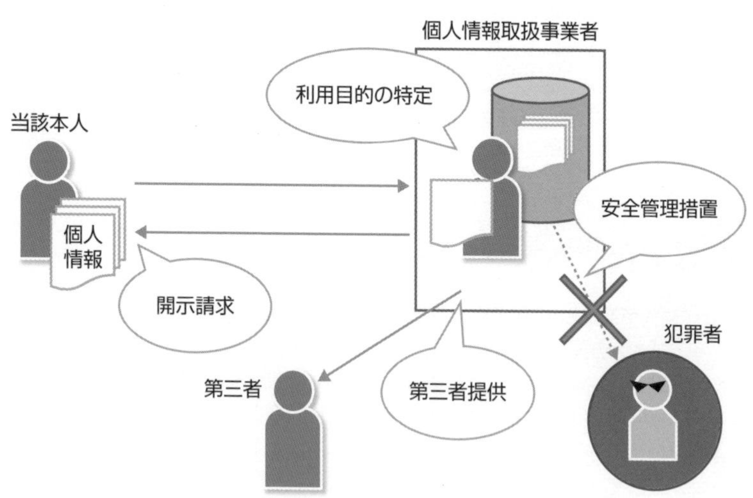

● 安全管理措置

個人情報取扱事業者が個人情報を扱う場合には、個人情報を安全に管理するための**安全管理措置**が決められています。

個人情報の安全管理措置の範囲については、その個人情報が漏えいした場合に本人が被る被害の大きさや、取扱事業者の事業規模、情報を記録した媒体の性質などが考慮されます。

● 個人情報保護法（安全管理措置）

> 第20条　個人情報取扱事業者は、その取り扱う個人データの漏えい、滅失又はき損の防止その他の個人データの安全管理のために必要かつ適切な措置を講じなければならない。

個人情報の安全管理措置

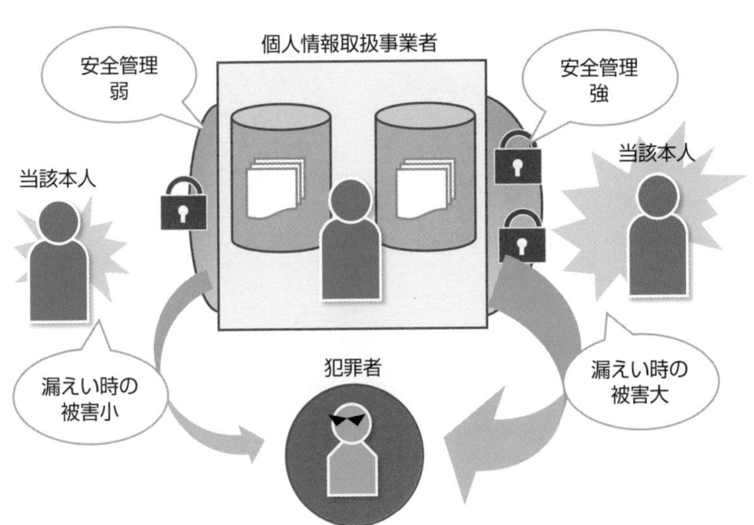

● 第三者提供

個人情報取扱事業者は、個人情報を第三者に提供することができます。ただし、その場合には、あらかじめ本人の同意を得る必要があります。

例外として、次のような場合には本人の同意が不要です。

・警察、裁判所、自治体から照会があった場合
・生命や身体の保護、財産の保護が必要で、本人の同意を得ることが困難な場合
・児童虐待の事実など、児童の健全育成に必要な情報を関連機関で共有する場合
・国や自治体の事務へ協力する場合

● 開示請求

個人情報取扱事業者が本人からの開示請求を受けた場合は、本人に対して個人情報を開示しなければなりません。

ただし、半年以内に消去する情報などは開示の必要はありません。

● 個人情報保護法（開示）

第28条　本人は、個人情報取扱事業者に対し、当該本人が識別される保有個人データの開示を請求することができる。

2　個人情報取扱事業者は、前項の規定による請求を受けたときは、本人に対し、政令で定める方法により、遅滞なく、当該保有個人データを開示しなければならない。ただし、開示することにより次の各号のいずれかに該当する場合は、その全部又は一部を開示しないことができる。

一　本人又は第三者の生命、身体、財産その他の権利利益を害するおそれがある場合

二　当該個人情報取扱事業者の業務の適正な実施に著しい支障を及ぼすおそれがある場合

三　他の法令に違反することとなる場合

4-17 組織内部の不正を防止する

内部不正は、故意か過失かによりません。組織内の機密情報や個人情報が、内部の者によって外部に持ち出されることをいいます。内部不正によって組織は大きな痛手を受けることがあります。

組織における内部不正

企業内部から不正に情報が外部に持ち出されるといった**内部不正**の事件があとを絶ちません。「内部不正」とは、機密情報など外部への持ち出しが制限あるいは禁止されている情報であるにもかかわらず、それらが窃取、漏えい、消去、破壊、悪用されることをいいます。また、内部者の操作ミスなどによって流出した場合、これも内部不正に入れる場合があります。

IPAによる調査では、故意による内部不正が全体の４割程度なのに対して、故意ではない、"うっかり" と "知らなかった" を足すと６割程度でした。経済産業省の調査では、内部のどのような人が機密情報などの漏えいに関わったかという調査では、中途退職者が約半数を占めていました。金銭などを目的とした現従業員による情報漏えいは１割程度でした。残りは、現従業員によるミスによるものです。

内部不正による事例

報道時期	行為者	概要
2014年3月	退職者	転職先の海外企業に機密情報を提供した。
2015年4月	退職者	競合会社に転職する際に機密情報を不正に持ち出した。
2016年7月	退職者	ストーカー目的で個人情報を不正に取得した。
2017年2月	現従業員	自分で製造販売しようとして、会社の企業秘密である製品の技術情報を盗み出した。
2018年4月	現職員	マイナンバーの再交付申請で知った個人情報を私的に利用。
2019年11月	現従業員	顧客データベースから顧客データを窃取し、第三者に売却した。
2021年4月	現職員	職場のPCを家に持ち帰って仕事に使っていたが、その後PCをオークションに出品。PC内に保存されていた約14万人分の個人情報が流出した。

なお、内部不正に関しては、それが表沙汰になると企業イメージが悪くなることから、発覚しても外部に漏れない場合が相当数あると考えられます。IPAの調査によれば、被害届を出すなどして警察に相談したり、刑事告訴・告発に踏み切ったりした企業の割合は、日本の場合、1割程度です。

内部不正

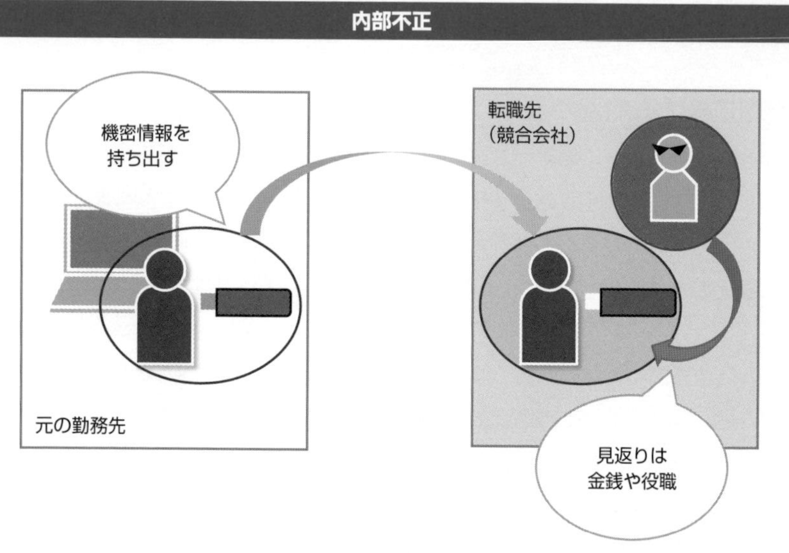

営業秘密の漏えいルート（経年比較）

	2016年（n=105）	2020年（n=113）
中途退職者（役員・正規社員）による漏えい	28.6%	36.3%
現職従業員などの誤操作・誤認等による漏えい	43.8%	21.2%
現職従業員などのルール不徹底による漏えい（2020年のみ）		19.5%
サイバー攻撃などによる社内ネットワークへの侵入に起因する漏えい	4.8%	8.0%
現職従業員などによる金銭目的等の具体的な動機をもった漏えい	7.6%	8.0%
外部者（退職者を除く）の立ち入りに起因する漏えい	2.9%	2.7%
国内の取引先や共同研究先を経由した（第三者への）漏えい	11.4%	2.7%
契約満了後または中途退職した契約社員等による漏えい	4.8%	1.8%
定年退職者による漏えい	1.0%	0.9%
海外の拠点・取引先・連携先などを通じた漏えい（2020年のみ）		0.9%
営業秘密を開示を受けた第三者による漏えい（2020年のみ）		0.0%
わからない	4.8%	6.2%
その他	9.5%	12.4%

IPA（独立行政法人　情報処理推進機構）「企業における営業秘密管理に関する実態調査2020調査実施報告書」

内部不正を防止する

IPA発行の「組織における内部不正防止ガイドライン」では、「状況的犯罪予防」（「4-18　犯行防止理論」参照）の考え方を取り入れた、内部不正防止の基本原則が示されています。IPAの調査*によると、内部不正を止める責任者でもある経営者が、内部不正の防止策として「監視強化」をあまり重視していない一方、内部不正行為の経験者は、罰則強化が有効だと考えている、という結果でした。

内部不正防止の基本原則

1. 犯行を難しくする（やりにくくする）
2. 捕まるリスクを高める（やると見つかる）
3. 犯行の見返りを減らす（割に合わない）
4. 犯行の誘因を減らす（その気にさせない）
5. 犯罪の弁明をさせない（言い訳させない）

基本原則による内部不正防止の具体例

1. 犯行を難しくする	2. 捕まるリスクを高める	3. 犯行の見返りを減らす	4. 犯行の誘因を減らす	5. 犯罪の弁明をさせない
USBメモリなどの媒体やPCの持ち出しをチェックする。	アクセスログを監視する。	重要情報を暗号化する。	パワハラを禁止する。	規則を決める。

＊IPAの調査　「内部不正による情報セキュリティインシデント実態調査」報告書について（https://www.ipa.go.jp/security/fy27/reports/insider/）

● 内部不正防止の体制作り

実際の内部不正行為は、企業や組織の特質、部署の業務内容、成員の組成などによって様々です。このため、各部門の責任者（課や部などの情報セキュリティ担当者）と、それらを統括して情報セキュリティを推進する総括責任者（CISOなど）、そして最高責任者の役割が重要になります。経営者が内部不正対策に関与することで、組織全体の意識が向上し、実施策の周知徹底が可能になります。

このような内部統制については、リスク面からも効果的な体制構築が必要で、これは会社法や金融商品取引法とも関係します。

内部不正対策の体制図（例）

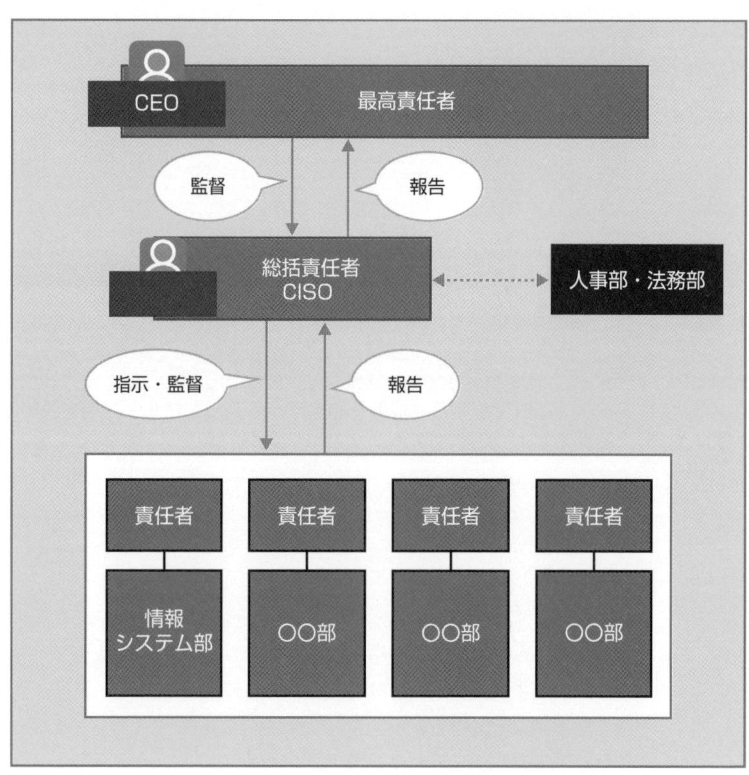

4-18 犯行防止理論

内部不正は、いってみれば“身内の犯罪”という面があります。そのため、犯罪を未然に防ぐには、「どうして内部不正に走るか」を考えてみることも必要です。

環境犯罪学と犯罪防止理論

イギリスの犯罪学者、ロナルド・クラークによる**環境犯罪学**理論では、“人は誰もが置かれた環境によって犯罪者になり得る”とし、犯罪機会を与えないためには、犯行に都合の悪い環境が重要であるとします。この考え方は、**状況的犯罪予防**とも呼ばれます。

この理論によれば、犯行しにくくするには、犯行の難易度を高め、犯行を発見する可能性を増やす、獲得する報酬を減らすことが重要です。

● 犯罪者に都合の悪い環境

1. 犯罪の手間の増大
2. リスクの増大
3. 見返りの減少
4. 挑発行動の減少
5. 犯罪の正当性の却下

犯罪者の都合の悪い環境

● CPTED

1960年代にアメリカで起こったCPTED*（防犯環境設計）は、"環境設計と犯罪との関連性を指摘した概念"で、「犯罪が起きにくくするには、どうすればよいか」の答えを環境の設計に求めたものです。

CPTEDでは、犯罪をやり遂げるのに多くの困難がある場合、犯行に近付くルートが困難で逃げ道がない場合、犯罪を監視する多くの目がある場合、犯行が行われにくい雰囲気の場合には、犯行が起きにくいとされます。

● CPTED

1. 被害対象の強化と回避
2. 接近と逃亡の制御
3. 監視性の確保
4. 領域性の強化

CPTED

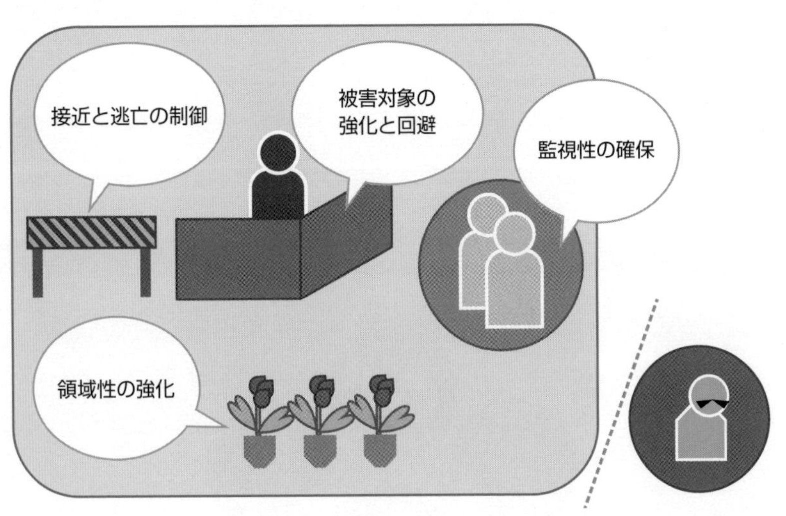

＊**CPTED**　Crime Prevention Through Environmental Designの略。

4-19 サプライチェーン攻撃への対抗

関連企業や取引先を含めたサプライチェーンのセキュリティ対策が重要視されています。これは、顧客情報を含む重要な情報がサプライチェーンで共有されているからです。また、サプライチェーンからのアクセスは比較的簡単に許可されるため、防御が手薄な取引先から本丸である機密情報に接近する手口があるからです。

サプライチェーン攻撃

経済産業省の「サイバーセキュリティ経営ガイドライン Ver 2.0」に示されている、経営者が認識すべき3原則には、「自社はもちろんのこと、ビジネスパートナーや委託先も含めたサプライチェーンに対するセキュリティ対策が必要」と記されています。例えば、企業のWebサイトの運営を委託している会社から顧客情報が漏えいしたことで、企業や商品のイメージに損害が生じることがあります。

さらに近年のサイバー犯罪では、セキュリティ対策の進んでいる大企業を最終的な目標と定め、そのサプライチェーンの中にセキュリティのほつれを探し出し、そこから目標を攻撃する事案も発生しています。これが**サプライチェーン攻撃**です。

サプライチェーン攻撃では、自社が攻撃の最終目標ではない場合があります。この場合、自社のコンピュータが乗っ取られて、取引先でもある企業の攻撃に使われると、これは自社が踏み台とされて2次被害をもたらすことになり、自社が加害者となる恐れがあります。

企業の4大脅威（2019〜2021年）

	2019年	2020年	2021年
1位	標的型攻撃による被害	標的型攻撃による機密情報の搾取	ランサムウェアによる被害
2位	ビジネスメール詐欺による被害	内部不正による情報漏えい	標的型攻撃による機密情報の搾取
3位	ランサムウェアによる被害	ビジネスメール詐欺による被害	テレワークなどのニューノーマルな働き方を狙った攻撃
4位	サプライチェーンの弱点を悪用した攻撃の高まり	サプライチェーンの弱点を悪用した攻撃の高まり	サプライチェーンの弱点を悪用した攻撃の高まり

IPA（独立行政法人 情報処理推進機構）「情報セキュリティ10大脅威 2021」より

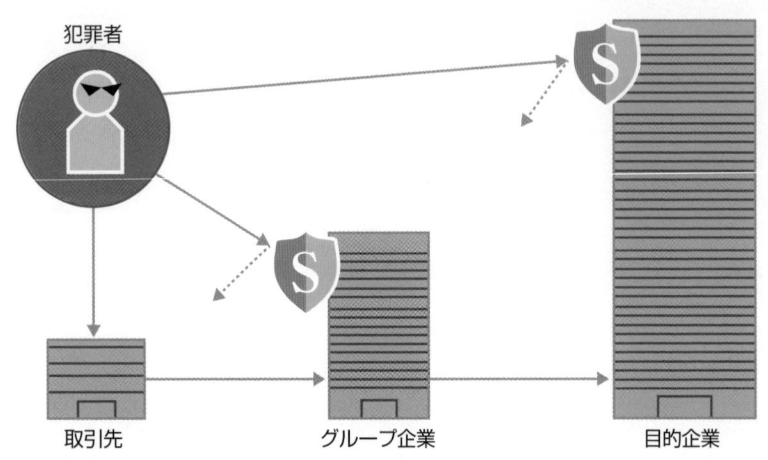

● サプライチェーン攻撃への対策

サプライチェーン攻撃への対策としては、サプライチェーンの各所で適切なセキュリティ対策を講じなければなりません。その上で、次のような作業を進めておくことが重要です。

・サプライチェーンのビジネスパートナーと、サイバーセキュリティ対策の内容を明確にした上で契約を交わす。
・サプライチェーンのビジネスパートナーから、サイバーセキュリティ対策状況の報告を受け、把握する。
・個人情報等の重要な情報を委託先に預ける場合は、委託先の経営状況等も踏まえて、情報の安全性の確保が可能であるかどうかを定期的に確認する。
・サプライチェーンのビジネスパートナーが情報セキュリティマネジメントを行っていることを確認する。できれば、ISMS等のセキュリティマネジメント認証を取得するように働きかける。
・緊急時の委託先に起因するリスクに対して、委託先がサイバーリスク保険に加入していることが望ましい。

サイバーリスク保険

損害保険会社では、**サイバー保険**または**サイバーリスク保険**の名称で保険を販売しています。

例えば三井住友海上の「サイバープロテクター」では、インターネット付随サービスを行っている会社の場合、支払限度額2億円で、年間保険料は11万〜187万円です。ただし、これは支払限度額、告知内容、支払方法などによって変わります。

「サイバープロテクター」のプラン

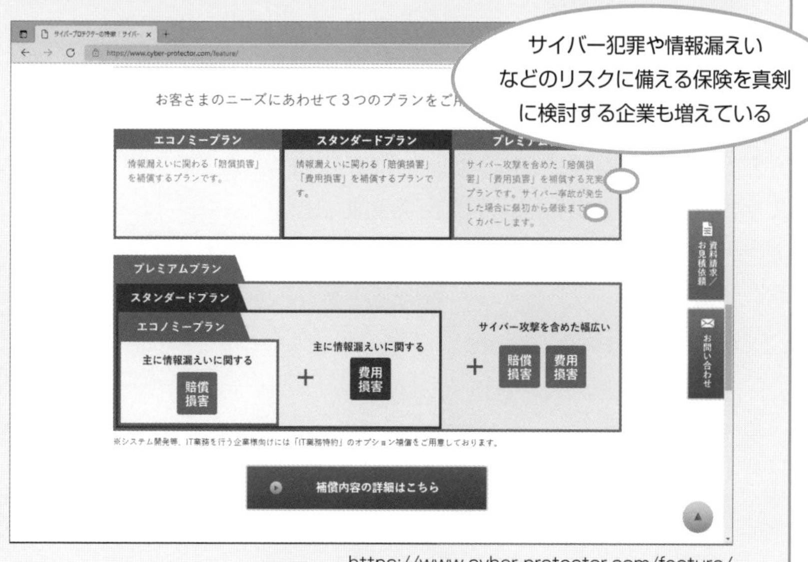

4-20 PPAP撤廃

一般に安全であると信じられている策にも、セキュリティホールが存在していたとわかることがあります。セキュリティに関する情報は日々更新されているため、責任者は情報セキュリティに関する各方面の動向に常に注意を払う必要があります。

PPAPとは

PPAP*とは、インターネットを使って安全にファイルをやり取りできると信じられ、実際に多くの企業や組織で使われてきたファイル共有の一方法です。

「パスワード付きファイル」で用いられたのがZIP形式の圧縮ファイルです。ZIP形式のファイル圧縮はOSもサポートしているので、簡単に圧縮や解凍を実行することができます。

PPAPでは、相手に送るファイルをZIP形式で圧縮します。このとき、パスワードを設定し、このZIPファイルをメールに添付して相手に送ります。その後、別のメールで、暗号化されているZIPファイルを復号するためのパスワードを送信します。

この手順で機密書類のメールでのやり取りが行われていました。特に2010年代には、日本の官公庁の職員が外部へファイルを送信するときに、PPAPが推奨されていました。

ところが、2020年11月に内閣府は、PPAPをやめて民間のストレージサービスを使ったファイル共有に移行する、と発表しました。PPAPは、セキュリティ対策や受け取り側の利便性の観点から適切ではないと判断されました。

*PPAP　略さずに書き表すと「Pre send Password file After send Password」となり、直訳すれば「まずはパスワード付きのファイルを送り、そのあとでパスワードを送る」となる。「Password付きZIP暗号化ファイルを送る、Passwordを送る、Angouka（暗号化）する、というProtocol（プロトコル＝手順）」の最初の文字を並べたものだとする説もある。

PPAP

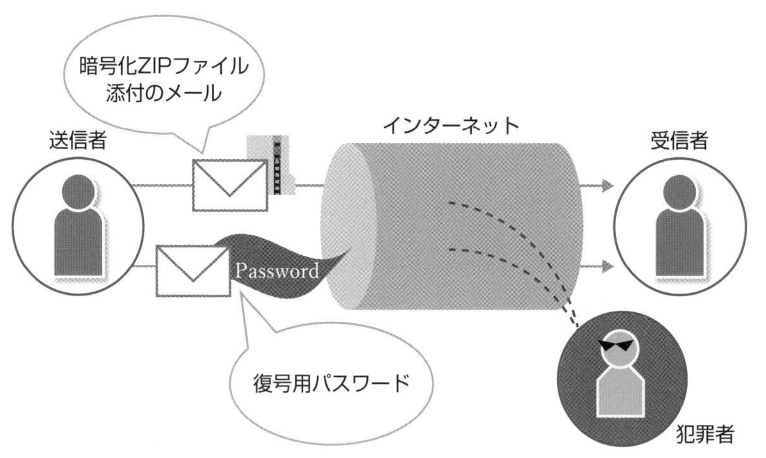

● PPAPのセキュリティ上の問題点

PPAPの問題点の1つとして、パスワード付きのZIPファイルにはウイルスチェックが働かないことがあります。

また、ZIPファイルの送信経路とパスワード送信経路が同じなので、盗聴される可能性があります。

さらに、宛名を間違えて送信した場合、確かにパスワードがなければ開けないのですが、機密ファイルをメールに添付すること自体に問題があるともいえます。実際に、この手の事故は頻繁に起きています。

セキュリティ面ではないですが、受信者側は受け取るたびにZIPファイルを解凍しなければならず、サイズの大きなファイルの場合、生産性の低下も懸念されました。

現在、機密ファイルのやり取りには、安全性の高いクラウド形式のファイル共有システムが利用されるようになっています。例えば、セコムトラストシステムズ（セコムグループ）の運用する「セコムあんしんファイル送信サービス」は、ウイルスチェックや暗号化を取り入れたクラウドタイプのファイル転送サービスであり、24時間体制で運用を監視しています（有料）。

4-21 クラウドとセキュリティ

2000年代後半にサービスが一般化してきたクラウドサービスのインシデントを減らすため、経済産業省では2010年になって「クラウドセキュリティガイドライン」を策定しました。

クラウドセキュリティガイドライン

経済産業省の「**クラウドセキュリティガイドライン**」は、2014年に改訂版が公表されています。内容的には少し古くなっている部分もありますが、企業などがクラウドを利用する上で注意しなければならないセキュリティ対策など、参考にしたい内容が多く含まれています。

また、より詳しい管理マネジメントのためには、JISの情報セキュリティ管理分野（JIS Q）がベースになっている、「クラウドサービス利用のためのセキュリティマネジメントガイドライン」があります。

クラウドセキュリティガイドライン活用ガイドブック

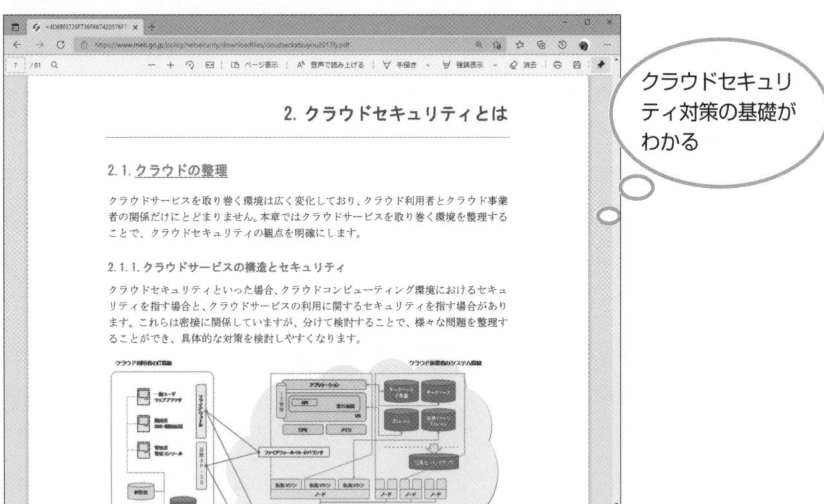

2. クラウドセキュリティとは

2.1. クラウドの整理

クラウドサービスを取り巻く環境は広く変化しており、クラウド利用者とクラウド事業者の関係だけにとどまりません。本章ではクラウドサービスを取り巻く環境を整理することで、クラウドセキュリティの観点を明確にします。

2.1.1. クラウドサービスの構造とセキュリティ

クラウドセキュリティといった場合、クラウドコンピューティング環境におけるセキュリティを指す場合と、クラウドサービスの利用に関するセキュリティを指す場合があります。これらは密接に関係していますが、分けて検討することで、様々な問題を整理することができ、具体的な対策を検討しやすくなります。

https://www.meti.go.jp/policy/netsecurity/downloadfiles/cloudseckatsuyou2013fy.pdf

クラウドサービス利用のためのセキュリティマネジメントガイドライン

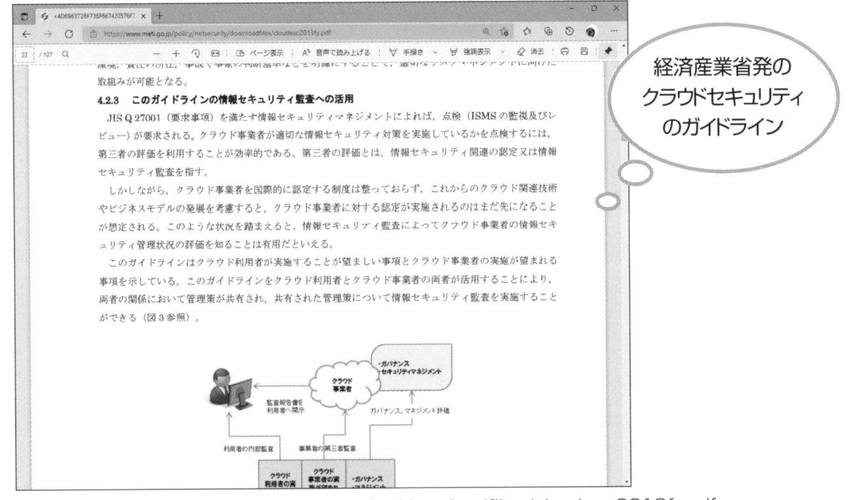
取組みが可能となる。

4.2.3　このガイドラインの情報セキュリティ監査への活用

JIS Q 27001（要求事項）を満たす情報セキュリティマネジメントによれば，点検（ISMS の監視及びレビュー）が要求される。クラウド事業者が適切な情報セキュリティ対策を実施しているかを点検するには，第三者の評価を利用することが効率的である。第三者の評価とは，情報セキュリティ関連の認定又は情報セキュリティ監査を指す。

しかしながら，クラウド事業者を国際的に認定する制度は整っておらず，これからのクラウド関連技術やビジネスモデルの発展を考慮すると，クラウド事業者に対する認定が実施されるのはまだ先になることが想定される。このような状況を踏まえると，情報セキュリティ監査によってクラウド事業者の情報セキュリティ管理状況の評価を知ることは有用だといえる。

このガイドラインはクラウド利用者が実施することが望ましい事項とクラウド事業者の実施が望まれる事項を示している。このガイドラインをクラウド利用者とクラウド事業者の両者が活用することにより，両者の関係において管理策が共有され，共有された管理策について情報セキュリティ監査を実施することができる（図 3 参照）。

https://www.meti.go.jp/policy/netsecurity/downloadfiles/cloudsec2013fy.pdf

クラウドサービスの特性

インターネット経由でサーバにあるソフトウェアやデータセンターのハードウェアを利用するのが**クラウドサービス**（cloud service、本書では単に「クラウド」と記すこともある）です。

クラウドサービスに対して、従来型の情報システムの形態は**オンプレミス**（on-premises）と呼ばれます。オンプレミスは、自らの組織が、その敷地内に設備と機器を整備し、それを自主管理する運用形態です。インターネット上の特別なサーバなどを業務で利用することはありません。

すでに多くのクラウドサービスが身近で利用されています。個人では、ワープロや表計算、グループウェア、オンラインストレージなどのアプリケーションが無料で使用できます。企業や組織用としては、財務会計、税務申告、給与計算、労務管理、顧客管理、販売管理など、かつてはオンプレミスで行っていた業務処理の多くがクラウドサービスに移行しています。クラウドサービスは、高価な設備や最新のソフトウェアを所有することなく、高度な管理・運用のノウハウがなくても最新の情報システムを利用できるのが最大のメリットです。

クラウドサービスの形態

● ASPとSaaS

ASP*と**SaaS***の両方とも、インターネットを介してカスタマがソフトウェアを使用するためのクラウドサービスです。歴史的には、クラウドサービスの初期にASPがあり、その後、ASPを発展させた形態のSaaSへと移行してきました。このため、ASPとSaaSを同義とする見方もあります。

また、SaaSはクラウドコンピュータを仮想化して、複数のサーバやデータベースなどを1台のコンピュータで処理することができるものとし、ASPに比べて比較的安価なクラウドサービスと定義している場合もありますが、必ずしも当てはまらない場合もあります。そこで本書では、ASPをSaaSの一形態と見なし、ほぼ同義のものとして扱い、1つにまとめて「SaaS」とします。

代表的なSaaSには、一般に広く利用されているGoogle MailのようなWebメールやWebスケジュール管理などのほか、Microsoftの「Office 365」などがあります。

● PaaS

PaaS*には、SaaSと同じようなクラウドサービスに加えて、プログラムの開発環境やビジネスインテリジェントサービス、データベース管理サービスなども含まれます。PaaSによって、プログラミングに関わるカスタマは、クラウド環境でのアプリケーションの作成やテストを行うことができます。また、データサイエンティストにとっては、データマイニングツールを利用できます。

PaaSには、Amazon Web Services(AWS)で利用できる「Lambda」、Microsoft Azureの各種サービスなどがあります。

● IaaS

IaaS*は、CPU、メモリ、ストレージ、あるいはこれらの設置されているデータセンター、そしてネットワークなどのハードウェア資産を提供するクラウドサービスです。

＊**ASP**　Application Service Providerの略。
＊**SaaS**　Software as a Serviceの略。
＊**PaaS**　Platform as a Serviceの略。
＊**IaaS**　Infrastructure as a Serviceの略。

クラウドサービスの形態

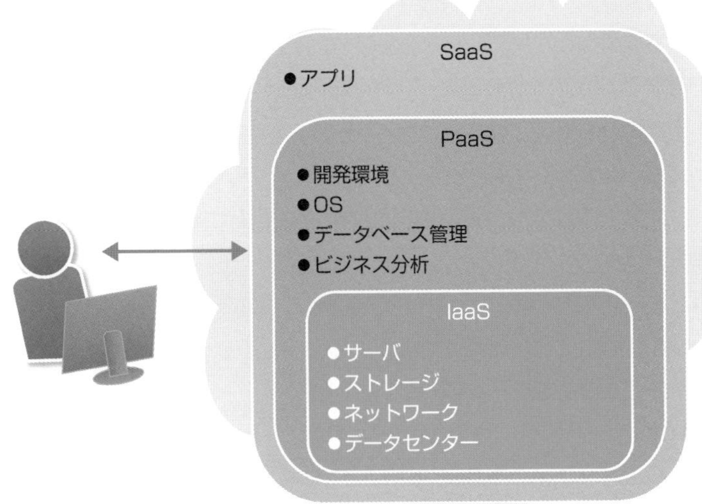

クラウド固有のリスク

クラウドサービスを利用した場合の情報セキュリティを、オンプレミス環境と対比させて考えてみましょう。

まず、当たり前のことですが、クラウドはインターネット上にあります。このため、オンプレミスよりは外部からの攻撃を受けやすくなります。ただし、専門家集団によってセキュリティのしっかりしたクラウドが構築されているならば、自社でサーバを用意するよりもセキュリティ管理面で安心できます。

しかし、クラウドだから安心というわけにもいきません。そもそも、クラウドの技術は標準化された確かな技術とは限りません。クラウド事業者自らが開発した技術によるサービスが提供されている場合もあります。しかしながら、利用者にはクラウドの性能や信頼性を評価したり、脆弱性や脅威を検証したりすることができません。このことは、問題の発生に備えて利用者があらかじめ対応計画を練っておくことを困難にしています。

クラウド管理会社の専門家にセキュリティ管理を任せておいて本当によいのか、という問題もあります。利用者がセキュリティ管理をしたいと思っても、例えば監査ログが手に入りません。このことは、問題が発生したときに原因究明が難しく、再発防止の対策を講じられないことを意味しています。

多くのクラウドは、1つのストレージを何社ものクライアントで間借するタイプのマルチテナント方式です。安全面からは好ましくありません。他の利用者が攻撃を受けた場合に、自社はセキュリティを十分に整えていたとしても、仮想化されたストレージにある同じOSで運用している場合に、自社にも被害が及ぶ恐れがあります。

クラウドを利用するときには、クラウドの共有ストレージを複数人でアクセスすることになります。もしクラウドの共有ストレージにトラブルが発生すると、同時に何人もの作業に影響することになります。

最後に、クラウドサービスが複数の事業主体によって運営されている場合、アクシデントに対してどこまで迅速に対応できるかを事前に調べておくとよいでしょう。

このようなリスクを踏まえて、クラウドを導入するわけですが、利用時には利用責任者等は以下のポイントも押さえておくとよいでしょう。

・クラウド管理担当者を選任する。
・利用者の認証を確実にする。
・利用者の範囲を決める。
・バックアップ作業を適切に行う。
・クラウドのデータセンターの所在地を確認しておく。

4-22 標的型攻撃への対策

標的型攻撃とは、ウイルスやワームのような「ばらまき型攻撃」ではなく、また「フィッシング」のように無作為または罠を仕掛けてじっと待っているのでもなく、攻撃者がターゲット（目標）を狙い定めて攻撃する手法です。

標的型攻撃

内閣サイバーセキュリティセンター（NISC）のサイバーセキュリティ対策推進会議（CISO等連絡会議）では、特にこのタイプの攻撃を「高度サイバー攻撃」とし、さらに高度なものについては**APT**＊（**高度かつ継続的な脅威**）と呼んで警告を発しています。

標的型攻撃の代表的な手法は、電子メールから始まります。巧妙に細工された電子メールを受け取った社員が、メールに添付されている実行ファイルを開いてしまいます。これでそのPCはウイルスに感染します。

ウイルスは、そのPCから攻撃者に通信やセキュリティに関する情報を伝えます。そのPCのセキュリティに不備があった場合は、バックドアからPCに侵入し、社員の知らないうちにPCを乗っ取ります。攻撃者にとっては、標的である企業の機密書類を窃取する足掛かりができたことになります。

次に、バックドアからネットワークに侵入することに成功すると、同じようなウイルスやワームをネットワーク内のコンピュータに送り込み、さらに情報を収集します。そして、共有フォルダのあるサーバやドメインサーバへの侵入を画策することになります。

標的型攻撃は執拗に行われます。目的の情報の在り処が特定されれば、管理者等に悟られないように策を練り、段階的に攻撃を進めていきます。

そして、ついに目的とする機密文書や個人情報にたどり着いたら、時期を見て、それらを窃取あるいは改ざん、削除します。また、ログなどを消し、攻撃の痕跡を消します。

攻撃目標は、金銭目的では大企業やライバル会社、政治的な攻撃ではライバル国や敵対している国などです。

＊**APT**　Advanced Persistent Threatの略。

標的型攻撃

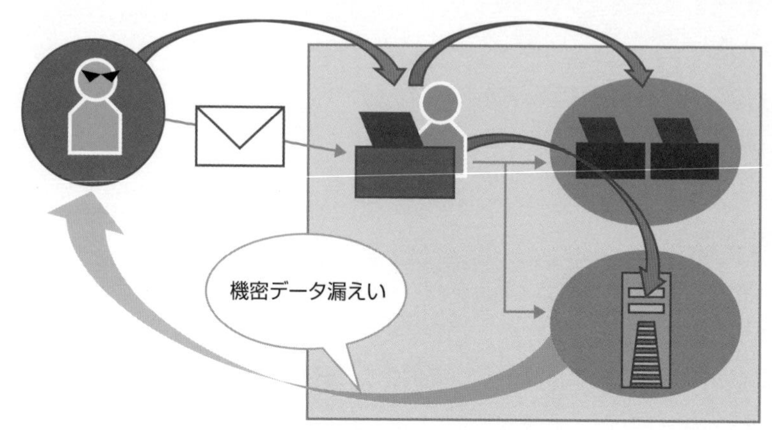

● 標的型攻撃への対策

標的型攻撃では、緻密な準備と計画の末に、防御側の脆弱性をある程度看破してから攻撃が開始されます。防御側では、組織全体で長い間ずっとセキュリティレベルを高く保ち続けることが要求されますが、現実的には困難です。

しかし、攻撃を撃退するチャンスはいくつかあります。

入り口対策では、多くの攻撃で使われるウイルス付きメールの防御です。攻撃側は、ネットワークやシステムの管理権限のまったくない社員よりも、管理権限のある社員や役員のPCに侵入したいわけで、そのような役職のPCは特にセキュリティを高く保つ必要があります。

もし侵入されても、すぐに検知できるように、不審な動きをするPCが組織内にないかどうかを日常的に監視することも必要です。

入り口対策で重要視されるのは、組織員のセキュリティ教育です。電子メール添付ファイルの扱いや、システムの更新、パスワードの重要性などを講習会等で確認させます。システム担当者は、セキュリティ対策の重要性を繰り返し説き、ルールを作り、それを励行させるようにします。組織員の安全意識の向上は重要なポイントです。

入口段階で攻撃を防げず、組織にウイルスが侵入してしまった場合にも、組織内から重要な情報が外部に送信される段階で、被害を食い止める対策（出口対策）を行うことが重要です。主な出口対策としては、ウイルス感染による外部への不審な通信を見つけて遮断する、サーバやWebアプリケーションなどのログを日常的に取得して異常な通信がないかどうか定期的にチェックする、といった対策があり、侵入の早期発見と迅速な対応のために有効です。特にログの取得は、侵入の発覚後に被害内容の特定や原因の追究をするための重要な情報源となります。

入り口対策で防ぎ切れなかった場合、まだ出口対策で防ぐチャンスがあります。ウイルスは外部と通信するため、それをキャッチできれば、早い段階で不正アクセスを遮断できます。ネットワーク管理者は、ログを定期的に確認し、不正な通信や不審な挙動を見逃さないようにします。攻撃者が共有サーバや重要データのフォルダにアクセスできていなければ、機密データの漏えいを防げる可能性があります。

ビジネスメール詐欺による金銭被害

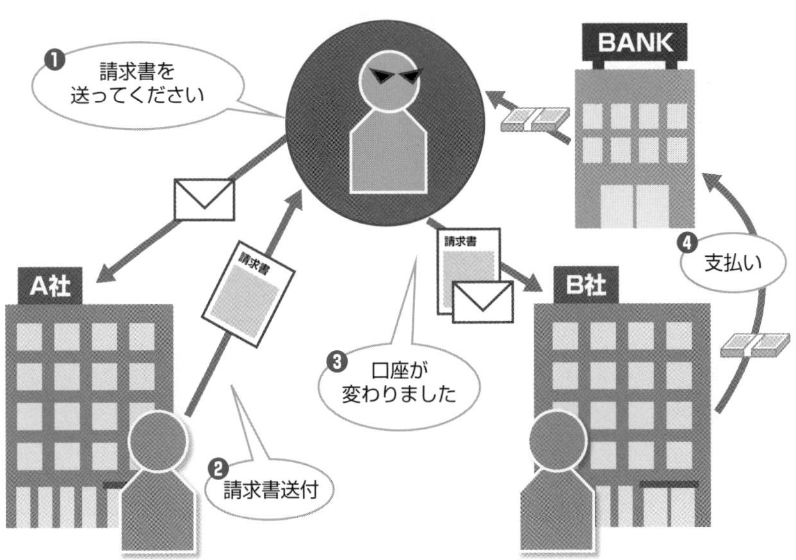

IPA（独立行政法人 情報処理推進機構）「情報セキュリティ10大脅威 2021」を参考に作成

4-23 ランサムウェア対策

身代金要求型の**ランサムウェア**は、ワームでもありました。このため2017年、WannaCryでは、最初に感染が報告されてからわずか数日で世界中に広まり、30万台を超えるPCが被害を受けたとされています。

ランサムウェア "WannaCry"

WannaCryに感染すると、PCに保存されているファイルが勝手に暗号化されてしまいます。暗号化されたファイルは、そのままでは何が記述されているかわかりません。その状態で、金銭（ビットコイン）の振り込みを要求してきます。そして、振り込みを確認したら、暗号化されたファイルを元に戻す鍵を渡すというものでした。WannaCryの攻撃を受けた多くの人が振り込んだものの、復号するための鍵は渡されなかったようです。

WannaCryが攻撃したWindowsは、いずれも脆弱性が公表されていたものでした。つまり、ゼロデイ脆弱性を攻撃されていました。イギリスでは、2014年にサポートが終了したあともWindows XPを使用し続けていた医療機関が被害に遭っています。OSなどソフトウェアの脆弱性が見つかった場合、できるだけ速やかにアップデート作業を行わなければならないことが、WannaCryでも証明されてしまいました。

● 新手のランサムウェア攻撃

従来のランサムウェアによる攻撃は、ワームタイプのもので、攻撃者は無差別にランサムウェアをばらまいていました。ランサムウェアに感染し、ファイルが暗号化されて困っている人の中で、身代金要求を呑(の)んだ人からの送金を待つという方式でした。しかし、新手のランサムウェア攻撃の中には、標的型のものも現れています。つまり、攻撃者はあらかじめ目標と定めた企業にランサムウェアを忍び込ませて、管理サーバを乗っ取ってランサムウェアに感染させ、重要な機密文書や顧客の情報などを暗号化するなどして人質化します。または、標的型攻撃のようにシステムダウンを狙って一斉攻撃を仕掛けます。そして、身代金を要求するのです。このタイプのランサムウェアは、攻撃者集団または個人が様々な手法を駆使して企業のネットワークに侵入するところから始まり、めぼしいコンピュータを見つけてバックドアを作り、諜報活動を行っていく、という標的型攻撃の手法です。このため、海外では**「人手によるランサムウェア攻撃」**と呼ばれます。

近年見られるようになった攻撃手法には、もう1つ、**「二重脅迫」**(double extortion)と呼ばれるものもあります。この攻撃は、ランサムウェアによって暗号化する前に重要なファイルを窃取しておき、要求に応じない場合は窃取したファイルをインターネット上にさらすと脅迫するものです。要求された身代金は、数千万円から数億円規模といわれています。

人手によるランサムウェア攻撃

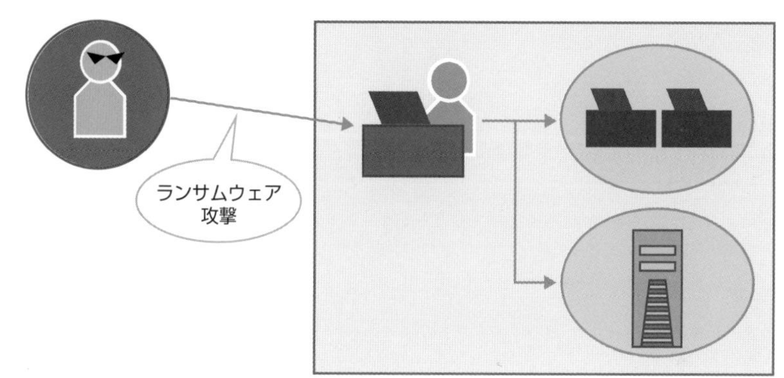

● ランサムウェア攻撃への対策

新手のランサムウェア攻撃は、標的型攻撃と同じような手法がとられます。

ランサムウェア攻撃によって、企業の存続が脅かされるような被害になることも考えられます。このため、守るべき資産(データやシステム)を特定することが必要です。さらに、それらに対するリスク分析、守るためのコストを算出して、優先順位を付けて多層的な防衛策を講じなければなりません。

ランサムウェア攻撃では重要なファイルを人質にするため、攻撃されたときには、これらのファイルのバックアップが残っていることが重要です。さらに、バックアップがランサムウェアに侵されないように、バックアップ機器はバックアップ時にのみ接続する、媒体や装置は複数種類を用意する、などの作業が必要です。

MEMO

第5章

関連する制度

個人のスキルを上げるための「資格制度」は、企業に当てはめると「認証制度」ということになるでしょう。外部から見たときに、情報セキュリティの国際的な認証制度を取得している企業や組織には、安心感があり信頼感が湧きます。内部的には、組織全体の情報セキュリティに対する意思向上が図られ、効率が品質の改善も期待できます。

本章では、情報セキュリティの国際標準規格の内容、情報セキュリティ環境整備に関する法律や規則、それらに関連する国の組織や機関などを紹介します。

5-1 ISO/IEC 27000シリーズ

ISO/IEC 27000番台の規格は、国際標準化機構（ISO）と国際電気標準会議（IEC）が共同で策定している、情報セキュリティマネジメントシステム（ISMS）に関する国際規格群です。

ISO/IEC 27000シリーズ

このシリーズは、ISMS認証のための要求事項を規定したISO/IEC 27001と、ISMS認証機関への要求事項を規定したISO/IEC 27006、そしてISMS実施のための追加の要求事項の枠組みを規定したISO/IEC 27009などで構成されています。

ISO/IEC 27000シリーズの概要

ISO/IEC	説明
ISO/IEC 27000 JIS Q 27000	ISMSファミリーの概要や用語。
ISO/IEC 27001 JIS Q 27001	ISMSの確立、導入、運用、監視、レビュー、維持、改善のための要求事項。
ISO/IEC 27002 JIS Q 27002	ISMSのベストプラクティス。
ISO/IEC 27003	ISMSの導入計画から導入完了までのガイダンス。
ISO/IEC 27004	導入したISMSや管理対策についての評価のためのガイダンス。
ISO/IEC 27005	情報セキュリティリスクマネジメントのガイドライン。
ISO/IEC 27006 JIS Q 27006	ISMS認証機関のための要求事項。
ISO/IEC 27007	ISMS監査のガイドライン。
ISO/IEC 27008	情報セキュリティ制御の評価のためのガイドライン。
ISO/IEC 27009	ISO/IEC 27001セクター固有の適用要件。
ISO/IEC 27010	セクター間及び組織間通信のための情報セキュリティマネジメント。
ISO/IEC 27011	通信機関向けのISO/IEC 27002に基づく情報セキュリティ制御の実践規範。

ISO/IEC 27013	ISO/IEC 27001及びISO/IEC 20000-1の統合実装に関するガイダンス。
ISO/IEC 27014	情報セキュリティガバナンス。
ISO/IEC TR 27016	情報セキュリティマネジメント（組織経済学）。
ISO/IEC 27017	クラウドサービス向けの、ISO/IEC 27002に基づく情報セキュリティ制御の実践規範。
ISO/IEC 27018	パブリッククラウド内の個人情報保護のための実施基準。
ISO/IEC 27019	エネルギー事業者向け情報セキュリティ制御。
ISO/IEC 27021	ISMSの専門家に対するコンピテンス要件。
ISO/IEC 27022	ISMSプロセスに関するガイダンス。
ISO/IEC TS 27100	サイバーセキュリティの概要と概念。
ISO/IEC TS 27101	サイバーセキュリティフレームワーク開発ガイドライン。
ISO/IEC 27102	サイバー保険のガイドライン。
ISO/IEC TR 27103	サイバーセキュリティ、ISO規格、IEC規格。

ISO/IEC 27000ファミリーの作業状況

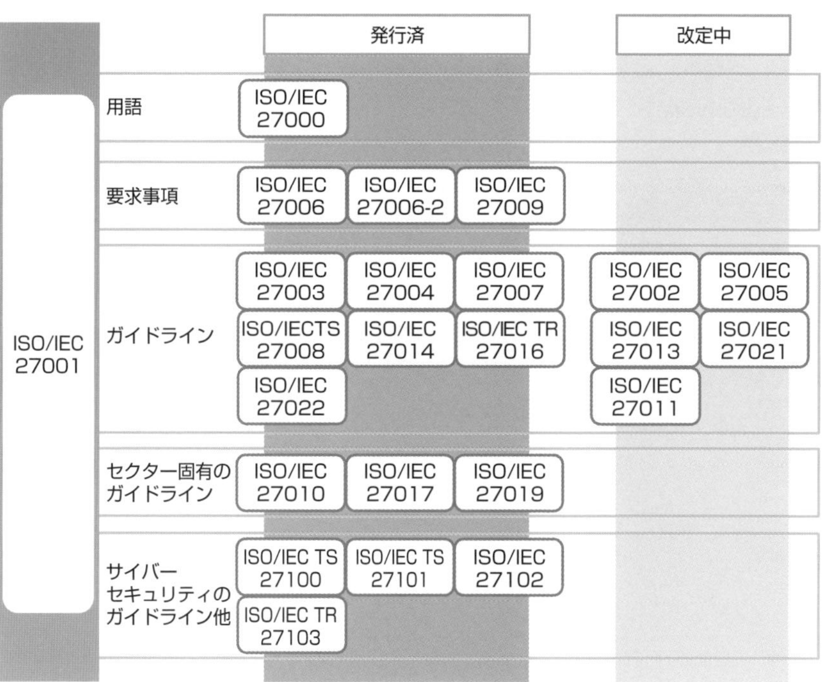

5-2 ISO/IEC 27001

ISO/IEC 27001は、ISMSの要求事項をまとめた国際規格です。ISMSを組織として確立させ、維持し、継続的に改善するために必要なリーダーシップのほか、計画、支援、運用、パフォーマンス評価、改善の要件が記されています。

ISMS

情報セキュリティマネジメントシステム（ISMS＊）とは、情報セキュリティについてのマネジメントシステムです。企業や組織の情報セキュリティの継続的な保護を目的とした業務の枠組みです。

一般に「マネジメントシステム」は、「計画」(Plan)、「実行」(Do)、「評価」(Check)、「改善」(Action)を順番に繰り返して行うPDCAサイクルによって、生産管理、品質管理を継続的に改善する手法です。

情報セキュリティにマネジメントシステムの手法を応用することで、企業や組織の情報セキュリティ能力を改善しようというのが、ISMSということになります。

企業や組織に要求される情報セキュリティ能力とは、「1-7　情報セキュリティの要素」で述べたとおり、**機密性**（Confidentiality）、**完全性**（Integrity）、**可用性**（Availability）の3つです。

企業に求められる情報セキュリティ能力

機密性	情報を外部に漏えいしないようにする能力。
完全性	最新の情報を正しく操作できるようにすることで、改ざんさせたり間違わせたりしないようにする能力。
可用性	権限があるユーザが、必要なときに、必要な情報にアクセスできるための能力。

＊ISMS　Information Security Management Systemの略。この語句は日本情報経済社会推進協会により商標登録されている。

ISO/IEC 27001のPDCAサイクル

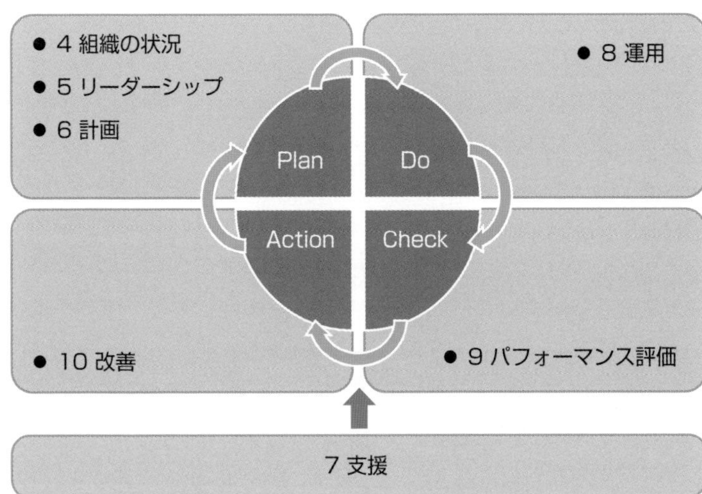

情報セキュリティ能力（3大要素）

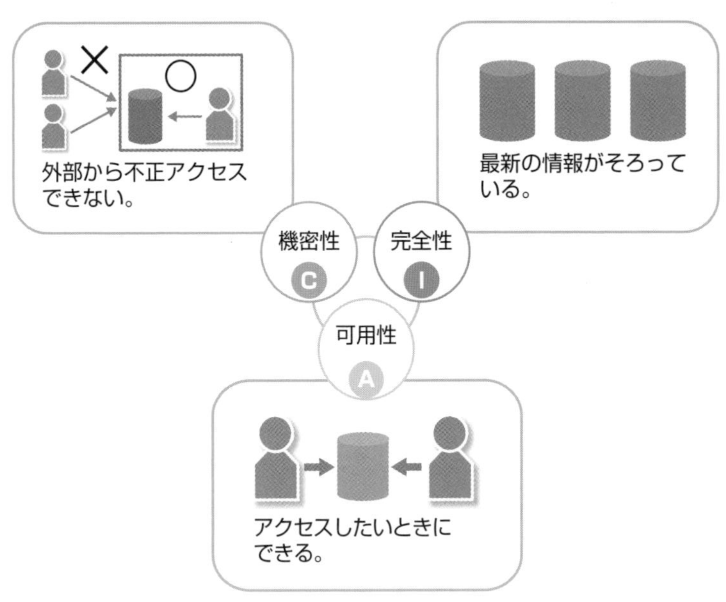

● ISMSの国際規格

ISO/IEC 27001は、ISMSの要求事項に関する国際規格です。組織として情報を有効に活用することを目的とし、機密性、完全性、可用性をバランスよくマネジメントするためのものです。

情報リスクの低減や社員の情報セキュリティ意識・モラルの向上などが期待されますが、実際には、企業の情報セキュリティと情報プライバシーに対する姿勢や実力をユーザーにわかりやすく示せるため、多くの企業では審査機関からのISO/IEC 27001認証取得を目指すようです。

ISO/IEC 27001は次のような構成になっています。

ISO/IEC 27001の構成

0. 序文	0.1　概要
	0.2　他のマネジメントシステム規格との両立性
1. 適用範囲	
2. 引用規格	
3. 用語及び定義	
4. 組織の状況	4.1　組織及びその状況の理解
	4.2　利害関係者のニーズ及び期待の理解
	4.3　情報セキュリティマネジメントシステムの適用範囲の決定
	4.4　情報セキュリティマネジメントシステム
5. リーダーシップ	5.1　リーダーシップ及びコミットメント
	5.2　方針
	5.3　組織の役割、責任及び権限
6. 計画	6.1　リスク及び機会に対処する活動
	6.2　情報セキュリティ目的及びそれを達成するための計画策定
7. 支援	7.1　資源
	7.2　力量
	7.3　認識
	7.4　コミュニケーション
	7.5　文書化した情報

8. 運用	8.1　運用の計画及び管理
	8.2　情報セキュリティリスクアセスメント
	8.3　情報セキュリティリスク対応
9. パフォーマンス評価	9.1　監視、測定、分析及び評価
	9.2　内部監査
	9.3　マネジメントレビュー
10.改善	10.1　不適合及び是正処理
	10.2　継続的改善
附属書A（規定）	管理目的及び管理策

ISO/IEC 27001の認証を取得するためには、100項目を超える管理策を検討し、それら一つひとつに「情報のC（機密性）、I（完全性）、A（可用性）」を踏まえた設計が必要です。さらに、ISO/IEC 27001の取得後にも要件を満たし続けるためには、厳しい維持活動を継続しなければなりません。中小企業がISO/IEC 27001の取得を考えるときには、情報セキュリティを維持し続けるためのコストだけではなく、取得後に増加することが見込まれる情報セキュリティに関する業務量についても考えておく必要があります。

情報セキュリティ対策ベンチマーク

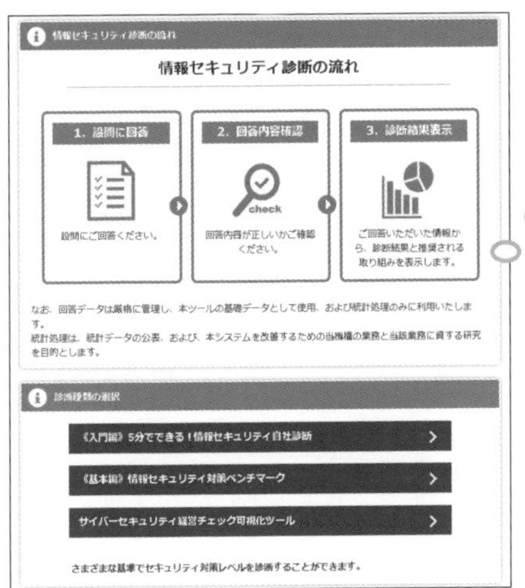

セキュリティ対策レベルの
状態を散布図やレーダーチャート、
点数などで把握できる

IPA（独立行政法人 情報処理推進機構）
セキュリティセンターより

5-3 ISO/IEC 27002

ISO/IEC 27002(2013年版)の国内版であるJIS Q 27002:2014では、タイトルが「情報セキュリティマネジメントの実践のための規範」と訳されて*います。

ISO/IEC 27002

ISO/IEC 27002には、情報セキュリティマネジメントの具体的な管理策が示されています。ISO/IEC 27001の「附属書A」に書かれているISMSの管理策を具体的に検討するときには、このISO/IEC 27002を参照することになります。

ISO/IEC 27002には、具体的な管理策が1000項目近く載っています。例えば、「9. アクセス制御」の「9.4 システム及びアプリケーションのアクセス制御」では、「9.4.2 セキュリティに配慮したログオン手順」を見ると、次のように実施の具体例が記されています。

●具体的な管理策の例(JIS Q 27002:2014)

管理策

アクセス制御方針で求められている場合には、システム及びアプリケーションへのアクセスは、セキュリティに配慮したログオン手順によって制御することが望ましい。

実施の手引

利用者が提示する識別情報を検証するために、適切な認証技術を選択することが望ましい。

強い認証及び識別情報の検証が必要な場合には、パスワードに代えて、暗号による手段、スマートカード、トークン、生体認証などの認証方法を用いることが望ましい。

*…**と訳されて** 現在の改訂作業では「情報セキュリティ管理策」となる予定。

システム又はアプリケーションへログオンするための手順は、認可されていないアクセスの機会を最小限に抑えるように設計することが望ましい。したがって、ログオン手順では、認可されていない利用者に無用な助けを与えないために、システム又はアプリケーションについての情報の開示は、最小限にすることが望ましい。良いログオン手順として、次の条件を満たすものが望ましい。

a）システム又はアプリケーションの識別子を、ログオン手順が正常に終了するまで表示しない。

b）“コンピュータへのアクセスは、認可されている利用者に限定する”という警告を表示する。

c）ログオン手順中に、認可されていない利用者の助けとなるようなメッセージを表示しない。

d）ログオン情報の妥当性検証は、すべての入力データが完了した時点でだけ行う。誤り条件が発生しても、システムからは、データのどの部分が正しいか又は間違っているかを指摘しない。

e）総当たり攻撃でログオンしようとする試みから保護する。

f）失敗した試み及び成功した試みのログをとる。

g）ログオン制御への違反又は違反が試みられた可能性が検知された場合には、セキュリティ事象として取り上げる。

h）ログオンが成功裏に終了した時点で、次の情報を表示する。

1）前回成功裏にログオンできた日時。

2）前回のログオン以降、失敗したログオンの試みがある場合は、その詳細。

i）入力したパスワードは表示しない。

j）ネットワークを介してパスワードを平文で通信しない。

k）リスクの高い場所（例えば、組織のセキュリティ管理外にある公共の場所又は外部の区域、モバイル機器）では特に、あらかじめ定めた使用中断時間が経過したセッションは終了する。

l）リスクの高いアプリケーションのセキュリティを高めるために接続時間を制限し、認可されていないアクセスの危険性を低減する。

ISO/IEC 27000のバージョン

ISMSが扱う領域の変化はまさに日進月歩の勢いがあります。このため、ISO/IEC 27000シリーズの内容も必要に応じて改定され続けています。

そこで、何年版の規格なのかをわかりやすくするために、「:」(コロン)のあとに改訂された西暦年を付けることになっています。いくつものバージョンがインターネット上に見つかる場合がありますが、もちろん、新しいものが有効です。

ISO/IEC 27000シリーズを国内版にしたJIS Qシリーズも同じように西暦年を付けます。ただし、翻訳にあたり年がずれることもあります。

●バージョン表記

ISO/IEC 27003とISO/IEC 27004

ISO/IEC 27003、ISO/IEC 27004およびISO/IEC 27005は、ISO/IEC 27001に関するサポートおよびガイダンスの役目を果たします。

ISO/IEC 27003は、ISO/IEC 27001のすべての要件に関する基本的なガイダンスですが、監視、測定、分析、評価の詳細な説明ではありません。主な内容は、ISMSの認証を得るためのプロジェクトを計画するためのガイダンスです。ISO/IEC 27003の構成は、リーダーシップ、計画、サポート、操作、性能評価、改善および付録となっています。

ISO/IEC 27004は、ISO/IEC 27001の有効性を評価する組織を支援するためのガイダンスです。目的は、情報セキュリティパフォーマンスの監視と測定、プロセスと制御を含む情報セキュリティ管理システム(ISMS)の有効性の監視と測定、監視および測定の結果の分析および評価です。

5-4 ISO/IEC 27005

ISO/IEC 27005は、ISO/IEC 27001に従って組織に求められる情報セキュリティ要件を特定し、情報セキュリティに関するリスクマネジメントの確立に必要な体系的なアプローチを与えることを目的としています。

ISO 31000とISO/IEC 27005

組織のリスクマネジメントに関する国際規格には、すでに2004年に発行されたCOSO ERMや2009年に発行されたISO 31000があります。これらは、情報セキュリティに限定せず、組織全体のリスクマネジメントを目的としたものです。

ISO/IEC 31000は、リスク管理の基本原則を説明し、リスクの原則、枠組み、管理のためのPDCAサイクルを含む一般的なフレームワークを提供しています。

ISO/IEC 27005は、ISO 31000の中の情報セキュリティリスクに限定して、リスクマネジメントを導入するための具体的なガイダンスを提供しています。

リスクマネジメントの3要素

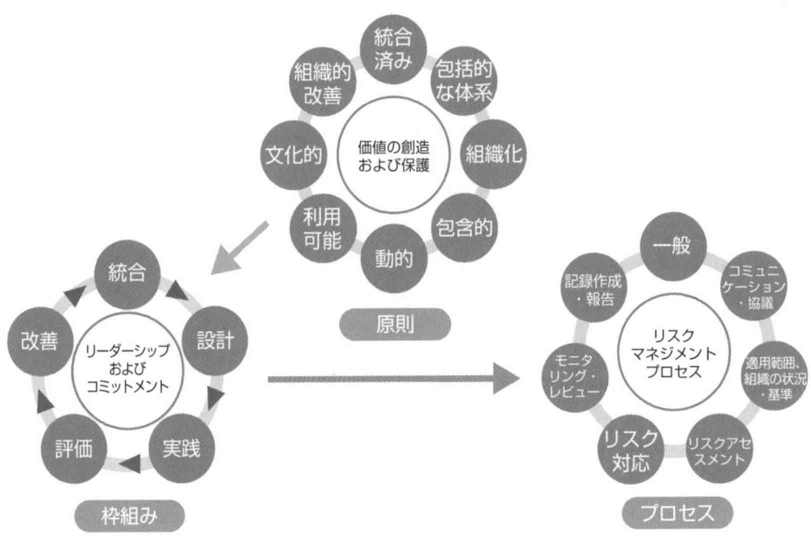

● リスクマネジメントプロセス

ISO/IEC 27005が定めているのは、情報セキュリティリスクに関するリスクマネジメントのための段階とその関係です。この**リスクマネジメントプロセス**では、リスクに対して6段階のアプローチが仮定されています。

❶状況の特定
❷リスクアセスメント
❸リスク対応
❹リスク許容
❺リスクの協議およびコミュニケーション
❻リスクモニタリングおよびレビュー

このプロセスは、何度も反復されることでより良いものになる可能性があります。

リスクマネジメントプロセス

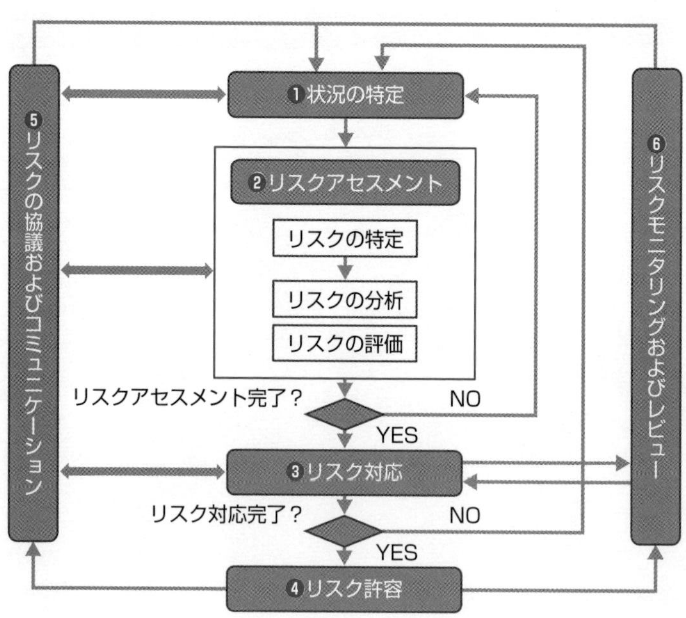

①状況の特定

情報セキュリティリスクと認定するための基本的な基準を設定します。このためには、次のような評価基準があります。

・戦略的価値や情報資産の重要度、利害関係者による評判のリスク評価基準
・損害の程度やコスト面を考慮した影響基準

また、組織の方針、目標、目的、および利害関係者の利益に依存するリスク許容基準を定義します。

情報セキュリティリスクを管理する資産の範囲と境界を定義することも重要です。このためには、組織のビジネスの目標、戦略、ポリシーはもちろんのこと、組織のある場所や地理的特性、組織に影響を与える制約、利害関係者からの期待、社会文化的環境などを考慮します。

最後に、リスクマネジメントプロセスを担う者たちの役割と責任を明確にします。主な役割は、セットアップと保守、組織に適した管理プロセスの開発、関係者の役割と責任の定義、利害関係者との間の関係確立、意思決定の定義などです。

②リスクアセスメント

「リスクアセスメント」は、「リスクの特定」「リスクの分析」「リスクの評価」のプロセスです。

「リスクの特定」では、まず、リスクの起こりやすさ、リスクの影響度、リスク値、優先順位などを基にして、リスク基準を決めます。続いて、リスクの発生する箇所や原因（「リスク源」）、リスク源がシステムの弱点と結び付いて引き起こされると考えられる困った事柄（「事象」）、そしてそれによって起こる結果（「結果」）を洞察します。そして、そのリスクを理解して、リスクのレベルを決定するのが「リスクの分析」と「リスクの評価」です。

③リスク対応

「リスク対応」では、リスクソースの削除、リスク発生による結果の軽減、リスク発生による結果の変更、リスクの共有などによって、主としてリスク回避を行います。

リスクの軽減や移転は不要、または無理と判断した場合は、リスクを許容するか、またはリスクの原因となるビジネスプロセスを放棄することになります。

リスクの特定

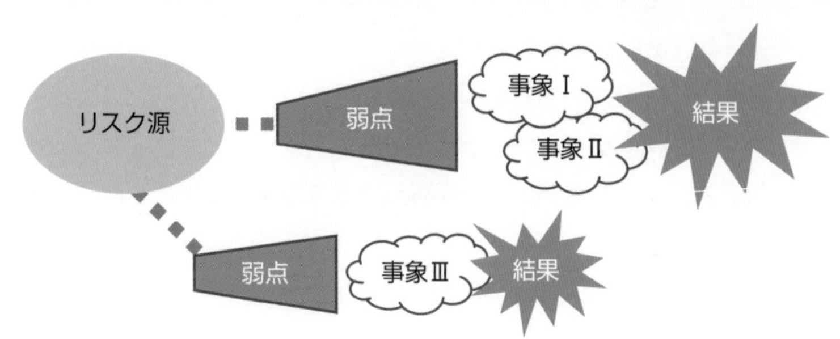

④リスク許容

リスクを許容することに決定した場合は、決定に及んだ経緯や決定の責任者を明記した記録を残します。

⑤リスクの協議およびコミュニケーション

「リスクの協議およびコミュニケーション」とは、リスクの管理に関する利害関係者に対して組織がリスク情報を提供・共有し、対話をするために実施する、継続的かつ反復的なプロセスです。リスク情報の共有を通して、リスク管理に関する合意を目指します。

⑥リスクモニタリングおよびレビュー

リスクを監視し、リスクを包括的に把握します。これによって、リスクマネジメントを継続して改善します。

ISO/IEC 27006およびJIS Q 27006

ISO/IEC 27006は、情報セキュリティシステムの審査および認証を行う機関に関する国際規格です。日本では**JIS Q 27006**としてまとめられています。

マネジメントシステムの審査および認証を行う機関に関する規格として、すでにJISにはJIS Q 17021-1があるため、JIS Q 27006はJIS Q 17021-1の構成に沿ってまとめられています。このため、用語および定義、原則、一般要求事項、組織運営機構に関する要求事項、資源に関する要求事項などは、JIS Q 17021-1を参照することになっています。

JIS Q 27006には、審査員に必要な技量が次のように明記されています。

●ISO/IEC 27006の内容
（JIS Q 27006より一部抜粋）

7.1.2.1.4　ビジネスマネジメントの実務

ISMS審査に関与する審査員は、次の知識を持たなければならない。

a）産業界における優れた情報セキュリティの慣行、及び情報セキュリティ手順

b）情報セキュリティのための、方針及び事業上の要求事項

c）一般的なビジネスマネジメントの概念及び実務、並びに、方針、目的及び結果の間の相互関係

d）マネジメントプロセス及び関連する用語

注記マネジメントプロセスには、人的資源のマネジメント、内部及び外部のコミュニケーション、並びにその他の関連する支援プロセスも含む。

JIS Qシリーズ

JIS Qは、ISO/IECの管理システム領域の国際規格を、日本語化した上で、日本の状況に合わせて一部作り直したものです。

JIS＊は、日本産業規格。「Q」は、JISの部門記号で、管理システム部門であることを示すものです。

＊**JIS**　Japanese Industrial Standardsの略。

5-5 ISO/IEC 27017

クラウドサービスの急速な拡大・普及を受けて策定された、クラウドサービスのための情報セキュリティマネジメントの国際標準の実践規範が**ISO/IEC 27017**です。このため、2015年12月に発行されたISO/IEC 27017:2015は、ISO/IEC 27002:2013を基本としていて、ISO/IEC 27001を強化します。

ISO/IEC 27017

ISO/IEC 27017が対象とするのは、クラウドサービスを利用する組織（クラウドサービスカスタマ）に加え、提供側（クラウドサービスプロバイダ）も含まれます。これら2者に関する個別の手引きは、本文中で「クラウドサービスカスタマ」と「クラウドサービスプロバイダ」に分けて記されています。このとき、ISO/IEC 27002を適用している場合は、重複した記述をせず、「（追加の実施の手引きなし）」と記されます。

ISO/IEC 27017の構成

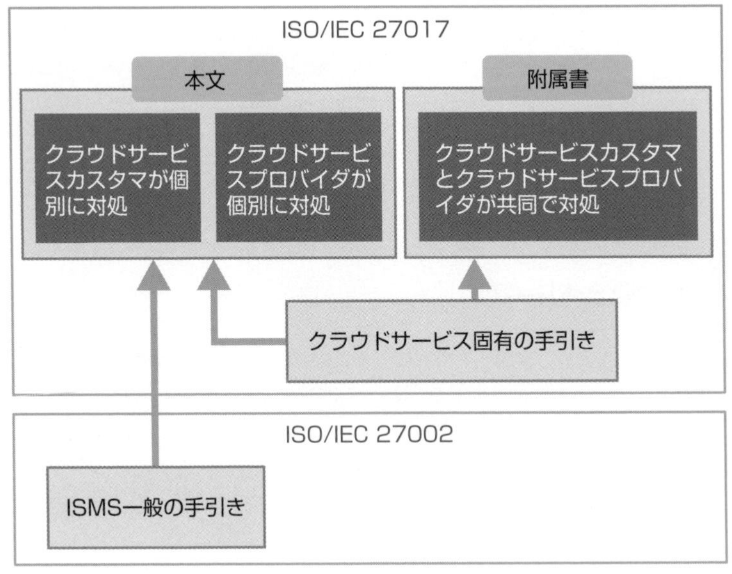

● ISO/IEC 27017の本文（JIS Q 27017より一部抜粋）

9 アクセス制御

9.1 アクセス制御に対する業務上の要求事項

JIS Q 27002の9.1に定める管理目的を適用する。

9.1.1 アクセス制御方針

JIS Q 27002の9.1.1に定める管理策並びに付随する実施の手引及び関連情報を適用する。

9.1.2 ネットワーク及びネットワークサービスへのアクセス

JIS Q 27002の9.1.2に定める管理策並びに付随する実施の手引及び関連情報を適用する。次のクラウドサービス固有の実施の手引も適用する。

クラウドサービスのための実施の手引

クラウドサービスカスタマ	クラウドサービスプロバイダ
クラウドサービスカスタマの、ネットワークサービス利用のためのアクセス制御方針では、利用するそれぞれのクラウドサービスへの利用者アクセスの要求事項を定めることが望ましい。	（追加の実施の手引なし）

9.2 利用者アクセスの管理

JIS Q 27002の9.2に定める管理目的を適用する。

9.2.1 利用者登録及び登録削除

JIS Q 27002の9.2.1に定める管理策並びに付随する実施の手引及び関連情報を適用する。次のクラウドサービス固有の実施の手引も適用する。

クラウドサービスのための実施の手引

クラウドサービスカスタマ	クラウドサービスプロバイダ
（追加の実施の手引なし）	クラウドサービスカスタマのクラウドサービスユーザによるクラウドサービスへのアクセスを管理するため、クラウドサービスプロバイダは、クラウドサービスカスタマに利用者登録・登録削除の機能及びそれを利用するための仕様を提供することが望ましい。

5-6 ISO/IEC 27018

ISO/IEC 27018は、クラウドサービスの個人情報を対象として、その保護や管理についての指針をまとめたものです。

ISO/IEC 27018

ISO/IEC 27018は、クラウドサービスにおける個人情報の保護を対象としているISO/IEC 27001（ISMS）のアドオン認証です。したがって、ISO/IEC 27018は国内規格であるPマークとは守備範囲が大きく異なります。

同じ国際規格であるISO/IEC 27701が個人情報（PII）に関わるすべてを対象とするのに対して、ISO/IEC 27018はクラウドサービスに特化しています。例えば、Google Cloud Platform、Google Workspace、Microsoft Azureなど大手クラウドサービスもISO/IEC 27018を取得しています。

● セクター単位の情報セキュリティマネジメント

ISO/IEC 27018は、クラウドサービス業界に特化してISO/IEC 27001を拡張する国際規格です。同じように、任意のセクター（業界）に特化して国際規格が決められているものがあります。

セクターに特化した規格

規格	説明
ISO/IEC 27011	電気通信事業者のための情報セキュリティマネジメントガイドライン
ISO/IEC TR 27015	金融サービスの事業者のための情報セキュリティ管理ガイドライン（廃止済み）
ISO/IEC 27017	クラウドサービスのための情報セキュリティ管理策の実践的規範
ISO/IEC 27019	エネルギー業界のプロセスコントロールシステムのための情報セキュリティマネジメントのガイドライン
ISO 27799	ISO/IEC 27002を用いた健康における情報セキュリティ管理

ISO/IEC 27036

サプライチェーンに関連した情報セキュリティマネジメントの記述は、ISO/IEC 27001の附属書Aの15項「供給者関係」や、ISO/IEC 27002の15項「供給者関係」にあります。さらに、システムライフサイクルに関する情報セキュリティマネジメントは、ISO/IEC 27002の14項「システムの取得、開発および保守」にもあります。ところが、サプライチェーンに対する情報セキュリティマネジメントの観点からは、これらでも十分とはいえませんでした。

ISO/IEC 27036は、サプライヤーから商品やサービスの提供を受けることに伴う、つまりサプライチェーン全般に対応した情報セキュリティリスクマネジメントです。

ISO/IEC 27036の構成

ISO/IEC 27036 Part1
概観とコンセプト

- サプライチェーンの目的
- 想定されるセキュリティリスク
- サプライチェーン情報管理の指針
- ISO/IEC 27036の解説

ISO/IEC 27036 Part2
要件

- サプライチェーンの一般的な情報セキュリティの要件
- システムライフサイクルプロセスにおけるサプライチェーン情報セキュリティへの要件

ISO/IEC 27036 Part3
ICTサプライチェーンセキュリティのためのガイドライン

- ICTサプライチェーンの情報セキュリティマネジメント要求条件
- システムライフサイクルプロセスに対応した情報セキュリティ管理策
- ISO/IEC 27001/2のサプライチェーン情報セキュリティへの追加策

ISO/IEC 27036 Part4
クラウドサービスのためのガイドライン

- クラウドサービスを利用する場合の情報セキュリティ管理の要求事項と管理策

5-7 ISO/IEC 13335(GMITS)

1996年から作成されたISO/IEC TR 13335は、情報セキュリティの管理手法のガイドライン(GMITS*)でした。その後、情報通信技術セキュリティマネジメントと改称され、TR(Technical Report)がとれたISO/IEC 13335(JIS Q 13335)となりました。

ISO/IEC 13335

ISO/IEC 13335はPart1からPart5までの5部構成で、組織として情報セキュリティに取り組む方法論や具体的なアプローチなどが記述されています。

JIS Q 13335-1は、ISO/IEC 13335-1(ISO/IEC 13335のPart1「情報通信技術セキュリティマネジメントの概念及びモデル」)を基に, 技術的内容および対応国際規格の構成を変更することなく作成した国内規格です。

● ISO/IEC 13335 Part1～Part5

・Part1:ITセキュリティのための概念とモデル
Concepts and models of IT Security

・Part2:ITセキュリティのマネジメントと計画
Management and planning of IT Security

・Part3:ITセキュリティのマネジメント技術
Techniques for the management of IT Security

・Part4:セーフガードの選択
Select of safeguards

・Part5:ネットワークセキュリティ上のマネジメントガイダンス
Management guidance on Network Security

● セキュリティの諸概念及びその関係

JIS Q 13335-1の3章には、「セキュリティの諸概念及びその関係」が記されています。

*GMITS　Guidelines for the Management of IT Securityの略。

● JIS Q 13335-1の3章目次

3 セキュリティの諸概念及びその関係
- 3.1 セキュリティに関する原則
- 3.2 資産
- 3.3 脅威
- 3.4 ぜい弱性
- 3.5 影響
- 3.6 リスク
- 3.7 セーフガード
- 3.8 制約事項
- 3.9 セキュリティ要素の関係

内容の一部を下記に例示

● セキュリティに関する原則

リスクマネジメント：資産を、適切なセーフガードの採用を通して保護することが望ましい。セーフガードを選択し管理する際には、適切なリスクマネジメントの方法論、すなわち、組織の資産、脅威、ぜい弱性及び発生する脅威の影響を査定して、随伴するリスク及び配慮すべき制約事項を見いだすような方法論を基礎に置くことが望ましい。

コミットメント：ICTセキュリティ及びリスクマネジメントへの組織ぐるみのコミットメントが不可欠である。コミットメントを得るためには、ICTセキュリティの展開による利益を明確にすることが望ましい。

役割及び責任：組織の全体的管理体制は、資産をセキュリティが保たれた状態に置くことに責任がある。ICTセキュリティのための役割及び責任を明確にして知らせることが望ましい。

目標、戦略及び方針：ICTセキュリティリスクを、組織の目標、戦略及び方針に配慮しつつ管理することが望ましい。

ライフサイクル管理：ICTセキュリティマネジメントは、組織のICT資産の全ライフサイクルを通して継続的なものであることが望ましい。

※JIS Q 13335-1から一部抜粋

● GMITSによる情報セキュリティに必要な要素

「1-7　情報セキュリティの要素」で説明したように、一般的には、情報セキュリティには「情報セキュリティの3大要素」と呼ばれる重要な3つの枠組みがあるとされています。しかし、ISO/IEC 13335（GMITS）では、3大要素の機密性、完全性、可用性に加えて、さらに、責任追跡性、真正性および信頼性が考慮されています。

GMITSの要素

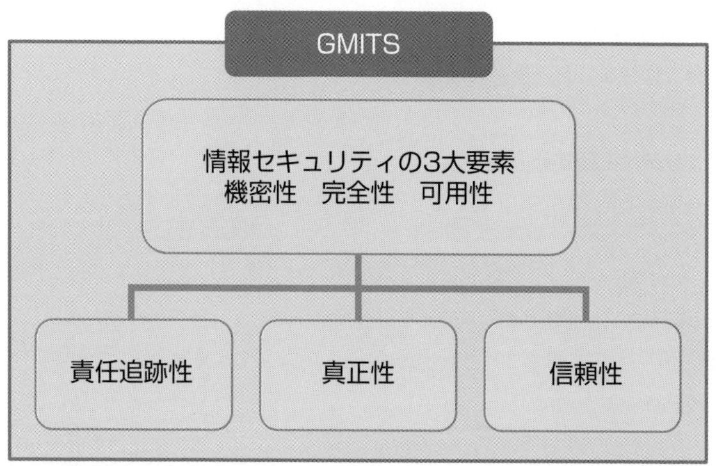

情報セキュリティ国際規格一覧（一部）

ISO/IEC 27001	情報セキュリティマネジメントシステム
ISO/IEC 27002	情報セキュリティ管理策の実践のための規範
ISO/IEC 27005	情報セキュリティリスクマネジメント
ISO/IEC 13335	GMITS（情報技術セキュリティ管理指針の略称）
ISO/IEC 15408	セキュリティ製品（ハード/ソフトウェア）およびシステムの開発や製造、運用などに関する国際標準

5-8 JIS Q 15001

JIS Q 15001は、個人情報保護を目的としたマネジメントシステムの要求事項の規格です。個人情報保護のリスク軽減、取引先からの信頼向上などが期待できます。ISO/IEC 27001と組み合わせることで、より効果的なセキュリティ体制を確立できます。

JIS Q 15001

個人情報（個人データ）に関わる事故や事件が発生すると、その個人が社会的あるいは金銭的な不利益を被ることがあります。さらに、これらを収集し扱っていた組織も、信用失墜など社会的に大きな損害を被ります。情報化の進んだ今日では避けられないこのようなリスクの管理方法を明確化するため、プライバシーに配慮された個人情報（個人データ）の収集や扱いについてのガイドラインが作られるようになりました。

OECDプライバシーガイドライン（8原則）

	原則	説明
1	収集制限の原則	個人情報データを収集するときは、当人に通知して同意を得なければならない。
2	データ品質の原則	個人データは利用目的の範囲内で利用しなければならない。さらに、それらのデータは正確で最新のものでなければならない。
3	目的明確化の原則	個人データ収集の目的をはっきりさせなければならない。
4	利用制限の原則	個人データを目的以外に使用してはならない。
5	安全保護の原則	データに対しての不正利用や漏えいなどの対策をとらなければならない。
6	公開の原則	個人データの所在のほか、利用方針やデータ管理者などを公開しなければならない。
7	個人参加の原則	個人が、自身のデータが保有されているかどうか、さらにその内容をデータ管理者に確認できること。これに対して、データ管理者が拒否する場合は、その理由を示さなければならない。
8	責任の原則	以上７原則の実施責任は、データ管理者にあること。

JIS Q 15001*は、日本産業規格によって定められた個人情報保護に関する規格です。ただしこの規格は、2005年の個人情報保護法施行より前の1999年に制定されています。基になったのは、1980年に策定されていた**OECDプライバシーガイドライン**（OECD 8原則）でした。

JIS Q 15001はJIS Q 27001と同じく個人情報（個人データ）の安全管理に関する規格です。実際に共通した部分も多くあります。これら2つが異なるのは、保護対象の領域です。JIS Q 15001が企業や組織における個人情報を対象としているのに対し、JIS Q 27001では企業や組織内の限定された部門を対象とすることもできますが、その範囲内の情報資産全般が安全管理の対象となります。

JIS Q 15001とJIS Q 27001の関係

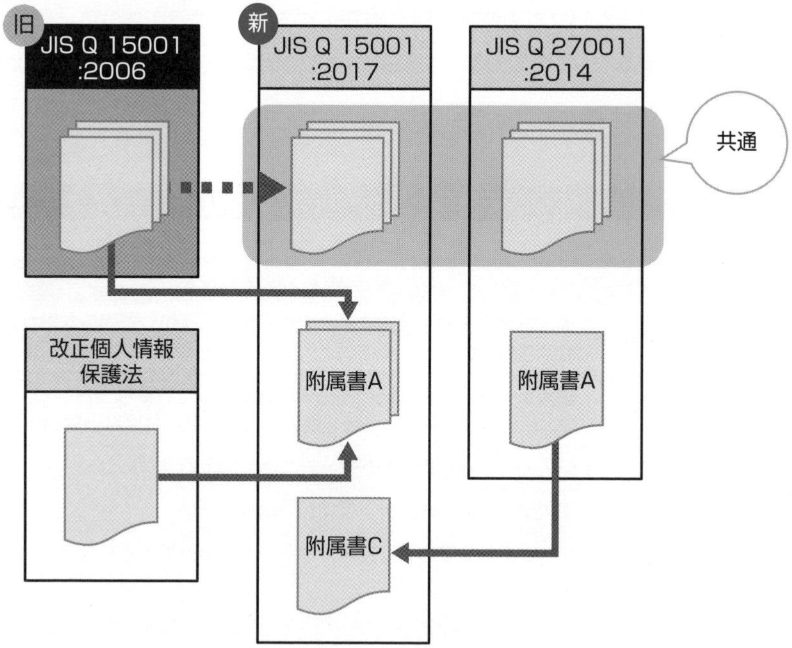

旧
JIS Q 15001
:2006
新
JIS Q 15001
:2017
JIS Q 27001
:2014
共通
改正個人情報
保護法
附属書A
附属書A
附属書C

＊ **JIS Q 15001** ISO 15001は、麻酔薬および呼吸装置に関する国際規格。

個人情報とプライバシー

一般に「プライバシー」とは、本人が公開または他人からの侵入を望まない私的な情報を知られない権利です。つまり、個人情報であっても、それがプライバシーに当たるかどうかは、個人の主観によって異なります。

このため、プライバシーマークなどプライバシー保護をうたっている規格も、実際には個人情報の適切な扱い方を規定しているのです。

個人情報とプライバシー

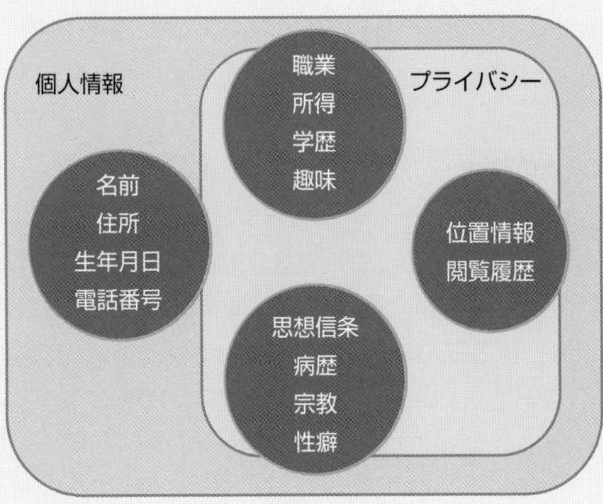

5-9 ISO/IEC 27701

ISO/IEC 27701は、2019年に発行された比較的新しい国際規格です。世界水準のプライバシー保護の体制作りに役立つマネジメントシステムとして注目されています。

ISO/IEC 27701が扱う情報

ISO/IEC 27701は、ISO/IEC 27001による情報セキュリティマネジメントシステムおよびそのガイドラインであるISO/IEC 27002のプライバシー情報マネジメントシステムに関する規格を拡張*します。このため、ISO/IEC 27701を単独で取得することはできません。

さて、個人の主観によるとしても、ISO/IEC 27701では個人情報とプライバシーの境界を**個人識別可能情報**（**PII***）に置いています。PIIは例えば、名前、年齢、住所、生年月日、電話番号、クレジットカード番号、パスポート番号、Eメールアドレス、指紋・静脈その他の身体特徴、運転免許証番号などです。一般にはPIIが「個人情報」と捉えられています。

これによれば、個人が主観として他人に知られたくない情報かどうかではなく、PIIによって個人が特定される情報かどうかがが問題となります。特にパスポート番号、運転免許証番号、携帯電話の番号、Eメールアドレス、指紋などの身体特徴は、それだけで個人が特定できるため、重要な情報として扱われます。

● JIS Q 15001との違い

すでに日本では、プライバシーマークによる認証を行うJIS Q 15001があります。ISO/IEC 27701は、それとどこが異なっているのでしょう。

両方ともプライバシーや個人識別可能情報に関するものですが、最も大きな違いは、JIS Q 15001が改正個人情報保護法など日本国内に対応した規格であるのに対して、ISO/IEC 27701は海外との取引に際して認証取得による企業イメージ向上等の効果が見込める認証制度である、という点です。

*…を拡張　**アドオン規格**と呼ばれる。
* PII　Personally Identifiable Informationの略。

EU*にはもともと、「**一般データ保護規則**」(**GDPR***)がありました。この規則は、GDPR批准国に非常に厳格に個人データやプライバシーの保護に関するルールを敷くだけではなく、これらの国々に在住する個人のデータ保護も対象となります。現代のように、インターネットによって世界中に顧客がいる時代では、GDPR対象国に向けてサービスをしている限り、GDPRから逃れることはできません。

● GDPRから一部抜粋

第3条 地理的適用範囲

1. 本規則は、その取扱いがEU域内で行われるものであるか否かを問わず、EU域内の管理者又は処理者の拠点の活動の過程における個人データの取扱いに適用される

ISO/IEC 27701は、GDPRを完全にカバーしているとはいえませんが、海外に向けたインターネットおよびクラウドサービスを展開する場合、ISO/IEC 27701の認証取得を考慮する必要があるでしょう。

● PIMS

情報セキュリティ全般を保護する仕組みとしては、情報セキュリティマネジメントシステム(ISMS)があります。**プライバシー情報マネジメントシステム**(**PIMS**)は、その一部、個人情報(PII)とそれに関わるプライバシーを保護しますが、ISO/IECでは、ISMS一般の規格であるISO/IEC 27001およびその管理ガイドラインのISO/IEC 27002を、プライバシー情報にまで拡張したのがISO/IEC 27701だと捉えたほうがよいでしょう。

* **EU** 正確にはEUにEEA加盟の3カ国(アイスランド、ノルウェー、リヒテンシュタイン)を加えた国々。
* **GDPR** General Data Protection Regulationの略。

ISO/IEC 27701では、PIIを扱う主体を2つに分けています。PII管理者(PII Controller)とPII処理者(PII Processor)です。例えば、動画を使ったeラーニングのサービスを提供する企業があるとします。このとき、動画サイトのシステムを運営しているのがPII管理者です。PII管理者は、受講者のアカウント情報などの個人情報(PII)によってアクセスを受け付けます。また、受講内容をログとして保存します。PII処理者であるeラーニング運営会社は、PII管理者が収集したPIIを得て、講義の内容を評価したり変更したりします。このとき、PII処理者が従うPIIについての処理方針は、PII管理者が決定します。

ISO/IEC 27701では、PII管理者のための追加ガイダンスが第7条に、またPII処理者への追加ガイダンスが第8条に記述されています。

IOS/IEC 27701によるPII処理の例

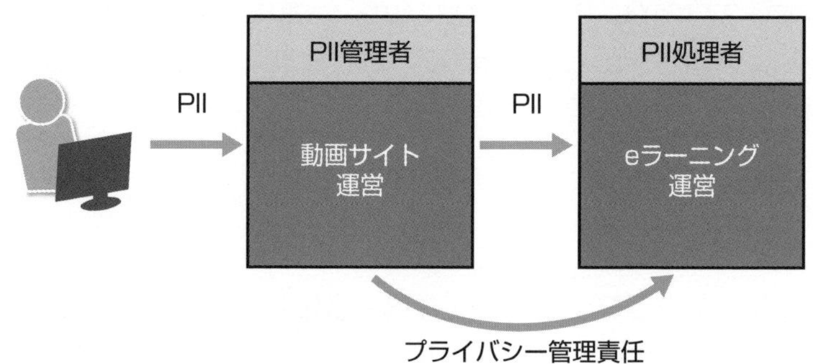

個人情報保護委員会

個人情報保護委員会は、マイナンバー法の所管官庁であった特定個人情報保護委員会を改組して、個人情報保護法も所管する委員会として2016年に設置されました。内閣府の下に置かれた、いわゆる3条委員会(内閣総理大臣からの指揮監督を受けず、独自に権限を行使できる独立性の高い委員会)です。

委員会では、個人情報保護法の3年ごとの見直しと、マイナンバー制度関係の仕事のほか、国際的な個人データの流通のための調整を行っています*。

* https://www.ppc.go.jp/files/pdf/3_katsudouhoushin.pdf より。

5-10 内部監査

「監査」の目的は、組織の活動が定められたルールに従って行われているかを確認することです。もしルールに従っていないときには、逸脱内容を指摘して、改善させることになります。

ISO/IEC 27001の内部監査

国際的な情報セキュリティマネジメントの実践的規範である**ISO/IEC 27001**では、「9.2 内部監査」により、次のように定期的な**内部監査**が要求されています。

● 内部監査（ISO/IEC 27001）

9.2 内部監査

組織は、ISMSが次の状況にあるか否かに関する情報を提供するために、あらかじめ定めた間隔で内部監査を実施しなければならない。

a）次の事項に適合している。

1）ISMSに関して、組織自体が規定した要求事項

2）この規格の要求事項

b）有効に実施され、維持されている。

組織は、次に示す事項を行わなければならない。

c）頻度、方法、責任及び計画に関する要求事項及び報告を含む、監査プログラムの計画、確立、実施及び維持。監査プログラムは、関連するプロセスの重要性及び前回までの監査の結果を考慮に入れなければならない。

d）各監査について、監査基準及び監査範囲を明確にする。

e）監査プロセスの客観性及び公平性を確保する監査員を選定し、監査を実施する。

f）監査の結果を関連する管理層に報告することを確実にする。

g）監査プログラム及び監査結果の証拠として、文書化した情報を保持する。

これによれば、内部監査は、自らの組織がISO/IEC 27001に沿って定めた要求事項と、ISO/IEC 27001に定められている要求事項の2つに適合していることが求められています。

● 内部監査員

国際基準としての「監査」に関しては、ISO/IEC 27001に先立って「ISO/IEC 19011（マネジメントシステム監査のための指針）」が策定されていました。このため、ISO/IEC 27001の監査に関しても、ISO/IEC 19011が指針となっています。

ISO/IEC 19011に限らずとも、内部監査員には、専門的な知識に加えて、高いレベルの高潔さや公平さなど人格的な資質が要求されます。さらに、情報セキュリティマネジメントシステムには、経営面からの評価も含まれるため、組織の全般についての理解や経営についての感覚を持っていることが望ましいでしょう。

内部監査員は、監査結果の公平性や客観性を考慮して、自らの所属する部門以外を監査しなければならないでしょう。そうでなければ、監査が甘くなったり、ルール違反を見逃してしまったりするかもしれません。

ところが実際は、組織内部に専用の内部監査員を置くことができず、いくつかの部署から数人の監査員を選抜し、1年に1回程度、内部監査を行っているケースが多いようです。このような情報セキュリティマネジメント体制では、内部監査員の評価は通常業務を行っている部署でのものがメインとなったままであり、内部監査員としての評価は低いため、内部監査員としてのモチベーションは上がりません。結局、監査がおざなりなものになる可能性があります。

専用の内部監査員を置くことができない組織で、このようないい加減な内部監査を減らすためには、内部監査員の力量アップを奨励する教育制度と共に、その評価を給与等に手当として反映させるなどの方策が考えられます。

内部監査の体制

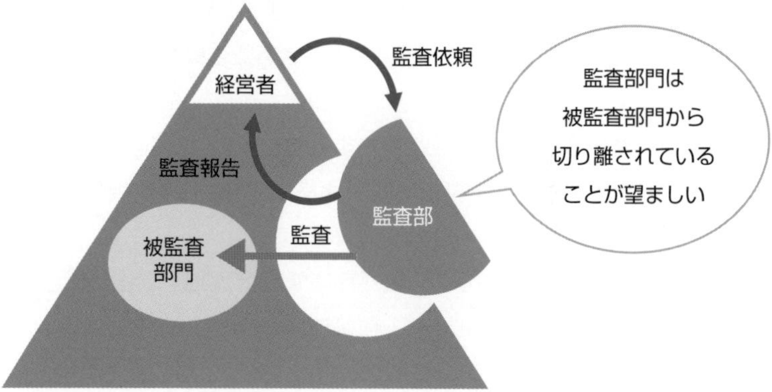

5-11 政府情報システムのためのセキュリティ評価制度（ISMAP）

ISMAP*は、「政府情報システムのためのセキュリティ評価制度」です。これは、政府機関がクラウドサービスを導入する際のセキュリティ上の要求基準を定めることを目的としたものです。

ISMAPの運営

ISMAPは、NISC、デジタル庁、総務省および経済産業省が所轄官庁として運営を担当しています。実際には、制度運営委員会事務局から委嘱された専門家たちによる「ISMAP運営委員会」が運用してます。

ISMAP管理基準は、ISO/IEC 27001やISO/IEC 27002、ISO/IEC 27017などの国際規格と、「クラウド情報セキュリティ管理基準（平成28年度版）」を参考にしています。なお、**監査***については、経済産業省の「**情報セキュリティ監査基準**」が基準とされていますが、このほかに非公開の「**ISMAP標準監査手続き**」や「**ISMAP情報セキュリティ監査ガイドライン**」が使われます。

執筆時点では、ISMAPは政府機関に要求される基準として参照されるものですが、評価・登録されたクラウドサービスのリスト（次ページ参照）は民間でも参照可能です。つまり、ISMAP登録クラウドは、クラウドサービスとして国の"お墨付き"を得たことになります。

ISMAPについての情報は、ISMAPポータルサイトで公開*されています。このため、政府機関だけではなく、民間においてもクラウドサービスにおけるセキュリティの確保や適切な活用の推進にも寄与するものと期待されています。

＊**ISMAP**　Information system Security Management and Assessment Programの略。

＊**監査**　執筆時点でISMAP監査機関としては次の4機関がある。EY新日本有限責任監査法人、有限責任監査法人トーマツ、有限責任あずさ監査法人、PwCあらた有限責任監査法人。

＊**…で公開**　https://www.ismap.go.jp/

ISMAPクラウドサービスリスト

クラウドサービスの名称	事業者名
OpenCanvas（IaaS）	株式会社エヌ・ティ・ティ・データ
FUJITSU Hybrid IT Service FJcloud	富士通株式会社
Apigee Edge	Google LLC
Google Cloud Platform	Google LLC
Google Workspace	Google LLC
Salesforce Services	株式会社セールスフォース・ドットコム
Heroku Services	株式会社セールスフォース・ドットコム
Amazon Web Services	Amazon Web Services, Inc.
NEC Cloud IaaS	日本電気株式会社
KDDIクラウドプラットフォームサービス	KDDI株式会社
Oracle Cloud Infrastructure	Oracle Corporation
Microsoft Azure, Dynamics 365, and Other Online Services	日本マイクロソフト株式会社
Microsoft Office 365	日本マイクロソフト株式会社
エンタープライズクラウドサービス／エンタープライズクラウドサービスG2／フェデレーテッドポータルサービス	株式会社日立製作所
クラウドサービス運用基盤cybozu.com並びにcybozu.com上で提供するGaroon及びkintone	サイボウズ株式会社
Box	Box,Inc
Smart Data Plattform サービス	エヌ・ティ・ティ・コミュニケーションズ株式会社
Oracle Cloud Infrastructure Platform as a Service	Oracle Corporation
Oracle Exadata Cloud@Customer	Oracle Corporation

※ISMAPのWebサイトに掲載されているリストから（2021年9月現在）

● ISMAPによるセキュリティ管理

ISMAPのセキュリティ管理基準は、経営陣が実施すべき「ガバナンス基準」、管理者による情報セキュリティマネジメントの計画、実行、点検、処理などの実施項目をまとめた「マネジメント基準」、リスク対応方針に沿って管理策を決定する際の実際の選択肢を示した「管理策基準」の3層構造になっています。

これらの管理基準の基礎には、JIS Q 27001、JIS Q 27002およびJIS Q 27017があります。さらに、それぞれの基準には必要に応じた基準が追加されています。例えば、ガバナンス基準にはJIS Q 27014が、マネジメント基準にはNIST SP800-53 Rev.4が追加されています。

ISMAP管理基準

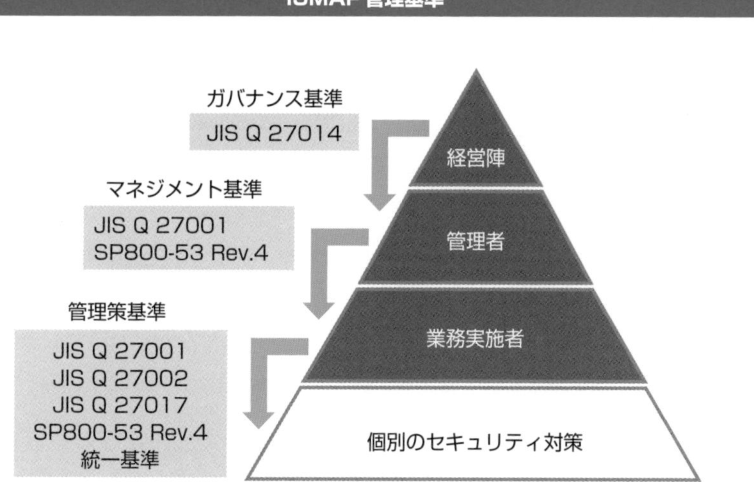

5-12 個人情報の保護

2020年6月に「個人情報の保護に関する法律等の一部を改正する法律」(改正個人情報保護法)が公布されました。ユーザ等の個人情報を所有する事業者には、情報漏えいによって個人の権利利益を害した場合、委員会への報告および本人への通知が義務化されました。

個人情報の保護に関する法律

国の行政機関に関しては、1988年に「行政機関の保有する電子計算機処理に係る個人情報の保護に関する法律」が制定され、この法律は2003年に改正されています。このとき、民間の事業者を対象とした「**個人情報の保護に関する法律**」(**個人情報保護法**)も制定・交付され、2005年から全面施行されています。

その後、2016年に個人情報の扱いを専門的に検討する独立性の高い法人格の「**個人情報保護委員会**」が設置され、2015年からは個人情報保護法に関して3年ごとに見直しが行われています。

2020年には「個人情報の保護に関する法律等の一部を改正する法律」が公布されました。この中では、「漏えい等が発生し、個人の権利利益を害する恐れがある場合に、個人情報保護委員会への報告及び本人への通知を義務化すること」「違法または不当な行為を助長する等の不適正な方法により個人情報を利用してはならないことを明確化すること」など、個人情報を扱う事業者の責任がこれまで以上に厳しくなっています。

また、個人情報を扱う事業者には、個人情報保護のための認定制度(プライバシーマークやAPECのCBPRの認証など)の自主的な取得を勧めるとして、「認定団体制度について、現行制度に加え、企業の特定分野(部門)を対象とする団体を認定できる」ようにしています。

●個人識別情報

個人情報保護法では、個人情報を次のように定義しています。

▼個人情報の定義（改正個人情報保護法より抜粋）

第二条　この法律において「個人情報」とは、生存する個人に関する情報であって、次の各号のいずれかに該当するものをいう。

一　当該情報に含まれる氏名、生年月日その他の記述等により特定の個人を識別することができるもの（他の情報と容易に照合することができ、それにより特定の個人を識別することができることとなるものを含む。）

二　個人識別符号が含まれるもの

この中で**個人識別符号**とは、指紋や静脈などの身体的な特徴をデジタル化したデータのほか、パスポートや運転免許証の番号、マイナンバー、保険証などです。

このほか、各種ポイントカードの会員番号は、データベースに登録されている「氏

個人識別符号の例

改正個人情報保護法施行令（第一条の一）	改正個人情報保護法施行令（第一条の二以降）
イ　DNAの塩基配列 ロ　顔貌 ハ　虹彩の模様 ニ　声紋 ホ　歩行の態様 ヘ　手・指の静脈の形状 ト　指紋・掌紋	二　旅券番号 三　基礎年金番号 四　免許証の番号 五　住民票コード 六　個人番号 七　公的保険 　イ　国民健康保険の被保険者証の記号、番号、保険者番号 　ロ　後期高齢者医療の被保険者証の番号、保険者番号 　ハ　介護保険の被保険者証の番号、保険者番号 八　施行規則による指定 　イ　各種健康保険の被保険者証等の符号等 　ロ　健康保険の高齢受給者証の記号、番号 　ハ　国家公務員共済組合の組合員証の記号、番号、保険者番号 　ニ　雇用保険被保険者証の被保険者番号 　ホ　外国政府が発行した旅券の番号 　ヘ　在留カードの番号 　ト　特別永住者証明書の番号

名」などの情報を参照できるため、「個人情報」に当たります。

なお、憲法との関係から、報道活動や著述活動、宗教活動などの目的で個人情報を扱う場合は、個人情報保護法が適用されないこともあります。

個人情報保護法の適用外

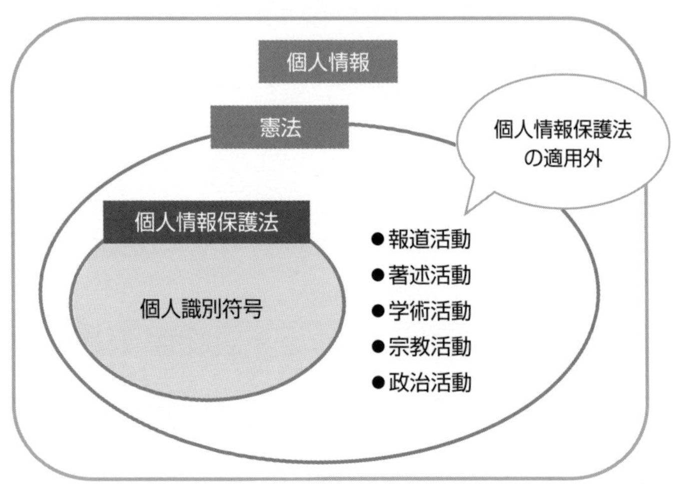

● 個人情報保護法の罰則

個人情報を漏えいさせた場合、30万円以下の罰金もしくは6カ月以下の懲役です。会社などの組織で起きた場合、会社などにも30万円以下の罰金です。なお、その行為が金品を目的としたような悪質な場合は、50万円以下の罰金もしくは1年以下の懲役です。

なお、基本的には情報漏えいについて個人情報保護委員会に報告し、その指示を受けて改善しようとしない場合に罰則が適用されます。これは、個人情報の漏えいが隠ぺいされるのを防ぐためです。

個人情報保護法による過料は、企業にとっては大きなものではないでしょう。しかし、個人情報を適切に扱っていないという悪いイメージが企業に付くことで、商品やサービスの販売に影響することもあります。また、民事裁判で多額の賠償金や謝罪金が発生することもあります。

5-13 不正アクセス禁止法

「不正アクセス行為の禁止等に関する法律」(不正アクセス禁止法) は、1999年8月に公布され、時代の流れに沿って何度か改正が行われています。違反者には3年以下の懲役刑が科せられる等の罰則がありますが、管理者には努力義務のみです。

不正アクセス禁止法

不正アクセス禁止法は、2000年に施行されました。

この法律の趣旨の1つは、インターネットなどを通じて行われるサイバー犯罪(電子計算機使用詐欺、電子計算機損壊等業務妨害などコンピュータ・ネットワークを通じて、これに接続されたコンピュータを対象として行われる犯罪) や詐欺、わいせつ物頒布、銃器・薬物の違法取引などの犯罪の防止です。もう1つは、防御する側がアクセス制御機能を使うことによって正しい秩序を保つようにすることです。

不正アクセス禁止法の概要

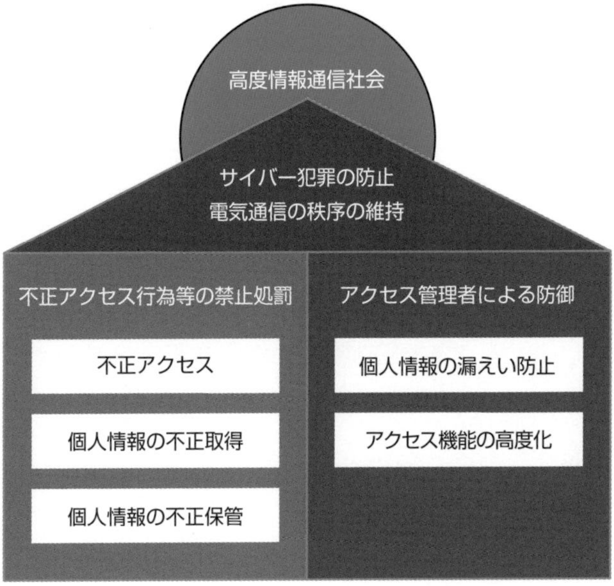

この法律の施行から年月が経ち、当時には想定されていなかったようなサイバー犯罪も起きています。2012年には、大きな改正がありました。これによって、フィッシング詐欺によって不正にIDなどを得る行為や偽サイトを開設することも規制の対象になりました。

●不正アクセスとは

不正アクセスの定義では、不正ログインのほか、コンピュータ等の脆弱性を利用したアクセスも不正アクセスとされます。

●不正アクセスの定義（不正アクセス禁止法より抜粋）

第二条４

一　アクセス制御機能を有する特定電子計算機に電気通信回線を通じて当該アクセス制御機能に係る他人の識別符号を入力して当該特定電子計算機を作動させ、当該アクセス制御機能により制限されている特定利用をし得る状態にさせる行為（当該アクセス制御機能を付加したアクセス管理者がするもの及び当該アクセス管理者又は当該識別符号に係る利用権者の承諾を得てするものを除く。）

二　アクセス制御機能を有する特定電子計算機に電気通信回線を通じて当該アクセス制御機能による特定利用の制限を免れることができる情報（識別符号であるものを除く。）又は指令を入力して当該特定電子計算機を作動させ、その制限されている特定利用をし得る状態にさせる行為（当該アクセス制御機能を付加したアクセス管理者がするもの及び当該アクセス管理者の承諾を得てするものを除く。次号において同じ。）

三　電気通信回線を介して接続された他の特定電子計算機が有するアクセス制御機能によりその特定利用を制限されている特定電子計算機に電気通信回線を通じてその制限を免れることができる情報又は指令を入力して当該特定電子計算機を作動させ、その制限されている特定利用をし得る状態にさせる行為

●不正アクセスによる罰則

不正アクセスを行った場合は、3年以下の懲役または100万円以下の罰金です。

また、他人のIDやパスワードなどの個人情報を、本人の同意なく第三者に教えた場合、これを“不正アクセスを助長する行為”として、不正アクセス禁止法で禁止しています。違反した場合、1年以下の懲役または50万円以下の罰金です。

フィッシング詐欺で他人のIDやパスワードを詐取する行為も不正アクセスにつながる、不正にアカウント情報を要求する行為として、1年以下の懲役または50万円以下の罰金です。このとき、アカウント情報の詐取が行われていなくても、フィッシング詐欺用の偽サイトを開設しただけで罪になります。

不正アクセス禁止法では、不正アクセスに対して防御を行う側にも防御措置を求めています。

管理者には、「識別符号を適正に管理すること」「常にアクセス制御機能の有効性を検証すること」「必要に応じてアクセス制御機能を高度化すること」などが義務付けられています。なお、これらは努力義務なので罰則などはありません。

NIST SP800-53

NIST SP800-53は、アメリカ政府の内部セキュリティ基準を示すガイドラインで、タイトルを翻訳すると「連邦政府情報システム、および連邦組織のためのセキュリティ管理策とプライバシー管理策」となります。

本書執筆時点のSP800-53は、改訂版5のSP8-53 Rev.5となっています。これに合わせてISMAPも改訂されるかどうかは不明です。

5-14 個人情報保護委員会

「**個人情報保護委員会**」(PPC[*])は、個人情報保護法に基づいて2016年に設置された行政委員会です。具体的な業務は、主に個人情報保護法とマイナンバー法(マイナンバーや特定個人情報の取り扱いを定めた法律)に基づいたものです。

個人情報保護委員会

個人情報に関する業務では、個人情報保護法に基づいて、個人情報取扱業者に対して、指導・助言、立会検査を行い、違反があった場合は勧告や命令を行います。

特定個人情報(生存者のマイナンバー)についても個人情報の場合と同じ業務を行いますが、その対象は行政機関にも及びます。

個人情報保護委員会が扱う個人情報の範囲

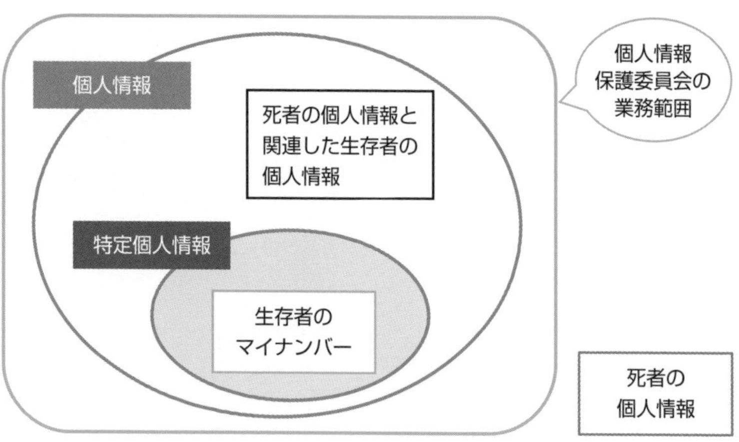

＊**PPC**　Personal Information Protection Commissionの略。

● オプトアウトの届出

個人情報は、本人の同意を得て第三者に提供*することができます。個人情報の利用目的は、業者が自由に決めることができます。これに対して特定個人情報は、第三者への提供が税や社会保障、災害対策を目的とする場合に限定されています。

なお、個人情報はオプトアウトの対象です。**オプトアウト**とは、個人情報を第三者に供与する方法の1つで、改正個人情報保護法では個人情報保護委員会に届出をすることになっています。このとき、第三者に提供される個人データの本人に対して、次のことを本人に通知するか、本人が容易に確認できる状態になっている必要があります。

・個人データを第三者に提供する旨
・提供する個人データの項目
・提供方法
・本人の求めに応じて提供を停止する旨
・本人の求めを受け付ける方法

● 個人情報漏えいの重要性判断

企業などで個人情報の漏えいが発生した場合、その重大性に留意して行動することになっています。もちろん、重大事案かどうかは企業によって差があると思われます。そこで、個人情報保護委員会では一定の基準を公表しています。ただし、この基準外であっても報道されると大きなニュースになりそうな事案などは、当委員会に連絡するほうがよいでしょう。

***…に提供**　法令に基づく場合のほか、人の生命、身体、財産の保護を目的とする場合は、本人の同意なしに提供できる。

情報漏えいを個人情報保護委員会に報告するかどうか

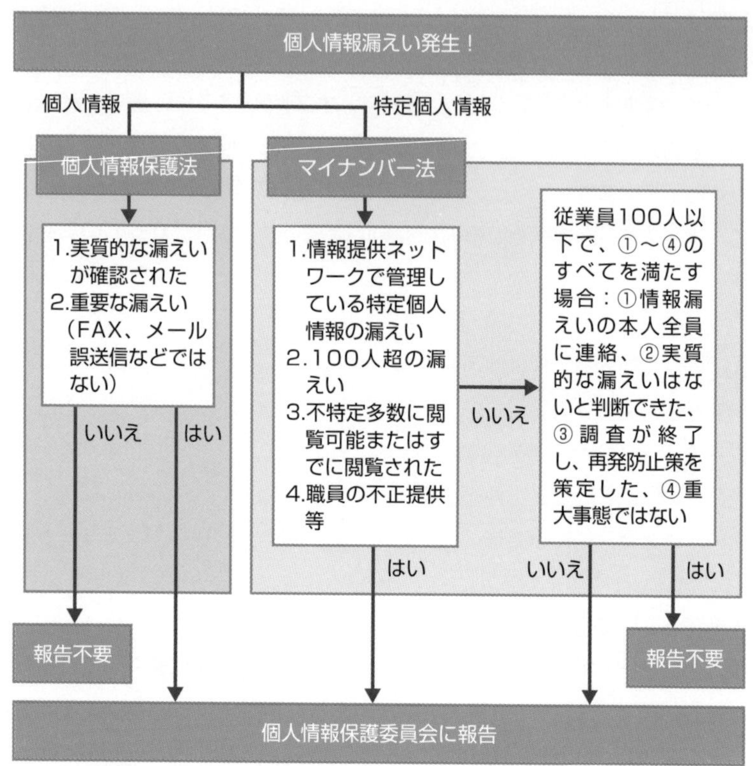

5-15 NOTICE

国立研究開発法人情報通信研究機構（NICT）が中心となって、主にIoT機器へのサイバー攻撃に関する注意喚起を行う取り組みを**NOTICE**といいます。

NOTICE

NOTICE＊は、IoT機器に対して行われる恐れのある攻撃をあらかじめ調査することで、注意喚起をする取り組みです。コンピュータの場合は使用者または管理者が明白なので、情報セキュリティに関する責任者もわかりやすいのですが、IoT機器に関しては、所有者であっても脆弱性への関心が低く、初期設定のまま放置されているものも多いという実態が問題となっています。

NOTICEは、このようなIoT機器のセキュリティを、ポートスキャンによって調べ、脆弱性が放置されている機器の危険性を公表しています。具体的には、NOTICEに参加しているインターネットプロバイダを経由して、IoT機器のセキュリティ状況を調べます。主な調査項目は、ポートスキャンによる不要なポート番号の放置度や、

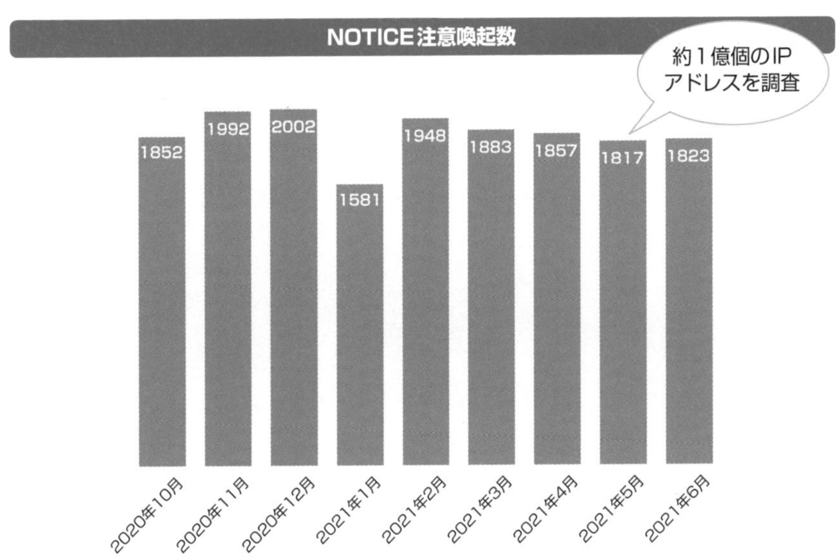

＊**NOTICE**　National Operation Towards IoT Clean Environmentの略。

簡単に見破られると思われるパスワードについての調査です。これらを1カ月に1回の割合で実施し、それをホームページで公開しています。

● NICTER

NOTICEによってマルウェアの感染が検知されたIoT機器を特定し、それをインターネットプロバイダに知らせる取り組みを**NICTER**といいます。

NICTERによる分析を受け、インターネットプロバイダは、当該機器を特定し、その利用者に注意喚起を行います。

NICTERの注意喚起数

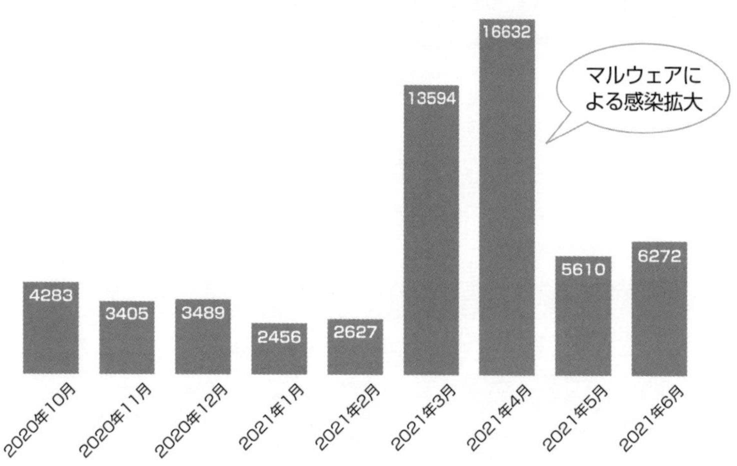

COLUMN 注意喚起を受けた場合の対処

NOTICEおよびNICTERによって注意喚起を受けた場合、利用しているIoT機器がマルウェアに感染している可能性があります。

その場合は、IoT機器のマニュアルを見て、パスワードを変更します。パスワードは、簡単に推測されないような複雑である程度の長さのあるものにします。

なお、IoT機器のマルウェアは、いったん機器を再起動することで除去できる場合があります。再起動後には、ファームウェアを最新のものに更新してください。

5-16 経済産業省による情報セキュリティ管理基準

情報セキュリティ管理基準は、ISO/IEC 27001および27002を参照しながら、国内の企業向けの情報セキュリティ管理基準活用書として国が設けたものです。国内のISMS認証制度（ISMS適合性評価制度）にも適合しています。

情報セキュリティ管理基準

2003（平成15）年、経済産業省は、企業や組織の内部統制を含めた具体的な情報セキュリティ対策についての実践的な規範を策定しました（平成15年経済産業省告示第112号）。このとき基にしたのは、国際標準規格のISO/IEC 17799：2000（JIS X 5080：2002）でした。

その後、2005（平成17）年には国際標準としてISO/IEC 27001、ISO/IEC 27002が策定されたため、2008（平成20）年、これらの国際標準との整合性をとるために改正されました。

そして、2013（平成25）年の国際標準のさらなる改訂に伴って、情報セキュリティ管理基準にも変更が加えられました。これが、「情報セキュリティ管理基準（平成28年改正版）」です。

平成28年改正版の主な内容は、「マネジメント基準」と「管理策基準」の2部で構成されています。

● マネジメント基準

マネジメント基準は、JIS Q 27001：2014を基に、情報セキュリティマネジメントの計画、実行、点検、処置に必要な実施項目がまとめられています。このマネジメント基準は、情報セキュリティを整備しようとするときには、すべて実施すべき事項とされています。

● マネジメント基準の主な項目（情報セキュリティ管理基準より）

Ⅳ. マネジメント基準

4.1　マネジメント基準

4.2　記載内容について

4.3　凡例

4.4　情報セキュリティマネジメントの確立[27001-4.4]

4.5　情報セキュリティマネジメントの運用[27001-8]

4.6　情報セキュリティマネジメントの監視及びレビュー[27001-5.1/8.2/9/10.2]

4.7　情報セキュリティマネジメントの維持及び改善[27001-10]

4.8　文書化した情報の管理[27001-7.5]

● マネジメント基準の例

4.5　情報セキュリティマネジメントの運用[27001-8]

4.5.1　資源管理[27001-7.1/5.1]

4.5.1.1　組織は、情報セキュリティマネジメントの確立、実施、維持及び継続的改善に必要な資源を決定し、提供する。[27001-7.1]

管理目的を満たすためには、継続的に管理策を実施すると共に、人員の増加、システムの増加などの環境の変化に対応するために、適切な時期に適切に提供できるよう、経営資源を確保する。

4.5.1.2　トップマネジメントは、情報セキュリティマネジメントに必要な資源が利用可能であることを確実にするため、以下のような資源を割り当てる。[27001-5.1c)]

・情報セキュリティマネジメントの各プロセスに必要な人又は組織

・情報セキュリティマネジメントの各プロセスに必要な設備、装置、システム

・上記に必要な費用

※https://www.meti.go.jp/policy/netsecurity/downloadfiles/ IS_Management_Standard_H28.pdfから一部抜粋

管理策基準

一方、**管理策基準**は、JIS Q 27001：2014附属書A「管理目的及び管理策」およびJIS Q 27002：2014を基にしたもので、リスク対応に則して選択可能な事項です。

管理策基準の主な項目（情報セキュリティ管理基準より）

Ⅴ. 管理基準
- 5　情報セキュリティのための方針群
- 6　情報セキュリティのための組織
- 7　人的資源のセキュリティ
- 8　資産の管理
- 9　アクセス制御
- 10　暗号
- 11　物理及び環境的セキュリティ
- 12　運用のセキュリティ
  - 12.1　運用の手順及び責任
  - 12.2　マルウェアからの保護
  - 12.3　バックアップ
  - 12.4　ログ取得及び監視
  - 12.5　運用ソフトウェアの管理
  - 12.6　技術的ぜい弱性管理
  - 12.7　情報システムの監査に対する考慮事項
- 13　通信のセキュリティ
  - 13.1　ネットワークセキュリティ管理
  - 13.2　情報の転送
- 14　システムの取得、開発及び保守
- 15　供給者関係
- 16　情報セキュリティインシデント管理
- 17　事業継続マネジメントにおける情報セキュリティの側面
- 18　順守

内容の一部を次ページに例示

● 管理策基準の例

12.6　技術的ぜい弱性管理

目的：技術的ぜい弱性の悪用を防止するため。

12.6.1　利用中の情報システムの技術的ぜい弱性に関する情報は、時機を失せずに獲得する。また、そのようなぜい弱性に組織がさらされている状況を評価する。さらに、それらと関連するリスクに対処するために、適切な手段をとる。

12.6.2　利用者によるソフトウェアのインストールを管理する規則を確立し、実施する。

12.7　情報システムの監査に対する考慮事項

目的：運用システムに対する監査活動の影響を最小限にするため。

12.7.1　運用システムの検証を伴う監査要求事項及び監査活動は、業務プロセスの中断を最小限に抑えるために、慎重に計画し、合意する。

※https://www.meti.go.jp/policy/netsecurity/downloadfiles/

経済産業省　情報セキュリティ管理基準

https://www.meti.go.jp/policy/netsecurity/is-kansa/

5-17 プライバシーマーク

プライバシーマーク（Pマーク）は、一般財団法人日本情報経済社会推進協会（JIPDEC）が指定した民間事業団体が、個人情報の保護措置を講ずる旨を申請した国内の法人を審査して評価し、該当法人に付与するものです。

プライバシーマーク

プライバシーマーク（Pマーク）制度は、特に民間部門でのプライバシーの保護を進めるために設けられました。

実際には、プライバシーに限らず個人情報全般の適切な保護管理の普及を目指しています。プライバシーマーク制度には、どのような意義があるのでしょう。大きく次の3つがあると思われます。

1. 事業者に対して、個人情報の取り扱いに関する適切な判断基準を提示する
2. 事業者・従業員の個人情報保護に関する意識の向上が図れる
3. 事業者に対して、個人情報保護に取り組むことへのインセンティブを付与できる

プライバシーマークを取得すると、「プライバシーマーク」の使用が認められます。このプライバシーマークが製品やサービスに表示される*と、その企業や組織が個人情報を適切に扱っていることが広く宣伝されます。また、このマークが消費者の目に触れることで、社会的に個人情報の保護意識を広めるという働きもあります。

プライバシーマーク

＊…に表示される　プライバシーマークの使用例としては、店頭、契約約款、封筒、宣伝、説明書、名刺、ホームページなどがある。

● プライバシーマークの申請と取得

プライバシーマークの取得を目指す事業所は、一般財団法人日本情報経済社会推進協会（JIPDEC）が指定する審査機関に申請をします。申請の主な条件は次のようになっています。

1. JIS Q 15001に基づいた個人情報マネジメントシステム（PMS）を定めていること。
2. 個人情報マネジメントシステム（PMS）に基づき実施可能な体制が整備されており、かつ、個人情報の適切な取り扱いが実施されていること。
3. プライバシーマーク制度運営要領に定める欠格事項のいずれかに該当しない事業者であること。

申請にあたっては、組織内で個人情報マネジメントシステム（PMS）がJIS Q 15001をベースとした基準に適合していることが条件の1つです。さらに、PMSを運営するためのPDCAサイクル*を1回以上実施していなければなりません。

数人程度の小規模な事業所が新規に申請する場合の料金は、合計で30万円程度かかります。料金は、事業者の業種や従業員数、出資総額などによって異なっています。

プライバシーマークの運営体制

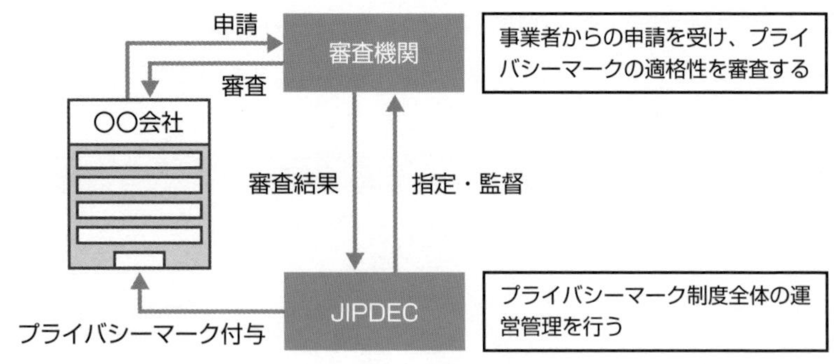

＊**PDCAサイクル**　Plan、Do、Check、Actionを繰り返す、PMS改善のためのシステム。

●プライバシーマークとISMS

情報セキュリティマネジメントシステム（**ISMS**）の国際規格であるISO/IEC 27001に比べて、プライバシーマークは国内規格であるJIS Q 15001を基準としているので、取得や更新が比較的容易にできます。このため、小規模な事業所がプライバシーマークの取得を目指す例も多くあります。

ただし、本来、個人情報マネジメントシステムが対象のプライバシーマークと、情報セキュリティマネジメントシステム全般に及ぶJIS Q 27001とは、対象とする範囲も異なります。このため、プライバシーマークとJIS Q 27001の両方を取得する例も見られます。

Pマークと ISMSの違い

	プライバシーマーク Pマーク	情報セキュリティマネジメントシステム ISMS
適用基準	JIS Q 15001	JIS Q 27001（ISO/IEC 27001）
取得単位	企業、組織単位	部門、プロジェクト単位
要求事項	個人情報の保護	情報の機密性、完全性、可用性の確保
更新期間	2年	3年

業種別プラバシーマーク付与事業者数

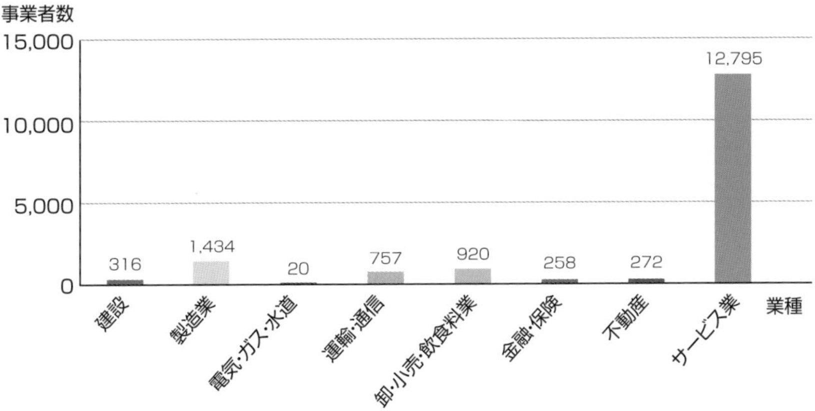

プライバシーマーク推進センター　プライバシーマーク付与事業者情報より

5-18 OECDのガイドライン

OECDは、1992年に**情報システムのセキュリティのためのガイドライン**を発表しています。これを2002年に全面改訂しました。

OECD「情報システムのセキュリティのためのガイドライン」

OECD＊（経済協力開発機構）の2002年7月の会合で採択されたのは、現在の「情報システムのセキュリティのためのガイドライン」です。

このガイドラインでは、「情報システムやネットワークを開発する際にセキュリティに注目し、また、情報システムやネットワークを利用して、情報をやり取りするにあたり、新しい思考及び行動の様式を取り入れること」をセキュリティ文化と位置付け、これを発展させることを目的としています。なお、以下の目的にある「参加者」とは、「情報システム及びネットワークを開発、所有、提供、管理、サービス提供及び使用する政府、企業、その他の組織及び個人利用者」のことを指します。

● 目的

- 情報システム及びネットワークを保護する手段として、すべての参加者の間にセキュリティ文化を普及させること。
- 情報システム及びネットワークに対するリスク、それらのリスクに対処するために有効な方針、実践、手段及び手続き並びにそれらの導入及び実施の必要性について、認識を高めること。
- すべての参加者の間に、情報システム及びネットワーク並びにそれらの提供及び利用の形態における一層大きな信頼を醸成すること。
- 情報システム及びネットワークのセキュリティのための首尾一貫した方針、実践、手段及び手続きの開発並びに実施において、参加者のセキュリティの課題に関する理解及び倫理的価値の尊重を助ける全般的な考え方の枠組みを創造すること。
- セキュリティの方針、実践、手段及び手続きの開発並びに実施においてすべての参加者の間の協力及び情報共有を適切に促進すること。

＊**OECD**　Organisation for Economic Co-operation and Developmentの略。戦後の自由主義経済の発展のための国際的な協力を行う機構。加盟国は欧米諸国が多い。日本は1964年に加盟。

・標準類の策定及び施行に関与するすべての参加者の間で重要な目的としてセキュリティが考慮されることを促進すること。

● ガイドラインの原則

このガイドラインには、9つの原則が掲げられています。なお、実際に各国で運用する場合には、方針や運用のレベルを考慮しなければなりません。

原則

1	認識 (Awareness)	参加者は、情報システム及びネットワークのセキュリティの必要性並びにセキュリティを強化するために自分たちにできることについて認識すべきである。
2	責任 (Responsibility)	すべての参加者は、情報システム及びネットワークのセキュリティに責任を負う。
3	対応 (Response)	参加者は、セキュリティの事件に対する予防、検出及び対応のために、時宜を得たかつ協力的な方法で行動すべきである。
4	倫理 (Ethics)	参加者は、他者の正当な利益を尊重するべきである。
5	民主主義 (Democracy)	情報システム及びネットワークのセキュリティは、民主主義社会の本質的な価値に適合すべきである。
6	リスクアセスメント (Risk assessment)	参加者は、リスクアセスメントを行うべきである。
7	セキュリティの設計及び実装 (Security design and implementation)	参加者は、情報システム及びネットワークの本質的な要素としてセキュリティを組み込むべきである。
8	セキュリティマネジメント (Security management)	参加者は、セキュリティマネジメントへの包括的アプローチを採用するべきである。
9	再評価 (Reassessment)	参加者は、情報システム及びネットワークのセキュリティのレビュー及び再評価を行い、セキュリティの方針、実践、手段及び手続に適切な修正をすべきである。

5-19 ENISA

ENISAは、EU加盟国を支援し、ヨーロッパ各国の情報インフラを発展させ、さらに情報セキュリティを向上させる取り組みを進めています。ENISAが発行する情報セキュリティに関する各種ガイドは、詳細でわかりやすいと評価が高く、世界中の多くの国や地域で利用されています。

ENISA

「ヨーロッパネットワーク情報セキュリティ機関」（**ENISA**＊）は、EUの加盟国、民間部門およびヨーロッパ市民のために、ネットワークならびに情報セキュリティの強化・改善を図ることを任務としています。

ENISAホームページ（https://www.enisa.europa.eu/）

＊**ENISA**　European Network and Information Security Agencyの略。

● ENISAによるクラウドの情報セキュリティ

ENISAは、2009年11月に「クラウドコンピューティング：情報セキュリティ確保のためのフレームワーク」および「クラウドコンピューティング：情報セキュリティに関わる利点、リスクおよび推奨事項」という2件の文書を公開しました。これらの文書では、クラウドがローリスクかつハイパフォーマンスを生み出すシステムとされ、その安全な利用に関して書かれています。

クラウド利用の際の情報セキュリティに関するリスクが考察されています。

「ポリシーと組織関連のリスク」より*

▼DDoS 攻撃（分散サービス運用妨害攻撃）

確率	顧客：中	相対確率：低
	プロバイダ：低	相対確率：N/A
影響	顧客：高	相対的な影響：高
	プロバイダ：非常に高	相対的な影響：低
脆弱性	設定ミス システムまたはOSの脆弱性 フィルタリングリソースの不備または設定ミス	
影響を受ける資産	企業の評判 顧客の信頼 サービス提供 － リアルタイムによるサービス サービス提供 クラウドサービスの管理用インターフェース ネットワーク（接続等）	
リスク	中	

＊「…のリスク」より　IPA翻訳「クラウドコンピューティング：情報セキュリティに関わる利点、リスクおよび推奨事項」より一部抜粋。

5-20 GDPR

GDPR*すなわち「EU一般データ保護規則」は2018年から適用が開始されています。EU諸国の個人情報保護に関する法律です。

GDPR

GDPRでは、**欧州経済領域（EEA）**の域内で取得した個人データを域外に移転することを原則禁止しています。この法律は、EEA域内の企業のみならず、域内に支店や駐在員事務所を置く企業や組織も対象となります。

GDPRが適用対象としている個人データには、次のようなものがあります。

・自然人の氏名
・識別番号
・所在地のデータ
・メールアドレス
・オンライン識別子（IPアドレス、クッキー）
・身体的、生理学的、遺伝子的、精神的、経済的、文化的、社会的固有性に関する要因

GDPRは、これらの個人データを「処理」する場合、および「移転」する場合に適用されます。

「処理」とは、自動的な手段であるか否かにかかわらず、個人データに対して次のような作業を行うことです。

・クレジットカード情報を「保存」する。
・メールアドレスを「収集」する。
・顧客の連絡先詳細を「変更」する。
・顧客の氏名を「開示」する。
・上司の従業員業務評価を「閲覧」する。
・従業員の氏名や職務、住所などを含むリストを「作成」する。

＊**GDPR**　General Data Protection Regulationの略。

「移転」とは、EEA域外の者に個人データを閲覧可能にすることです。例えば、個人データを含んだ電子メールをEEA域外に送付することや、EEA域内のデータサーバへの域外からのアクセスを許可することなどです。

● GDPR（個人データのセキュリティについて）

処理のセキュリティ

Security of processing

(a) 個人データの仮名化と暗号化。
the pseudonymisation and encryption of personal data;

(b) 処理システムおよびサービスの継続的な機密性、完全性、可用性、および回復力を確保する能力。
the ability to ensure the ongoing confidentiality, integrity, availability and resilience of processing systems and services;

(c) 物理的または技術的なインシデントが発生した場合に、可用性と個人データへのアクセスをタイムリーに復元する機能。
the ability to restore the availability and access to personal data in a timely manner in the event of a physical or technical incident;

(d) 処理のセキュリティを確保するための技術的および組織的な措置の有効性を定期的にテスト、査定、評価するためのプロセス。
a process for regularly testing, assessing and evaluating the effectiveness of technical and organisational measures for ensuring the security of the processing.

※GDPR Art. 32より一部抜粋

● GDPR違反

GDPR違反には、重い制裁金が科せられます。

例えば、GDPRに定める影響評価を行わなかった場合には、企業の全世界年間売上げの2%または1000万ユーロのいずれか高いほうが制裁金として科せられます。さらに、個人データの移転の条件に従わなかった場合には、企業の全世界年間売上げの4%または2000万ユーロのいずれか高いほうが科せられます。

5-21 中国サイバーセキュリティ法

中国サイバーセキュリティ法は2017年6月に中国で施行されました。実業務では、「ネット安全等級保護制度」「個人情報および重要データ保護制度」など関連法制度も併せて運用する必要があります。

中国サイバーセキュリティ法

日本で「中国サイバーセキュリティ法*」と呼ばれている「网络安全法（網絡安全法）」は、2017年に施行されました。

中国サイバーセキュリティ法は、中国政府が定めた情報セキュリティに関しての全体的な枠組みを示します。細かな運用に関しては、細則や下位規則に委ねられており、それらは頻繁に更新されます。

他の国の同種の法律と同じように、中国サイバーセキュリティ法の適用範囲は中国国内の企業にとどまらず、中国のインターネットを使用してビジネスを行う企業にも及びます。

同法は、大きく次の6項目に分けられています。

1. セキュリティ保護義務
2. 重要インフラストラクチャー事業者への要求事項
3. 個人情報保護義務
4. 個人情報と重要データの越境移転制限
5. 当局監督の受入義務及び捜査協力
6. 法的責任と罰則

●重要情報インフラストラクチャー

中国サイバーセキュリティ法の特徴的な点は、**重要情報インフラストラクチャー**という概念です。

同法第31条では、「国は、公共通信及び情報サービス、エネルギー、交通、水利、金融、公共サービス、電子行政サービス等の重要業界及び分野や、いったん機能の

＊**中国サイバーセキュリティ法**　英語表記はCybersecurity Law of the People's Republic of Chinaとなる。

破壊若しくは喪失又はデータ漏えいに遭遇すると、国の安全、国民の経済・生活及び公共の利益に重大な危害を及ぼすおそれのある重要な情報インフラストラクチャーについて、ネットワークの安全等級保護制度に基づき、重点的な保護を実施する。重要情報インフラストラクチャーの具体的範囲及び安全保護弁法については、国務院がこれを制定する」とされています。

重要情報インフラストラクチャーを運営する者には、①基礎情報ネットワーク事業者、②重要産業の情報ネットワーク、③電子政府情報システム、④国家安全情報ネットワーク、⑤大手ネットワークサービスプロバイダが含まれます。

● 安全等級保護制度

安全等級保護制度というのは、中国独自の情報セキュリティ認証制度であるMLPS*によって、客観的にネットワークの安全性を証明するものです。情報システムの重要度を点数化して、5つの等級に区分けします。

中国サイバーセキュリティ法第21条では、MLPSに基づいて、ネットワークプロバイダは妨害や破壊、不正なアクセス、情報漏えいなどを防ぐための安全保護義務を負うように示されています。

この等級制度では、中国で活動するほとんどの日系企業は1級～2級と考えられます。2級の企業が管理面で整備しておかなければならないのは、例えば、セキュリティポリシーの作成、インシデント発生時の危機管理計画の策定、ログの保管（半年間）、攻撃・漏えいの対策、ネットワーク監視、バックアップなどです。

セキュリティ等級

損害を受ける対象	損害の程度		
	普通の損害	大きな損害	著しい損害
国家の安全	3級	4級	5級
社会秩序、公共の利益	2級	2級	4級
公民、法人、その他の組織の合法的利益	1級	2級	2級

＊**MLPS** The Multi-Level Protection Schemeの略。

● データの越境移転制限

「**データの越境移転**」とは、ネットワーク運営者が中国国内で収集した個人情報などをインターネットを通して中国国外に向けて提供することです。なお、この規定は個人情報すべての海外持ち出しを禁止しているわけではなく、規定に沿って安全評価が適切に実施されれば持ち出しできます。

なお、次のような場合は、中国サイバーセキュリティ法に違反しないと思われます。

・中国国外で収集した個人情報や重要データを、そのまま中国経由で中国国外へ移転する場合
・中国国外で収集した個人情報や重要データを中国国内で加工したあと、再び国外に移転する場合でも中国国内で収集した個人データが含まれない場合

データの国内保護

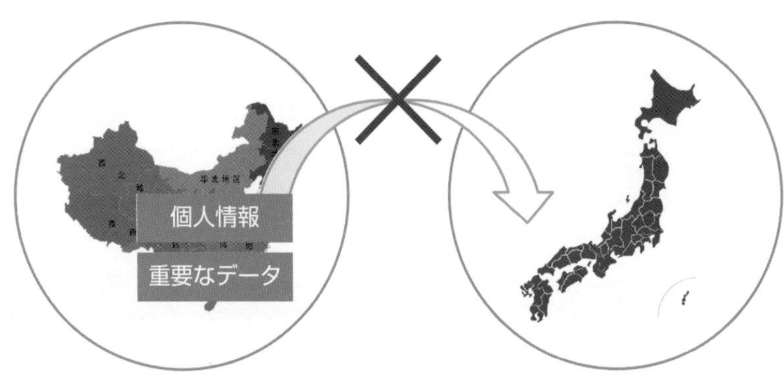

索引
INDEX

あ行

か行

索引

さ行

た行

な行

は行

ま行

や行

ら行

わ行

アルファベット

記号・数字

●著者紹介

若狭　直道（わかさ　なおみち）

サイエンスライター。データサイエンティスト。IAMASでは、ネットワークサーバの運営や管理を専攻。著作に『図解入門 よくわかる 最新 データマイニングの基本と仕組み』『図解入門 よくわかる 最新 量子技術の基本と仕組み』『Excel VBAプログラミング作法パーフェクトマスター』（以上、秀和システム刊）等多数。

図解入門 よくわかる
最新情報セキュリティの技術と対策

発行日　2021年12月 1日　　第1版第1刷

著　者　若狭　直道

発行者　斉藤　和邦
発行所　株式会社　秀和システム
〒135-0016
東京都江東区東陽2-4-2　新宮ビル2F
Tel 03-6264-3105（販売）Fax 03-6264-3094
印刷所　三松堂印刷株式会社　Printed in Japan

ISBN978-4-7980-6463-5　C3055